JN261095

図 1-1　アサリの貝殻が散乱するアサリ漁場（上），多くの貝殻に「穴」があいている（下）．

図 1-2 サキグロタマツメタ．A：アサリを包んで干潟を移動する．B：泥をかぶりながら移動した後には「わだち」のような跡ができる．C：殻色がピンク色の個体（東松島市東名浜に多い）．D：アナアオサの上を移動する個体．砂の上でなくとも移動可能．E：足を広げた個体．前足部が少し盛り上がる．F：2 本の触覚，吻（赤い部分），陰茎（触覚より左側の白く細長いもの）．G：前足を伸ばした個体．E のように広がることも伸ばすこともできる．H：数 mm から 40 mm を超える個体まで生息．毎年再生産されていることがわかる．I：殻色がいろいろ．J：右は螺層が低い珍しい個体．スクミリンゴガイに似る．K：殻色が全体に黒（上）と茶（下）の個体．L：螺旋状の肋（凸凹）の弱い個体（上）と強い個体（下）．

図 1-6 韓国の図鑑（A）に掲載されているサキグロタマツメタ．殻色がピンクの個体は別種とされている（B）が，同じ卵塊の同じ卵室（第 4 章参照）内に通常個体（茶色）と白色個体が混じることがある（C, D, E）．通常個体とピンク個体は同所的に生息し，交尾も行うことから，白色個体が成長しピンクになるとみられる．

図 1-11 アサリ袋1袋から取り出されたアサリ以外の生物（一部，アサリやナミマガシワの死殻が混じる）．中央のサキグロタマツメタをはじめタマガイ科3種がこれまで見つかっている（大越，2004）．

図 5-8 吻端の構造．副穿孔腺，顎板，歯舌．A：吻を長く伸ばすサキグロタマツメタ．B：吻端．矢印（右上）が口，左下の矢印の部分が副穿孔腺．C：口の拡大．口の両側には茶褐色で平らな顎板が見える．D：吻の下側から見た副穿孔腺（この部分を貝殻におしつける）．E：取り出した顎板．左右がかみ合わされる部分（中央）はギザギザになっている．F：顎板をはずした口．中央には歯舌が見える．G：とり出した歯舌の拡大．中央と両脇に形の違った歯が並ぶ．H：未使用の歯列．中歯（中央の歯）の先端は3つに分かれている．I：使用中の歯列．中歯はすりへり，先割れしていない．

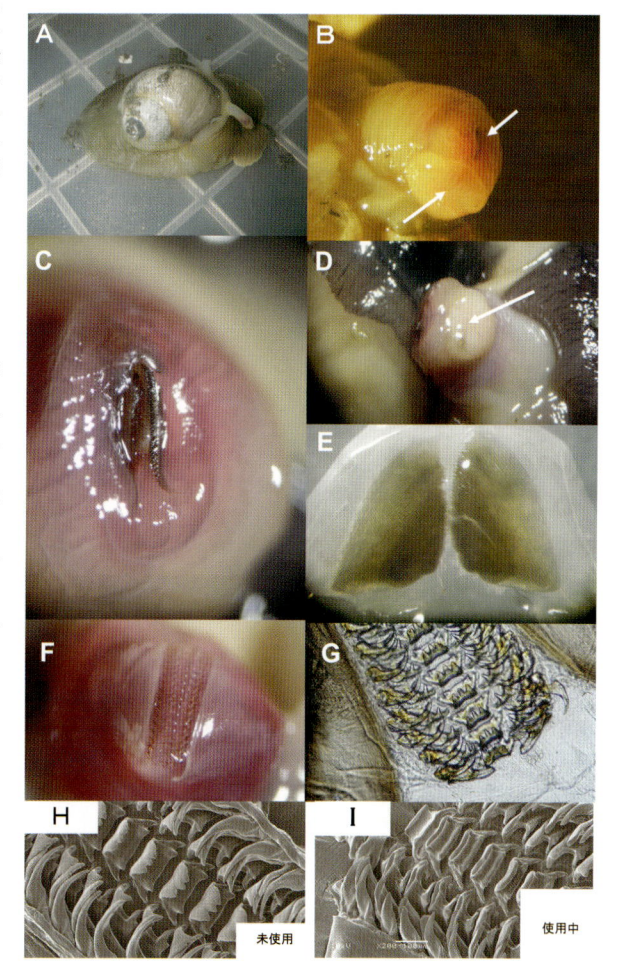

図8-2 水産上問題となるスピオ科多毛類．4種とも *Polydora* 属で，頭部の副感触手に黒の斑点をもつという特徴が見られる．A：*Polydora brevipalpa*, B：*Polydora* cf. *neocaeca*, C：*Polydora uncinata*, D: *Polydora limicola*.

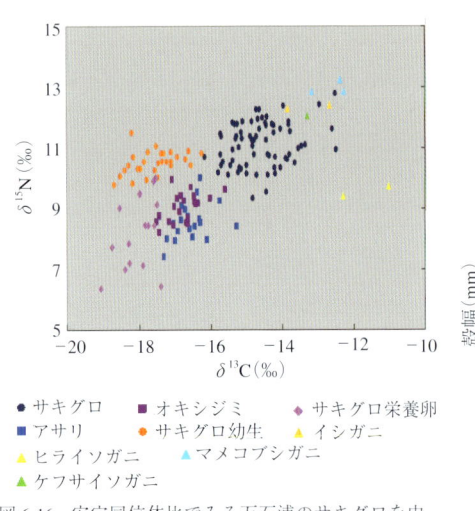

- ● サキグロ
- ■ オキシジミ
- ◆ サキグロ栄養卵
- ■ アサリ
- ● サキグロ幼生
- ■ イシガニ
- ▲ ヒライソガニ
- ▲ マメコブシガニ
- ▲ ケフサイソガニ

図6-16 安定同位体比でみる万石浦のサキグロを中心とした捕食・被食関係．

万石浦産アサリ
y=0.1727x+10.839
r²=0.1051

カクレガニ寄生アサリ
y=0.4346x+0.3013
r²=0.7973

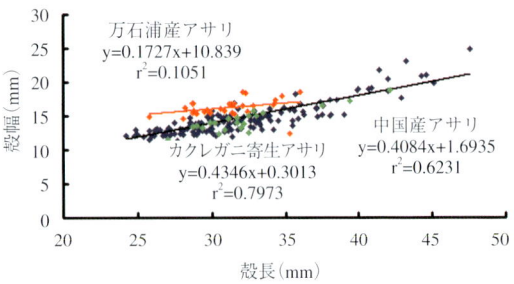

中国産アサリ
y=0.4084x+1.6935
r²=0.6231

図8-4 カクレガニ寄生アサリと国産，外国産アサリの殻長と殻幅の関係．

海のブラックバス
サキグロタマツメタ

外来生物の生物学と水産学

大越健嗣・大越和加 編

恒星社厚生閣

はしがき

　2004年春，松島湾に面する宮城県一の潮干狩り場から突然アサリが消えた．潮干狩り場は，開口してから数日で閉鎖になった．その後，湾内の潮干狩り場からは次々とアサリが消え，湾内での潮干狩りはほとんど中止になり現在に至っている．松島湾の一角，里浜では3000年前の縄文時代からアサリ捕りが行われていた．庶民の楽しみとして江戸時代からはじまった「潮干狩り」には300年の歴史がある．豊かな海，松島湾で3000年続いたアサリ捕りの歴史，300年続いた潮干狩りの文化が，途絶えようとしている．

　その原因は北朝鮮や中国から輸入したアサリに紛れて国内に移入した巻貝のサキグロタマツメタによる食害だった．貝殻の先が黒く在来種のアサリを大量に食害することからついた別名が「海のブラックバス」．数年前までは水産の現場にも一般にもまったく知られていなかったサキグロタマツメタは，北は青森県から南は熊本県まで，日本各地に分布を広げ，あちこちで食害が問題になっている．

　2004年以降，テレビや新聞・雑誌などに100回以上登場し，すっかりその名が知られたサキグロタマツメタ．しかし，その生態は謎に包まれている．いつごろ，どこから，どのようにして日本にやってきたのか？　なぜ宮城県や福島県では大発生しているのか？　アサリをどのくらい食べるのか？　アサリしか食べないのか？　どうやって駆除したらいいのか？　そもそも駆除すべきなのか…．外来生物法の施行，北朝鮮への制裁にかかわるアサリ輸入禁止と偽装迂回輸入問題など，サキグロタマツメタは国際間の問題にもかかわり，国会の委員会での議論にも上っている．このような，水産をはじめとして環境，歴史，文化，政治，国際など様々な問題に関わっていながら，その実態がほとんど知られていない貝は皆無であろう．

　そこで，本書はこれまでのサキグロタマツメタに関する知見を集積し，水産の現場，研究者，一般にも広く，わかりやすく提供することを目的に企画された．サキグロタマツメタの水産現場での問題のこれまでの経緯と現状，今後の展望について述べるとともに，サキグロタマツメタの生物学的特性を明らかにし，外来生物としての視点からみたサキグロタマツメタについても

言及した．また，生物を人為的に大量に移動することの意味，経済と環境，あるいは生物多様性とのかかわりについてサキグロタマツメタを視点として考察した．できる限り最新の知見を盛り込むことを心掛けたため，学会や研究会などでは発表したが，論文としては出版されていない内容も含まれていることをご理解いただきたい．複数の著者により執筆され，形態から法律まで幅広い内容を扱っていることから文体の統一も難しかったが，どの章から読んでも理解できるような構成にした．水産の現場の問題としてだけでなく，サキグロタマツメタという貝を通して見えてくる人間社会の問題についても読者が考えるきっかけになれば編者としては望外の喜びである．

 2010年11月

著者を代表して 大越健嗣・大越和加

執筆者一覧（五十音順）

岩崎　敬二　1957年生，京都大学大学院理学研究科博士課程単位取得退学．
　　　　　　現在，奈良大学教養部教授．

＊大越　健嗣　1958年生，東北大学大学院農学研究科博士後期課程修了．
　　　　　　現在，東邦大学理学部教授．

＊大越　和加　1960年生，東北大学大学院農学研究科博士後期課程修了．
　　　　　　現在，東北大学大学院農学研究科准教授．

佐藤　慎一　1968年生，東京大学大学院理学系研究科博士課程修了．
　　　　　　現在，東北大学総合学術博物館助教．

須藤　篤史　1973年生，東北大学大学院理学研究科博士前期課程修了．
　　　　　　現在，宮城県農林水産部水産業振興課技術主査．

竹山　佳奈　1979年生，東京水産大学大学院水産学研究科博士前期課程修了．
　　　　　　現在，五洋建設(株)土木部門土木本部環境事業部．

土屋光太郎　1962年生，東京水産大学大学院水産学研究科博士後期課程修了．
　　　　　　現在，東京海洋大学海洋科学部准教授．

浜口　昌巳　1961年生，愛媛大学大学院連合農学研究科博士後期課程修了．
　　　　　　現在，(独)水産総合研究センター瀬戸内海区水産研究所藻場干潟環境研究室長．

山内　束　1981年生，石巻専修大学大学院理工学研究科修士課程修了．
　　　　　　現在，株式会社プランドビオ生物分析課ベントスグループリーダー．

ショートストーリー　絵

菊地　泰徳　1986年生，石巻専修大学理工学部生物生産工学科卒業．
（ペンネーム：やす）　現在，伊達みらい農業協同組合総務部企画経理課企画広報係．

＊は編者

海のブラックバス－サキグロタマツメタ
外来生物の生物学と水産学

目　次

はしがき ……………………………………………………（大越健嗣・大越和加）

第1編　サキグロタマツメタとは？

1章　絶滅寸前，外来移入，食害生物－3つの顔をもつ貝　（大越健嗣）…… 1
- 1-1　絶滅寸前の日本在来のサキグロタマツメタ（3）
- 1-2　サキグロタマツメタは外来生物（7）
- 1-3　食害生物となったサキグロタマツメタ（16）
- 1-4　サキグロタマツメタの分布（19）
- 1-5　サキグロタマツメタの駆除（22）

コラム　韓国セマングム干拓とサキグロタマツメタ研究　（佐藤慎一）… 30

第2編　サキグロタマツメタの生物学

2章　サキグロタマツメタの解剖 ……………（土屋光太郎・竹山佳奈）… 35
- 2-1　軟体部の外部形態（36）
- 2-2　外套腔（37）
- 2-3　消化器官（37）
- 2-4　生殖器官（40）
- 2-5　中枢神経系（42）

3章　サキグロタマツメタの遺伝子解析 ……………（浜口昌巳）… 45
- 3-1　サキグロタマツメタはどこからきたのか（45）
- 3-2　遺伝子からサキグロタマツメタの分布拡大を推理する（47）

4章　成熟と産卵，初期発生と成長　　　　（大越健嗣・山内　束）… 50
- 4-1　秋に干潟に出現する砂茶碗（51）
- 4-2　産卵（卵塊形成）（55）
- 4-3　成熟（62）
- 4-4　孵出（ハッチアウト）と初期成長（64）
- 4-5　成長速度の推定（72）
- 4-6　生殖生態（79）
- 4-7　今後の展望（84）

5章　捕食・穿孔行動　　　　（大越健嗣・大越和加）… 87
- 5-1　穴をあけられた貝殻の特徴（88）
- 5-2　穿孔と捕食（89）
- 5-3　アサリ以外の貝類の捕食（104）
- 5-4　サキグロタマツメタを捕食する生物（105）

| コラム | アサリにあけられた穴はなぜ左の殻に多いのか？…（佐藤慎一）… 115 |

6章　フローティング，移動，捕食・被食関係　　（大越健嗣）…119
- 6-1　サキグロタマツメタ分布拡大の謎（119）
- 6-2　這って移動するサキグロタマツメタ（121）
- 6-3　フローティングで移動するサキグロタマツメタ（125）
- 6-4　安定同位体比によるサキグロタマツメタの捕食・被食関係の推定（133）

前に3-3　今後の課題（48）

第3編　サキグロタマツメタの水産学と環境学

7章　食害防除・駆除対策　　　　　　　（須藤篤史）…135
- 7-1　宮城県のアサリ漁業（135）
- 7-2　サキグロタマツメタの最初の報告（137）

7-3 潮干狩り場の閉鎖（137）
7-4 宮城県の対応（138）
7-5 駆除対策（139）
7-6 食害防除対策（148）
7-7 現状と反省点（153）
7-8 今後の対応（154）

8章 水産物の移動に紛れて分布を拡大する生物たち ……（大越和加）…157
8-1 ホストと共生あるいは寄生関係をもつ非意図的移入種（159）
8-2 輸入水産物への混入－偶発的に移入した非意図的移入種（170）
8-3 外国に移出した生物－マガキとオウウヨウラク（174）

コラム　サキグロタマツメタの成分と料理法 …（大越健嗣）…177

第4編　外来生物問題の深層

9章 サキグロタマツメタをめぐる法律と国際問題 …（岩崎敬二）…183
9-1 サキグロタマツメタは「特定外来生物」ではない（183）
9-2 外来海洋生物がもたらす様々な被害や損害（184）
9-3 4種類の外来生物（186）
9-4 外来海洋生物の移入手段（187）
9-5 外来生物問題に関する条約と海外での法的規制（189）
9-6 日本の外来生物に対する法的規制（191）
9-7 外来海洋生物問題と国際問題（196）
9-8 外来海洋生物の移入の阻止と防除に向けて（199）

10章 サキグロタマツメタが問いかけるもの ……（大越健嗣）…203
10-1 トキの絶滅と絶滅寸前のサキグロタマツメタ（203）
10-2 輸入アサリの生物多様性への影響（206）
10-3 なぜ，移入は続きサキグロタマツメタは減らないのか？（207）

10-4 国産アサリという幻想（208）

10-5 JAS法の改正（210）

10-6 現実的対応（211）

10-7 新しい潮干狩りの提案（213）

ショートストーリー　サキグロたまちゃんの大冒険 …（大越健嗣　絵：やす）… 215

索　引 ……………………………………………………………………… 221

第1編
サキグロタマツメタとは？

1章

絶滅寸前，外来移入，食害生物
－3つの顔をもつ貝

大越健嗣

　アサリの輸入が始まった1980年代後半は，バブル経済の絶頂期だった．大学院生だった私はマガキの貝殻形成や成長に関する研究をすすめ，博士論文をまとめていた．わが国では1970年代までにカキの生産に関する水産学的研究は一段落し，1980年代はホタテガイの増殖技術の開発やアワビ類の種苗生産技術の全国的な普及が行われ，水産庁ではマリーンランチング計画（近海漁業資源の家魚化システムの開発に関する総合研究）が進行していた．海を牧場に見立てて，牛や豚（家畜）のかわりに魚や貝（家魚）を育てようという構想だった．貝類では，水産研究の重要対象種がマガキからホタテガイやアワビ類に代わっていく中で，わが国のアサリ生産量が10万トンを切り，外国から輸入がはじまったことはほとんど記憶にない．当時集めていた文献を改めて調べてみたところアサリに関するものは水産叢書の「アサリの需給構造」[1]など数編にすぎなかった．アサリの主産地は有明海，三河湾・伊勢湾，東京湾で，それぞれ多い時は年間数万トンの生産があり，私が住んでいた宮城県でも千数百トンのレベルであったが（第7章参照），そのことも当時はほとんど知らなかった．貝類研究を中心としていた所属研究室の研究対象生物はカキ類，ホタテガイ，エゾアワビがほとんどでアサリを研究する教員も院生・学生もいなかった．

　1986年（昭和61年）のアサリの生産額は283億円[1]で1975年（昭和50年）からの約10年間で3.3倍に増えていた．この数字はアワビ類を上回り，ホ

タテガイとともに貝類の海面漁業を2分する生産額をあげていた．当時，カキ養殖も年間300億円前後の生産額であったことから，ホタテガイ（漁業＋養殖）に次いで，カキ（養殖）と生産額を争う水準であったことがわかる．当時，貝類生産額は年間1千億円を突破していた．ところが，生産量をみると驚く．1975年の12万2千トンが1983年（昭和58年）に16万トンまで増減を繰り返し上昇し，その後徐々に下降に転じて1986年には12万トンぎりぎりまで落ち込む．ホタテガイ漁業が3万トン（1975年）から11万トン（1986年）に増加したのと対照的である．アサリは様々な料理に使われ根強い需要がある[2]．生産量が減少する不気味さを内包しながらも生産額が3倍以上に増えたことから，「モノ」があれば売れる，価格も上昇するという神話が現場にあったのかも知れない．今考えるとアサリもどこかバブルに踊っていたようにみえなくもない．

　そのような中で，1980年代の後半からいよいよアサリの生産量が減少をはじめ，国内需要の10万トンを補うためにアサリ輸入が始まり，現在まで続いている．大規模な輸入が始まって間もない1988年（昭和63年）に出版された上記「アサリの需給構造」の中には「韓国などからアサリの輸入がふえている」という記載があるが，国内生産量の減少を補うものであるという理解であった．その後国内生産量の減少とともに輸入量は増加し，多いときは国内生産量の2倍以上のアサリが輸入されてきた．

　日本は水産物の輸入大国であり，「世界のマグロは日本に集まる」とまで言われている．しかし，マグロとアサリでは大きな違いがある．マグロは死んだ個体が輸入されるが輸入アサリのほとんどは生きており，しかも生きたまま日本の海に撒かれる[3]．国内生産量の2倍の生物を自国の海に撒き続けている国は日本だけだろう[4]．しかし，当時このことに疑問を呈する人はおらず，また，一度国内の海に撒いたアサリは一定期間を経過した後「国産アサリ」として全国に流通していくことも法律上問題がなかったし，現在もない（第10章参照）．このことから，アサリは毎年輸入され，一部はそのまま外国産アサリとして，残りは一度日本の海に浸かった後に国産アサリとして，アサリが不足する全国いたるところに移動し撒かれていくことになった．はたして買ったアサリはどこから来たものなのか？　そのよ

うな問いがしばし発せられる．しかし，外国産として流通するアサリはその起源がよくわからない．アサリは中国沿岸や北朝鮮沿岸で採れたものがいくつかの港に集積され輸出されるためだ．アサリ袋を見て原産地をたどることは不可能に近い．「国産アサリ」として流通するものは，さらに難しいことは容易に想像がつくであろう．

　このようなアサリ輸入がはじまって約10年が経った1999年，思わぬところからとんでもない問題が起こってきた．宮城県石巻市の万石浦で，それまで見たこともないアサリの大量斃死が起こったのである．死んだアサリの貝殻には遍く丸い小さな穴が開いていた（図1-1，カラー口絵）．「これはたいへんなことが起きている！」私は背筋が寒くなったのを覚えている．この原因となったのは，本書の「主役」である外来移入生物の巻貝，サキグロタマツメタ Euspira fortunei（図1-2，カラー口絵）（以下，サキグロ）であった．しかも，アサリ生産を補い，あるいは回復させる目的で行われてきた輸入と流通がアサリの大量斃死を引き起こすことになったとは，当時はまったく考えも及ばなかった．私は地元の漁業協同組合からの依頼で2000年からサキグロタマツメタの研究を開始した．

1-1　絶滅寸前の日本在来のサキグロタマツメタ

　私は貝のコレクターである．中学校時代から貝を集め始め，アサリ輸入が始まった1980年代後半には千種類ぐらいの貝をもっていた．しかし，その中にサキグロはなかった．サキグロは当時珍しい貝だった．サキグロはタマガイ科の貝食性巻貝で，生きた貝の貝殻に穿孔して軟体部を食べる．主に中国から朝鮮半島沿岸の内湾に分布する種で，国内では有明海から瀬戸内海，三河湾までの西日本に少数分布していたが，山口県の数か所で少数の採集記録[5-7]があるのみで，準特産種とされていた有明海では1990年代の後半には絶滅寸前[8]とされている．1996年のWWF（世界自然保護基金）ジャパンのレポート[6]でも絶滅寸前と評価されている．サキグロはムツゴロウやミドリシャミセンガイなどと同様に大陸遺存種とされ，1万年以上前の対馬海峡の成立と日本列島の分断とともに，日本列島が大陸から分離し

たときに一部の個体群が切り離され，その後大陸の個体群とは交流がなく独自に生息してきたと考えられている[8]．関東地方以北にはもともと生息していなかったため，それまでは漁業者も研究者も見たことがなかった．

中国や韓国ではサキグロは一般的にも知られた貝であることがうかがえる．中国では「香螺」（文字から想像すると香りのいい巻貝という意味）と呼ばれ，アサリや他の貝類と同様に水産資源になっている．上海の南の温州市のレストランでは図1-3のように食材として並べられていた[3]．ただ，香螺はサキグロ1種類だけを指すものではないと研究室に所属していた中国からの留学生は言っていた．また，上海の魚市場に2度出かけて調査を行ったが（図1-4），サキグロを発見することはできなかったので，常時流通しているものではな

図1-3 中国温州市のレストランで食材として使われているサキグロタマツメタ．現地では香螺と呼ばれている．2003年10月，田中克彦氏撮影（大越，2004）．

図1-4 中国，上海市（左）の銅川路水産市場（右）．2008年の2度の調査ではサキグロタマツメタは見つからなかった．

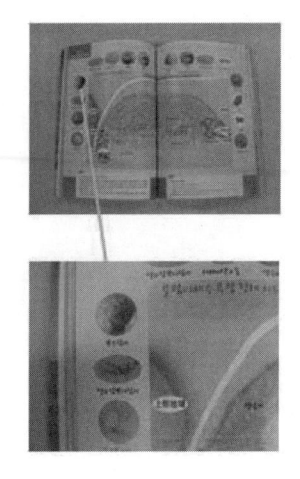

図1-5 韓国のフィールドガイドに紹介されている
サキグロタマツメタ.

いと思われる.斉ら[9)]には黄渤海の27か所から標本が採集されたとの記述があり,さらに「向南可分布到東海,比外,朝鮮和日本他有分布」とあり,朝鮮半島や日本にも分布しているとされている.他にも南は広東沿岸まで分布[10)],中国南北沿岸に広く分布[11)]などの記載があり,中国沿岸には広く分布しているものと考えられる.

韓国では図鑑[12)]や複数のフィールドガイド[3)]に写真入りで掲載されており(図1-5),ソウル近郊の江華島の干潟体験施設には,学名は誤っているがサキグロタマツメタの標本が展示されている[3)].新原色韓国貝類図鑑(図1-6,カラー口絵)にもカラー図版が掲載されている.ただ,後述の貝殻がピンク色の個体を別種として記載しているなどの誤りもある.韓国中部のセマングム(新萬金)地域[13)]や南部のキョンサンナムド(慶尚南道)[14,15)]でも生息が確認されており,私たちの2010年の調査では北はインチョン(仁川)市近郊の干潟から南は朝鮮半島最南端に近いワンド(莞島)でも生息を確認した(図1-7).また,2009年にはやはり南部のスンチョン(順天)市の市場でサキグロが売られているのを複数確認(図1-8)するとともに,すだて漁によって魚やカニとともにサキグロが捕獲されていることも確認

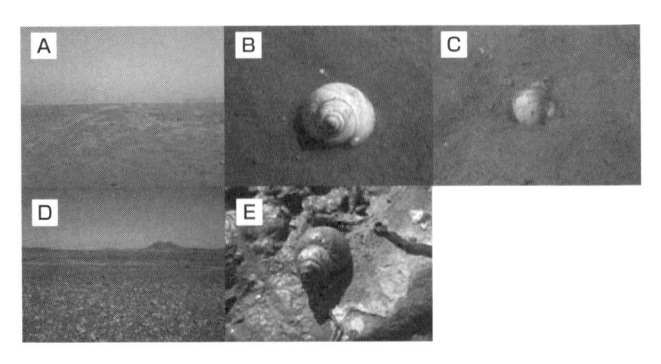

図 1-7　韓国のサキグロタマツメタ．インチョン近郊の干潟（A），インチョンではピンク（貝殻のみ，B）も通常（C）に混じって発見．韓国最南端に近いワンドの干潟（D）にみられたサキグロタマツメタ．ワンドでは通常個体（E）のみ発見．

図 1-8　スンチョン市の市場で売っていたサキグロタマツメタ（左）．スンチョン湾で採集されたという．右は別のたらいのサキグロタマツメタの拡大．殻色の異なる個体も混じる．

した（図 1-9A，B，C）．以上のことからサキグロは韓国でも北から南まで分布しているものと考えられる．ただ，すだて漁では一緒にカラムシロも採られている（図 1-9D）．カラムシロは中国南部に分布する貝で，もともと韓国や日本では知られていない．韓国も中国からアサリを輸入していることから，スンチョン湾で採集され市場にも出ているサキグロは少なくとも一部，あるいは大部分が中国を起源とする個体である可能性が高い．北朝鮮に関してはこれまで生息に関する情報は得ていないが，韓国の北から中国と国境を接する丹東までは，よく知られたアサリの産地が点在している．そこで採捕されたアサリが輸出されていることを考えると，日本では絶滅寸前だったサキグロは中国から朝鮮半島沿岸には広く生息している種であると考えられる．

図 1-9 スンチョン湾（A）と湾内に設置されているすだて漁の施設（B）．沖に向かって斜めに 2 辺の垣根があり，それが交わった頂点の部分には落とし網（深く掘られた穴）があり，干潮で潮が引くのに合わせて沖側に移動する生物を捕える．網には魚やカニなどとともにサキグロタマツメタ（C 中央）も多数入っている．サキグロタマツメタとともに中国南部に生息するカラムシロ（D のサキグロタマツメタ以外の貝）が多数混じる．

1-2 サキグロタマツメタは外来生物

1）輸入アサリはどこから来るのか？

　宮城県のサキグロはどこから来たのか？　分布の北限が三河湾で，しかも絶滅寸前の貝がどのようにして宮城県まで分布を広げるに至ったのか？
　幼生が黒潮に乗ってやってくるぐらいしかアイデアがなかった．ところが，初めて卒業研究でサキグロの研究を行った土肥[16]は，後述のようにサキグロの卵塊から稚貝がたくさん出てくることを見つけ，サキグロは浮遊幼生期をもたないことがわかった（第 4 章参照）．ここで自然分散の可能性は消えた．現場で聞き取り調査をする中で，国産や外国産アサリを直接養殖場や潮干狩り場に撒いていることがわかり，まず輸入アサリにターゲットを絞った．アサリは 20 kg ずつ，コーヒー豆を入れるような大型の麻袋に入れられ氷をかぶせられてトラックで陸送されてくる（図 1-10A）．袋の外から中身は見えない．水がようやくぬるみはじめた 2002 年 3 〜 5 月にかけ

図1-10 トラックで陸送されてきた外国産アサリ（A）．1袋20kg．上には氷が敷き詰められている．取り出した袋（B）．結び目は左右にある．袋をあけて中身をチエックする（C）．中からサキグロタマツメタの生貝が見つかった（D）．

て宮城県に陸送されてきたアサリ十数トンの中から1回当たり約100〜300kg（全体の約1/10の量）を取り出し，アサリの中に混入している生物を同定，計数した．また，輸入アサリの産地，輸出港，輸入港，陸送経路などの情報をできるかぎり聞き取った．

　2002年の調査時の聞き取りでは，アサリは中国の港から船により輸出され，山口県の下関港で検査の後陸揚げされ，大型トラックにより宮城県まで陸送されてくるものが多いことがわかった．生きたものを運ぶため，検査に時間がかかると歩留まりが悪くなる．検査は税関職員が船に乗り込み，ほんの一部の袋を調べただけで終わると業者から聞いた．アサリは大きさ別に大，小に分けられていた．しかし，大（殻長4〜5cm前後）といわれる袋の中に小型のアサリ（多くは殻長4cm以下）が多数を占める場合もあり，実際に袋の入り口をしばるひもを解いてみないと中身がわからない状態だった．これでは何が入っていても不思議ではない．サキグロはきっと入っているとこの時直感した．トラックの運転手は，ひもの結び方で産地がわかるとうそぶいていた．よく見ると袋の真ん中で1つに縛られているものと，袋の両脇でひとつずつ，合計2か所で結ばれている袋がある（図1-10B）こ

とがわかったが，産地の特定までは至らなかった．袋にハングル文字が書かれているものもあるというが，このときの調査では見つからなかった．

袋詰めは生産地または集積地（積出港）で行われているといい，輸入アサリとして流通する場合は，少なくとも国内での陸送段階で詰め替えが行われているという事実は確認できなかった．しかし，後日，麻袋から中身の見える黒や青い網袋に入れ替えただけで国産アサリへと偽装して流通させることがあることや，北朝鮮から中国へ輸出し，さらに日本に輸出するという「迂回輸出（日本からみれば迂回輸入）」があること，2008年には3,000トンもの産地偽装が発覚するなど，アサリの輸入と流通は「なんでもあり」の状態であることが徐々にわかってきて，事件のニュースの度に愕然とした．業者をたどって原産地を特定しようと試みたことも何度かあったが，必ず途中に壁があり，それ以上はすすめなかった．流通過程を通してアサリの産地を特定することが困難な状況は今も変わらない．科学研究としてできることには限界があるという無力感にも何度も襲われた．

具体的な生産地は，北朝鮮と中国のあわせて数ヶ所の情報があったが，生産（採集）場所を特定できる試料はなかった．集積地および積出港は中国遼寧省の金州や丹東という情報がほとんどであったことから，調査したアサリの多くが中国から輸出されたものであると思われる．山本[17]によると流通ルートは①北朝鮮から直接日本へ，②北朝鮮から中国国内の蓄養場を経て日本へ，など複数あるという．調査したアサリは中国産および（または）北朝鮮産ということまでしかわからなかった．

2）輸入アサリの袋の中身

アサリ袋はしっとりと湿り生臭い．中国の港を出て下関まで半日，宮城までの陸送で半日，その前に中国の積出し港にアサリを集め送り出すまで1日はかかるとすると，アサリの採集から宮城県への到着まで2日以上は経っている計算になる．できるだけはやく海に撒きたいという漁業者の方に協力をお願いして，20 kgの袋の中から肉眼で確認できる大きさの生物全個体を少しずつ広げ（図1-10C），アサリ以外の生物を取り出した（図1-10D，図1-11, カラー口絵）．また，船上で複数の袋を開けて広げたものの中から

もアサリ以外の生物を探してできるだけ取り出した．取り出した生物は生死を判別し，種同定し，袋ごとまたは船ごとに計数した．それらの結果を表1-1[3]に示した．

輸入アサリの袋からは予想通りサキグロの生貝が発見され，サキグロは外国から移入していることが初めて明らかになった．混入していた生物はサキグロだけではなく，軟体動物門，節足動物門，触手動物門の3つの動物門にまたがる22種が同定された．未同定種を含めると25種以上に達するものと思われる．軟体動物が最も多く，19種（腹足類10種，二枚貝類9種）が同定された．腹足類ではサキグロと同じタマガイ科の巻貝が他に2種発見された．

アサリ袋に混入していた生物の種類や数は，調査日時や袋ごとに異なっていた．2002年3月24日に調査した輸入アサリ5袋（約100 kg）には，二枚貝のサルボウ *Scapharca kagoshimensis* のみが混入している袋が3袋あったが，その数は1，10，56と大きく異なっていた．4月12日の袋には様々な生物が混入しており，とくにマメコブシガニ *Philyra pisum* が多数見られた．5月1日のものには腹足類，とくにタマガイ科の貝の混入が多く，二枚貝類は少なかった．4回の調査で調べたすべての袋でアサリ以外の生物の混入が確認され，混入生物は1袋当たり1〜56個体であった．調べた25袋（500 kg）には266個体の混入が認められ，計算上アサリ100 kg当たり50個体前後の外来生物が紛れ込んでいることになる．わが国全体のアサリ輸入量を考えるとおびただしい数の外来生物が，毎年生きたまま干潟に撒かれているものと考えられる．調査日や袋ごとに混入する生物や量が違うことは，積出港は同じでも採集された国や場所が異なること，あるいはハンドリングの問題，つまり人によってアサリ選別の精度が異なるなどが考えられる．

3）国産アサリの袋の中身

サキグロは，国内アサリの移動でも広がることも明らかになった．図1-12には外国産および国産アサリの移動経路を示した．アサリの移動は複雑である．上述のように，外国産アサリがそのまま日本各地に広がっていくルート以外に，一度国内の蓄養場に撒かれ「国産アサリ」として流通するルートがある．その他，少数だが，国産アサリを国産アサリとして移動

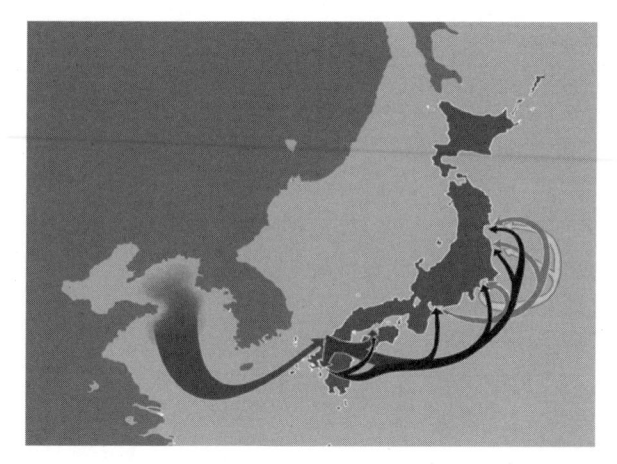

図 1-12 中国や朝鮮半島からのアサリ輸入と日本国内の移動ルート．中国や北朝鮮から輸出されたアサリは九州や中国地方北部の港で税関検査を受け輸入される．直ちに陸送される場合もあるが，一度九州などで蓄養された後「国産アサリ」として相当数が南から北のアサリ生産地へ移動している．

させる場合もあるが，国内生産量と同等から倍以上が輸入アサリであることから，国産アサリとして流通するものの起源は自ずと想像できよう．国産アサリは図 1-13 のようなメッシュの袋（黒色や青色）に入れられ，中身が見えるようにして移動する．それを外国産アサリと同様の方法でそのまま漁場に撒く．中身が見えるので他の貝やその他のものの混入などはほとんどなさそうに見えるが，実際には多くのアサリ以外のものが混じっている．その袋の中身を調べるとサキグロを含め様々な生物が混入していることがわかった．ある漁協では，「国産アサリ」は漁連を通して購入しており外国産アサリは買ったことがないというが，国産アサリでも安心ではない．ある国産アサリ 20 kg（1 袋約 6,400 個体）を 3 袋あけて調べたところ，アサリ以外の雑物はそれぞれ 380 g，500 g，360 g で平均 2.1％の雑物が混入していた．その中にはアサリと同じぐらいの大きさの小石が数十個入っていることもあり，また，雑物中の生物の例としては，1 袋にイソギンチャク 40，シオフキ 10，サルボウ 7，ヤドカリ 7（ゴマフタマ殻），マガキ 2，サキグロタマツメタ 1，ウネハナムシロ 1，マメコブシガニ 1（合計 69 個体，全体の 1.1％）が混入していた．国産アサリの流通においてもずさんな選別

表 1-1 中国から輸入されたアサリ生貝を詰めた袋の中から見つかった生物.

	採集された生物の数										
	2002/3/24					2002/4/12					
アサリのサイズ[*1]	大小混合					小					
袋からの取出し / 船にあけたもの[*2]	袋					袋					
袋の番号 (20 kg/sack)	1	2	3	4	5	1	2	3	4	5	6
発見された種											
Mollusca (Gastropoda) 軟体動物門 (腹足類)											
Umbonium moniliferum イボキサゴ											
Batillaria cumingi ホソウミニナ						1					
Euspira fortunei サキグロタマツメタ				1							
Glossaulax didyma ツメタガイ							1				4
Glossaulax reiniana ハナツメタ			2		20						
Rapana venosa アカニシ				1							
Reticunassa festiva アラムシロ						1					
Varicinassa varicifera ウネハナムシロ											
Cancellaria spengleriana コロモガイ						1			1		
Trigonostoma sp. オリイレボラの一種											
Mollusca (Bivalvia) 軟体動物門 (二枚貝類)											
Scapharca kagoshimensis サルボウ	10	1	2	56	3					1	2
Crassostrea gigas マガキ								1			1
Mactra chinensis バカガイ											
Mactra veneriformis シオフキ											
Macoma incongrua ヒメシラトリ											2
Cyclina sinensis オキシジミ											
Meretrix pethechialis シナハマグリ											
Phacosoma japonicum カガミガイ											1
Phacosoma gibba カガミガイの一種											
Other Phyla 他の動物門											
Lingula unguis ミドリシャミセンガイ											
Philyra pisum マメコブシガニ						1	2	1		2	2
Pagurus sp. ヤドカリの一種						1					
合計	10	1	4	56	25	5	3	2	2	4	12

[*1] 小:殻長約 3~4 cm; 大:約 4~5 cm. [*2] 袋:20 kg 入りのアサリ袋から見つかった種; 船:放流前に袋から出し, 運ばても採集しなかったもの.

1章 サキグロタマツメタとは？ 13

採集された生物の数												
2002/4/12					2002/5/1					2002/5/12		
大袋			大小混合船		大袋					大小混合袋	船	
1	2	3	1	2	1	2	3	4	5	120 kg		Total
						1	1	1			nc	3
											nc	1
							2	1		3		7
1		1	12	3		2	2	1		2		29
			2		2		11	9	2		nc	48
									2	1	nc	4
										1	nc	2
							2	4	10		nc	16
			1								nc	3
								2				2
2	1	3	8	2	3		1			47	nc	142
			1	1				2			nc	6
1		1									nc	2
										1	nc	1
			5							11	nc	18
			1								nc	1
	1	3	3	2				2			nc	11
		2	9	1					1		nc	14
1												1
			1								nc	1
			56							2	nc	66
			2								nc	3
5	2	10	101	9	5	3	15	24	17	63	5	381

搬船に広げた1～1.5トンのアサリの中から見つかった種，nc：タマガイ科だけ注目して採集し，見つ
大越（2004）を改変．

図 1-13　トラックで陸送されてきた国産アサリ（左上）．1 袋 20 kg．上には氷が敷き詰められている．船に乗せられた袋（右上），通常はこのまま海に撒かれる．袋をあけて中身をチェックする（左下）．この袋には，貝殻が異常に変形したアサリが含まれており，もともとは外国産だった可能性がある．

が行われている実態が明らかになった．ある業者は「ポンプ漕ぎ」のためにそうなるという．ポンプ漕ぎ漁法というのは，かつて深場のアサリを大量に採っていた特殊な漁法で，ポンプで海底を吹き上げて砂の中にいるアサリを海底表面にころがし，それを船から網を下して引き廻して採る方法である．近年は行われていないところも多いが，貝を痛めることや，網目にひっかかるものはすべて拾ってくるので雑物も多いことで知られている．このような方法で蓄養場からアサリを取り上げ袋詰めにしたり，ある網目の大きさ以上のものはそのまま選別なしで袋に入れるというようなことが行われない限り，小石やイソギンチャクなどは入ってこないはずである．あるとき，袋詰めの現場を遠くから眺めていたら，作業をしていた人が叫びながら走ってくるので，あわてて待たせておいたタクシーに飛び乗り現場を後にしたことがあった．ジャケットを着ていたので取材と間違えられたのかも知れないが，あまり外部の人には見られては困る何かがあったのだろう．

　このように，外国産アサリの多くは，①直接外国産として，②一度国内

2段階移入の脅威

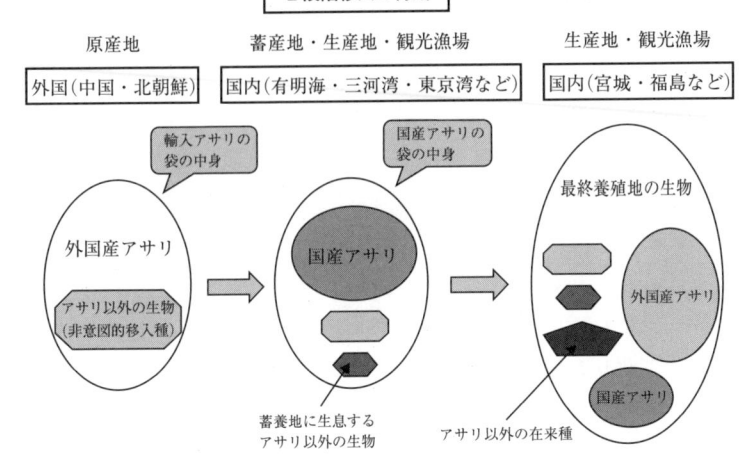

原産地	蓄産地・生産地・観光漁場	生産地・観光漁場
外国（中国・北朝鮮）	国内（有明海・三河湾・東京湾など）	国内（宮城・福島など）

図 1-14　外国産アサリと国産アサリに付随して移動する生物の移動の流れ．原産地では、袋にアサリとそれ以外の生物が入れられ輸出される（左図）．それを蓄養し、メッシュの袋に詰めて国産アサリとして移動させる．袋の中身は外国産アサリ（＋国産アサリ）＋外国から来たアサリ以外の生物＋蓄養地のアサリ以外の生物と小石など（図中央）．これが、末端の養殖場や潮干狩り場（右図）に撒かれる．そこでは、さらに複雑になり、3つの異なった個体群のアサリと3つの異なったアサリ以外の生物群集が、アサリを撒かれる度に組成を変化させながら、生息している．日本ではこの状態がここ20年続いている．

で蓄養され国産アサリとして、日本各地に移動し、その袋の中にはサキグロをはじめ様々な生物が混じり、それが生きたまま撒かれていく．それは有明海などの南西日本から関東や東北へアサリを移動させるとともに、「南から北へアサリ以外の生物を運ぶシステム」ということもできる．外国産アサリ、国産アサリそれぞれの袋の中身とそれが撒かれた養殖場の生物の組成について図1-14にまとめた．大ざっぱに見て、これまで100万トンアサリを輸入して国内を移動させたとして、その1％の1万トンはサキグロを含めたアサリ以外の生物が移動したことになる．また、アサリは採捕（再捕）される可能性が高いが、1万トンの生物のほとんど（サキグロ以外）は野放しになる．その多くが死滅したと考えることに根拠がないことはサキグロの例をみれば明らかである[4]．

1-3　食害生物となったサキグロタマツメタ

　1999年に「発見」されたサキグロは，上記のように2002年春には外来生物であることがわかった．また，サキグロの卵塊（第4章参照）もこの時点でほぼ特定されていた．しかし，サキグロの怖さは，まだ現場には認識されていなかった．調査に出かけ浜に入ろうとすると「そんな貝はいない！」と凄む漁業者もいた．

　生産者は農業であれ，漁業であれ風評被害を恐れる．アサリ漁場で変な貝が大量に発生しているといううわさが広がっただけで（まったく関係がないのに）アサリの価格が下がったり，取引きを一時見合わせるなどのことが起こりうる．ましてや，それが外国から来たらしいとなると，なおさらだ．カイワレダイコンなどの例をよく知っている現場では，サキグロがいるということを認めることにまずハードルがあった．さらに食害への認識の甘さも加わった．アサリ漁場には1 m^2 当たり数百個体のアサリがいるところも珍しくない．アサリ採りをしている漁業者には，サキグロはたまに見つかる貝としか認識できていない場合が多かった．当時最大でサキグロは1 m^2 当たり25個体生息していたが，その多くは1 cm以下の稚貝が占め，大型の貝は多くとも5個体程度だった．したがって，アサリの量と比べてもたいしたことがないという認識で，ヒトデは陸揚げするが，せっかく採集したサキグロは，選別の段階でそのまま海に捨てるということも目にした．駆除には，まず漁業者の認識を高めることが第一だと悟った．

　2002年秋と同じく，2003年も水温が20℃を下回ったころから干潟に卵塊が見られ始めた．水槽で飼育していたサキグロが干潟でみられるのと同じ卵塊を産むことも確認した．それまで不明だったサキグロの卵塊とその産卵時期を特定したことで，調査に全面的に協力してくれていた石巻湾漁協（現，宮城県漁協石巻湾支所）の幹部と相談の上，2004年からは組合員全員参加による一斉駆除を行うことにした．また，潮干狩り場でも，入漁者にサキグロを見つけたら駆除してもらおうと2004年の潮干狩り場オープンの時から「サキグロWANTED」の写真パネルをつくり周知を図った．さらに，サキグロを7個体採った人にはジュース1本を無料でサービスする

というキャンペーンを始めた．潮干狩りに来た子供たちは，アサリそっちのけでサキグロを捕まえ走って持ってきた．数が1個足りなくて泣きそうになっている女の子に「おまけ」してジュースをあげると喜んで干潟にもどっていく姿が今でも目に焼き付いている．この作戦は漁業者以外の一般の人に対し，サキグロがいること，それが駆除すべきものであることを認識させるとともに，漁業者も率先して駆除に取り組む姿勢を示したこと，さらには実際に駆除も進んだことでスタートとしては大成功だった．ところが，時をほぼ同じくして宮城県で最大の潮干狩り場ではたいへんなことが起こっていた．

　宮城県鳴瀬町（現，東松島市）東名浜は東北地方では福島県の松川浦とともに2大潮干狩り場として有名である．春に解禁になると県内はもとより岩手，山形，福島など近県からも潮干狩り客が訪れる．マイクロバスを仕立てて毎年やってくるグループも多い．5月上旬の田植えが終わると遊びに来るという人もいる．2004年も例年通り潮干狩りが解禁になり人がどっと浜に入った．ところが浜では異変が起きていた．アサリがさっぱり採れないというお客からの苦情が日を増すごとに増え，入漁料を返せという人まで出てきた．2004年4月10日，オープンして間もない潮干狩り場は閉鎖に追い込まれた．原因はサキグロの食害だった．

　東名浜がなんだかおかしいという連絡やマスコミからの問い合わせを受けた私は，ちょうどその日学生を連れて調査に出かけた．新聞記者やテレビ局のカメラも現場で待っていた．干潟に降りて，かごを持った女性に「どうですか？」と近づく．「だめ！」と即答する女性のかごからはアサリとともにサキグロがちらほらと見えていた．いつもはこのかごいっぱいは採るという買い物かごには3分の1ぐらいしかアサリがたまっていなかった．漁協では前年の秋に10トン以上のアサリ稚貝を現場に撒いて春までにアサリが育つのを楽しみにしていた．潮干狩りの時期のアサリは値が張る．すなわち，ほしい漁協が多く，大型のアサリでないとまずいからだ．しかし，前年の秋に安い小型のアサリを買って撒けば半年の間に成長するし，現場にもなじんでいるはずだ．そう考えて秋にアサリを撒いたらしい．ところが，その時すでにサキグロは増殖していたようだ．サキグロにとっては，夏ま

でに潮干狩りが終了しエサのアサリがいなくなったところに上から大量にエサが降ってきたのだからたまらない．数字としては出ていないが10トン撒いて半年で倍の20トンぐらいにはなると予想していたのが10トン以上はサキグロの食害にあっていたようだ．

東名浜ではその後漁協のアサリ部会の人たちはもちろん，一般のボランティアや地元のシルバーセンターのお年寄りも参加して何度もサキグロの駆除を行ったが，採算の面もあり2010年の現在まで潮干狩りの再開は果たされていない．もう7年も干潟からは家族連れの歓声が途絶え駐車場には雑草が生い茂っている．また，現在アサリはほとんどいなくなっている一方，サキグロはまだ多数生息している．サキグロはアサリ以外の貝に捕食の中心を移しており，後述のように，ホトトギスガイが干潟表面を覆うようにマット状に生息している場所には捕食痕のあるホトトギスの貝殻とサキグロの移動あと（サキグロトレール）がいくつも見られる（図1-15）．

外来の貝による食害の影響で潮干狩り場が閉鎖になったのはもちろんこれが初めてであり，そのニュースは全国にも流れた．サキグロは有用水産資源であるアサリの食害生物としてデビューし，①外来生物であること，②在来の生物を食べて増殖すること，そして③先黒（ブラック）の和名があることから，いつしか「干潟のブラックバス」と呼ばれるようになった．その後，宮城県では潮干狩り場の

図1-15 ホトトギスマット周辺に見られる帯状のサキグロの移動跡（サキグロトレール）（上）．ホトトギスを襲うサキグロタマツメタ（中）．周囲には穴のあいたホトトギスの貝殻が散乱している．

閉鎖が相次ぎ，現在主要な潮干狩り場のほとんどが閉鎖に追い込まれ，一度閉鎖になった潮干狩り場で再開したところはない（第7章参照）．

はたして，これは宮城県だけのことなのか？　私たちは全国的な調査を開始した．

1-4　サキグロタマツメタの分布

当時，まだサキグロは無名に近かった．漁協はもとより，いくつかの県の水産試験場の研究員でも，そちらにサキグロいませんかと聞くと，どんな貝ですか？　という答えが返ってくることが多かった．2003年頃はインターネットで「サキグロタマツメタ（ガイ）」と検索しても20数件ぐらいしかヒットせず（現在は数千件ヒットする），そのうち半分以上は宮城県や私たちの成果発表あるいは新聞記事だった．残りのいくつかは「サキグロ発見！」といった写真付の個人のホームページやブログのようなものだったが，写真がツメタガイやツメタガイの卵塊だったり，有名な潮干狩りの情報サイトでは写真はサキグロでも和名が間違っていたりした．九州北部の漁協からは，サキグロがたくさんいますとの連絡があったので，サンプルを送ってもらったところすべて在来のツメタガイだったということもあった．聞き取り調査の情報の信頼性が確保できない状況で，国内のサキグロ分布調査を開始した．上記の状況を踏まえ，正確さを期すために，事前の聞き取りにより生息の可能性のあるところをピックアップし，①直接出かけての採集，②送付試料の同定，③送付写真の同定により，生息の有無を確認した．サキグロタマツメタ生貝が複数個体採集された地域のみを「生息確認地域」とし，卵塊（卵囊，砂茶碗）のみの採集や写真情報および手紙や電話，電子メールなどによる情報だけでは「生息」とは判定しなかった．

2002年から2003年にかけての調査では，宮城，福島，千葉，静岡，三重，大分，熊本の7県で生息が確認され，このほとんどで卵塊も見つかったことから繁殖しているものと推定された．一方，日本ベントス学会では外来種の生息に関するアンケート調査を行い[18] 上記以外の地域からもサキグロ

の生息の報告があったので,さらに広範囲に生息しているものと推定された.聞き取り調査の結果,サキグロが見つかったところは,過去あるいは情報のあった当時も輸入アサリの放流あるいは蓄養が行われている地域であることがわかった.サキグロは,三河湾以西に生息しているとされているので,この時点で,静岡県,千葉県,福島県,宮城県で発見されたサキグロは輸入アサリに混入してわが国に入った外来生物であると考えられた.

　その後,各地でサキグロの発見や報告が相次ぎ,2010年11月現在,北は青森県から南は熊本県まで1府13県,50か所以上で生息が確認されている(図1-16).北海道を除く,すべて太平洋沿岸と瀬戸内海[19)]からで,いまのところ日本海側からは発見の報告はないが,京都府などアサリの生産県では注意を呼び掛けている.2003年から2010年にかけてサキグロが発見された県は約2倍に増えたが,その間に分布域が広がったと考えられるところは少なく,2003年の段階では生息していても発見されなかったものが多いと考えられる.例えば最近生息が確認された青森県の尾駮(おぶち)沼では,以前はアサリを撒いていたが近年は撒いていないという.現在もアサリは

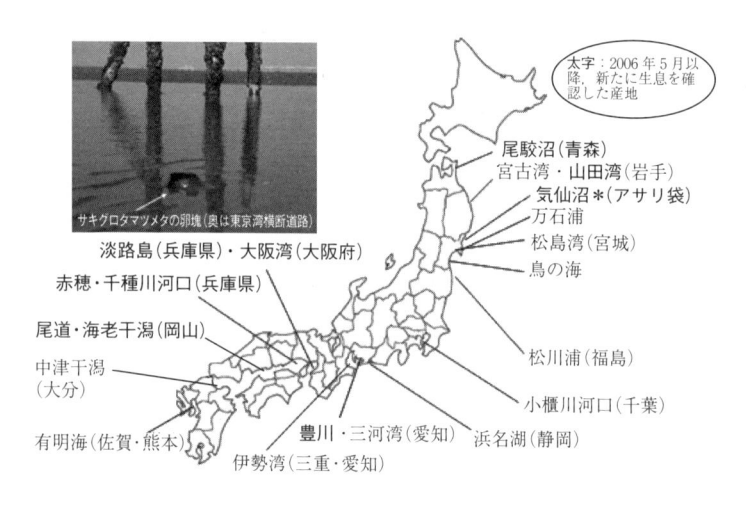

図1-16　中国や朝鮮半島を起源とすると考えられるサキグロタマツメタの生息が確認された地点.松島湾,三河湾,有明海などは湾内の複数個所で生息が確認されているが,湾を1つの単位として示した.＊気仙沼は海に撒こうとした国産アサリの袋からサキグロタマツメタが見つかったが,全個体摘出されたため,海には撒かれていない.石巻専修大学・東邦大学　大越研究室調査　2010年11月現在.

少数生息しているが,サキグロが発見された場所はアサリが生息している河口付近からやや上流側であり,橋桁にはマガキが付着し,ソトオリガイが多数生息している場所であった.また,発見された卵塊は大きく,出てきた稚貝は4,000個体に迫るものもあった(第4章参照).このような状況は,以前からサキグロが生息していたことをうかがわせる.一方,宮城県の波津々浦では2005年までの調査ではサキグロが発見されていなかったが,2006年に初めて見つかり,繁殖も確認され,現在は駆除も行っている.さらに,増減はあるが,一度サキグロが発見された場所で,その後絶滅したという例はない.生息が確認されたところでは,その後も繁殖を続け,また日本全体として分布域は徐々に広がっていると推定される.

サキグロがいつから生息していたのかを特定するのは難しいが,サキグロ問題が顕在化してから,そういえばあのとき見つかっていたという情報がいくつか出てきている.静岡県の浜名湖では1980年代後半,千葉の小櫃川河口では1990年代の前半に発見されており,宮城県の万石浦では1999

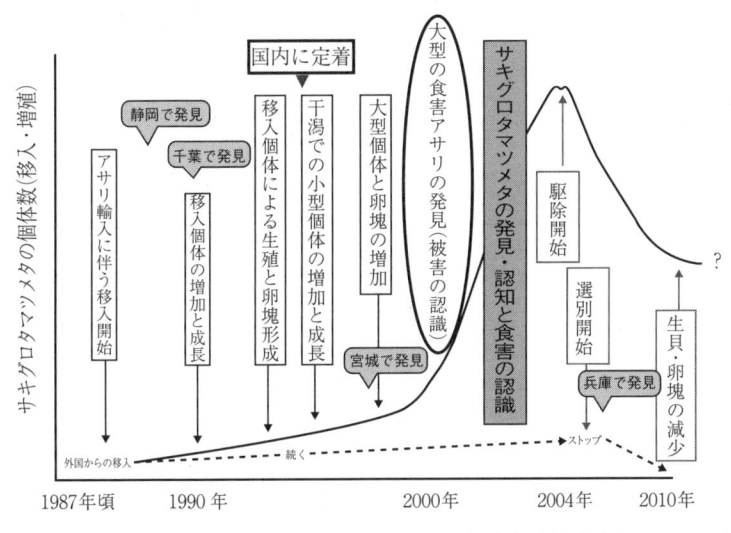

図 1-17　アサリ輸入開始からの国内でのサキグロタマツメタ個体数の増減と各種イベントの関連の模式図.縦軸の個体数(移入は点線,国内での増殖は実線)は任意の値.2005年の時点では駆除開始後の移入や増殖個体数の減少を予想(期待)したが,現在も移入は止まらず,個体数の減少も一部の地域に限られる.大越,2005を改変.

年[3]と瀬戸内海での発見を除いて北にいくほど発見が遅くなる傾向がある（図1-17）．浜名湖ではアサリ生貝の輸入は1980年代初めから始まり1993年までは年々増加傾向にあり，その後横ばいから漸減となった[17]が，輸入が始まり増加していった時期とサキグロが発見された時期が符合する．千葉県立中央博物館には1990年代に採集されたサキグロの標本が展示されているが，同博物館のホームページの2006年4月10日のニュースには，小櫃川河口で1992年に貝殻が採集されているとの黒住耐二氏の記載がある．サキグロは1980年代のアサリ輸入が始まった時期から繰り返し日本各地に移入し繁殖し定着していったのだろう．

1-5　サキグロタマツメタの駆除

　宮城県と福島県では2004年からサキグロの本格的な駆除がはじまった．宮城県では積極的にホームページでサキグロタマツメタの情報を流し（第7章参照）駆除を呼びかけた．私たちは宮城県と福島県の漁協で講演を行い情報の共有を図り駆除を訴えた．その結果，①アサリ漁場ではアサリ採捕時にサキグロを積極的に採集し陸揚げする，②潮干狩り場では入漁者に駆除協力を依頼する，③産卵期には卵塊の一斉駆除を行うという三本柱の駆除方針が決まった．

　2004年9月，卵塊がみつかり始めた．石巻湾漁協では卵塊駆除日を決め，約200人の組合員が朝6時に集合，船二十数艘に分乗して漁場に向かった．全員が手弁当，油代もかかる．カキの出荷作業を休み2時間の駆除がこれから始まる．次々に船が出ていくのを見送りながら，もし卵塊が採れなかったらたいへんだという気持ちの方が先にたった．マスコミも多数来ている．失敗はできない．私たちの研究結果をもとに駆除対策を立て，組合員ほぼ全員が集合をかけられている状況で，空振りに終わったら一気に大学の信用がなくなる．私たちは一斉駆除の前日も前々日も干潟に通い，確実に卵塊があることを確かめていた．

　約1時間後，卵塊を満載した船が次々にもどってきた．その量に全員が驚いた．卵塊が山盛りの50 cm四方はあるかごが次々と陸揚げされ，重量

図 1-18 サキグロタマツメタの卵塊一斉駆除(宮城県万石浦).早朝に組合員が集合し船に分乗し,決められた漁場へ向かう.膝ぐらいまで水に浸かりながら約2時間にわたり卵塊を駆除(写真上).サキグロタマツメタと卵塊は場所ごとに重量を計測した後処分する(写真下).

が計測されていく(図1-18).場所ごとに集計した後は2トントラックの荷台に次々と放り込まれる卵塊.わずか2時間弱の駆除でトラックに軽く1杯分,約700 kg,個数にして約3万2千個の卵塊が駆除された(これは実際に卵塊を大学に持ち帰り,学生たちが数を数えた結果であり,重量から

の概算ではない).こうして1回目の卵塊駆除は大成功に終わったが,「やっぱり先生の言うとおりだ!」と言われ安堵する反面,頭の中では電卓が高速で動いていた.

　卵塊1個からは1,000〜4,000匹の稚貝が出てくる(第4章参照).仮に平均3,000匹だとして,全体で1千万,いや1億匹だ.雌1匹が卵塊1個を産むとして(実際には複数個の卵塊を産むものも確認されている,第4章参照),親になる雌は3万匹以上いる.同数の雄がいるとすれば,再生産に寄与できるサキグロだけで最低6万,小型のサキグロはその数倍はいるから,万石浦の石巻湾漁協管轄のアサリ漁場だけで数十万匹のサキグロがいる.他の2つの漁協管轄の漁場を合わせると100万匹はいるだろう.それが3〜5日に1匹のアサリを食べる(図1-19)とアサリは・・・考えていくうちに気が遠くなっていくとともに,この暗算が1ケタか2ケタ間違ってくれないかと思ったのを覚えている.仮にサキグロの親貝の殻高を3cmとし,それらは出荷サイズ(殻長3cm以上)のアサリを年間100個体食べるとしよう.万石浦に生息する親個体が6万個体×3漁場=18万個体だとすると1年間に食べられるアサリの数は18万個体×100個体=1,800万個体.アサリ1個体が3gだとすると,1,800万個体×3g=54トンという数字になる.冬季は活動が鈍り食いが悪くなると考えられるので,この値は少し

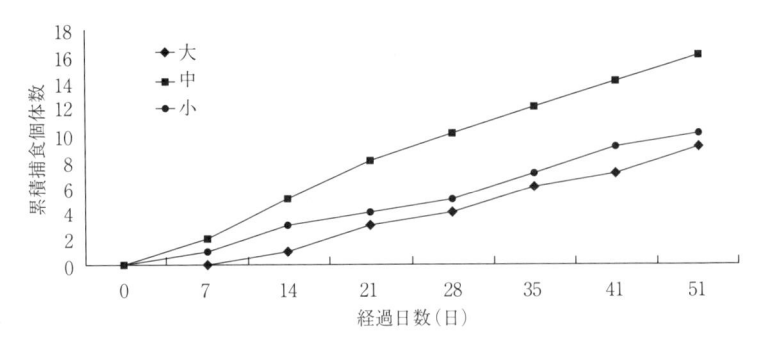

図1-19　サキグロタマツメタによる二枚貝の捕食実験の一例.経過日数と累積捕食個体数関係.水温22℃.60cm水槽に砂を7cm敷き詰め,3つに仕切り,それぞれに殻高41mm(大),24mm(中),10mm(小)のサキグロタマツメタと殻長42〜45mm(大),26〜33mm(中),7〜19mm(小)の範囲のアサリとオキシジミを3個体ずつ計6個体入れ,捕食されたら補充する方法で実施.51日間で9〜16個体の二枚貝が食べられた.

過大評価かも知れないが，年間10トン以上のアサリが食べられている可能性は否定できない．前年の秋に10トン以上のアサリを撒いたにもかかわらず潮干狩りが開始早々中止に追い込まれた東名浜の例もこれに符合する．万石浦では大規模な卵塊駆除はこの年は1回だけだったが，福島県の松川浦では8回行ない，約1.5トンの卵塊を駆除したことを後日知った．

　その後も毎年駆除が行われているが，増減はあるものの万石浦（図1-20）でも松川浦（図1-21，表1-2）でも卵塊の確実な減少傾向はみられない．一部の研究者やマスコミは駆除回数が少なすぎる，もっと徹底的に駆除すべきだと声を上げる．その通りだと思うが，それを言いっぱなしでは解決にはならない．宮城県でのサキグロの産卵期は9月下旬から11月初めぐらいだが，9月下旬はカキの出荷が始まる時期と重なる．広島に次いで全国第2位のカキ生産を誇る宮城県の中でも石巻地区は生産の中心であり，組合員の多くはカキ養殖もやっている．水温が低い分，広島よりも1週間から2週間早くカキの出荷ができる．当然この時期は広島産がまだ市場に出ないため品薄，しかもシーズン初めということで高値で取引される．家族で朝

万石浦全体の卵塊駆除量
（万石浦，石巻湾漁協＋石巻専修大データ）

2004年：約700 kg（駆除2回）
2005年：約260 kg（駆除3回）
2006年：約790 kg（駆除2回）
2007年：約100 kg（駆除2回）
2008年：約300 kg（駆除1回）
2009年：約510 kg（駆除1回）
（2005年は，石巻地区漁協分を含む）

⇒卵塊の減少傾向は認められない．

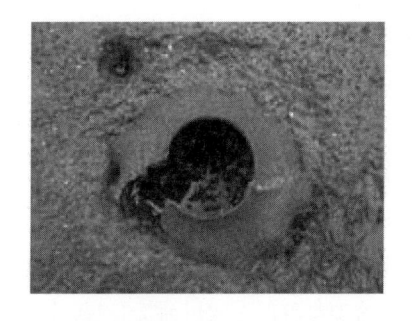

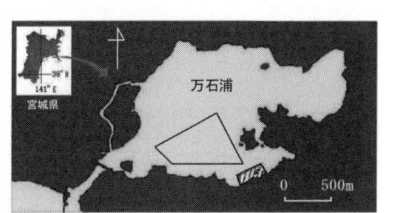

図1-20　宮城県万石浦での卵塊駆除量の経年変化．地図の□で囲んだ場所が石巻湾漁協（現，宮城県漁協石巻湾支所）管内のアサリ漁場．岸近くの枠は潮干狩り場（大浜）．

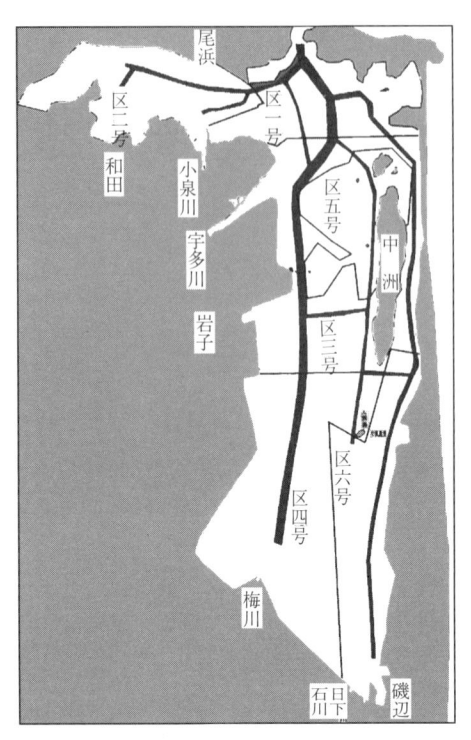

図 1-21 福島県相馬市松川浦．区第一号から区第六号まで漁場を分けている．太平洋（右）とつながる水路の入り口に近い区第一号はアサリもサキグロタマツメタも多い．提供：福島県水産試験場相馬支場．

からカキ剥きをすれば1日数万円になる日もある．1円にもならず逆に油代も自前の卵塊駆除が何度もあってはたまらない．腸炎ビブリオ菌の活動が鈍る水温20℃以下になるとカキの出荷がはじまり，同時にサキグロの産卵も始まるのだ．松川浦で8回の駆除が行われたのは，松川浦ではカキ養殖をほとんどやっていないことも一因である．また，東北地方では，9月下旬からは日中潮が引かなくなり，最大干潮は夜中になる．10月に行われる卵塊駆除は早朝の干潮時に合わせるが，最大干潮時でも膝ぐらいまで水深があるので（図1-18），風雨があったり，台風や雨の後などで濁りがあったりすると水中の卵塊の発見効率が落ちて採り残しが増える．2007年の駆除量が約100 kgとなっているが，このときは風が強く水中が見にくかったので，かなりの採り残しがあったものと推定される．

表1-2 福島県相馬市松川浦におけるサキグロタマツメタと卵塊駆除量.

サキグロ

年	区第一号 数量(kg)	区第二号 数量(kg)	区第三号 数量(kg)	区第四号 数量(kg)	区第五号 数量(kg)	区第六号 数量(kg)	合計 数量(kg)
2005	324	225	108	24		128	809
2006	260	160	121	52		90	683
2007	204	123	115	31		56	529
2008	188	69	122	28		40	447
2009	111						

卵塊

年	区第一号 数量(kg)	区第二号 数量(kg)	区第三号 数量(kg)	区第四号 数量(kg)	区第五号 数量(kg)	区第六号 数量(kg)	合計 数量(kg)
2004	702	40	504		118	96	1,460
2005	512	20	463	123	215	80	1,412
2006	154						154
2007	130		56				186
2008	189		90			2	281
2009	386	16	205	21		10	638

提供：福島水産試験場相馬支場

　現場では卵塊だけでなく親貝や稚貝も駆除する．しかし，目視での駆除には限界がある．図1-22は継続して駆除を行っている漁場でのサキグロの殻高の組成を示したものである．2つの山があるが，右側の山よりさらに右の30 mm以上の大型個体の採捕される数が少ないことがわかる．大きな個体は目につくので，毎回の駆除でかなり採られているためだ．一方，10 mm以下の個体もあまり見当たらないが，これは生息していないのではなく，目視では見えないだけである．砂をふるいでふるうと10 mm以下の個体が多数採集できる場合がある．これらが成長して15 mm以上になってくるとようやく駆除対象サイズになってくる．1回駆除すれば劇的に減るというのではなく，粘り強い継続的な駆除が必要である．

　アサリが食用である以上，アサリにはあまり影響がない場合でも，薬品散布などによるサキグロの駆除はできない．現場での駆除は前述した三本柱が基本であることにかわりはない．それに加えて新たにわかってきたサキグロの興味深い行動を利用した駆除方法をいくつか検討している．この点については，第2編のサキグロの生物学的特徴を踏まえ，第3編の水産学と環境学の視点も加えて，第6章で取り上げ紹介したい．

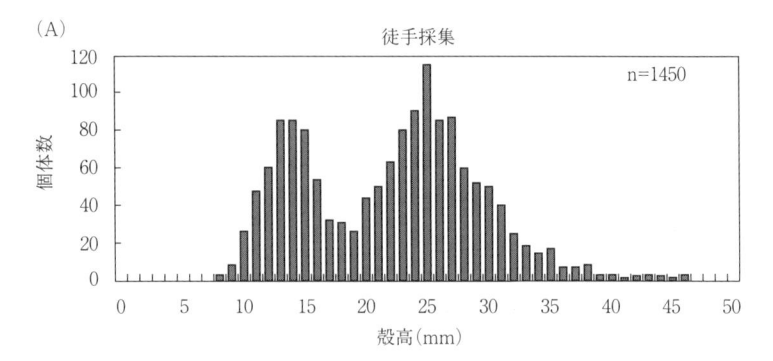

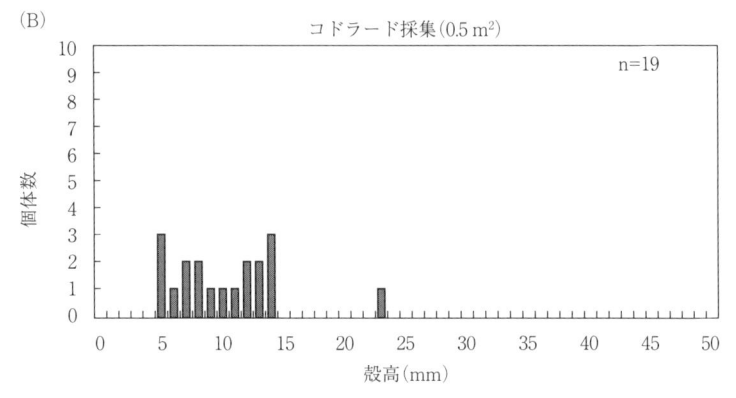

図 1-22　駆除が進んでいる漁場のサキグロタマツメタのサイズヒストグラム．(A) は組合員 10 人で約 2 時間の徒手採集．(B) はコドラート内の砂を 1 mm メッシュのふるいでふるって残った個体．コドラートに見られる 10 mm 以下の個体は熟練者でも目視ではほとんど採集できず，30 mm 以上の大型個体の多くは過去の駆除で採集されているものと考えられる．n は個体数.

　サキグロタマツメタがデビューして 10 年．本書では，これまでの知見をまとめるとともに，サキグロ問題の背景，今後のアサリ生産や外来生物対策の展望を含め，様々な角度から検討し考察した．単一種の貝だけを取り上げて出版された書籍は国内では「ムラサキイガイの生態学」[20] や「ホタルイカの素顔」[21] などがあるが，非常に少ない．その中で，サキグロを単独で取り上げることができたのは，本章の主題である 3 つの顔をもった貝であることや環境保全，生物多様性への関心の高まりが背景にあると言えるだろう．

文献

1) 廣吉勝治・長濱眞一：アサリの需給構造－生産から消費に至る諸問題－，水産振興，244，1-37 (1988).
2) 大越健嗣：15章 水産物による導入の特徴：水産物移動に伴う外来種の移入，海の外来生物（日本プランクトン学会・日本ベントス学会編），東海大学出版会，2009，pp. 217-227.
3) 大越健嗣：輸入アサリに混入して移入する生物―食害生物サキグロタマツメタと非意図的移入種，日本ベントス学会誌，59，74-82 (2004).
4) 大越健嗣：非意図的移入種の水産被害の実例－サキグロタマツメタ，日本水産学会誌，73，1129-1132 (2007).
5) 鳥越兼治：山口県岐波のサキグロタマツメタガイ，ちりぼたん，19，69-70 (1988).
6) 和田恵次・西平守孝・風呂田利夫・野島哲・山西良平・西川輝昭・五嶋聖治・鈴木孝男・加藤 真・島村堅正・福田 宏：日本における干潟海岸とそこに生息する底生生物の現状，WWF Japan Science Report，3，1-182 (1996).
7) 福田 宏：巻貝類Ⅰ－総論，有明海の生き物たち（佐藤正典編），海游舎，2000，pp. 100-137.
8) 佐藤正典・田北 徹：有明海の生物相と環境．佐藤正典（編），有明海の生きものたち，海游舎，2000，pp. 10-35.
9) 斉藤彦・馬秀同・王禎瑞・林光宇・徐鳳山・薫正之・李鳳美・呂端貨：黄渤海的軟体動物，農業出版社，北京，1989，309 pp. + 13 pls., (In Chinese).
10) 趙汝翼・程済民・趙大東：大連海産軟体動物誌，海洋出版社，北京，1982，3+167 pp. + 22 pls, (In Chinese).
11) 王如才：中国水生貝類原色図鑑，析江科学技術出版社，1988，4+3+5+10 pls.+255 pp., (In Chinese with English summary).
12) 権伍吉・朴甲萬・李俊相：原色韓国貝類図鑑．Academy Publishing Company, Seoul, 1993, 446 pp., (In Korean).
13) 佐藤慎一・山下博由・久保 監：韓国セマングム地域の干拓防潮堤建設に伴う干潟底生物群集の時間的変化，日韓共同干潟調査 2001 年度報告書，2003，pp. 62-75.
14) 溝口幸一郎・逸見泰久：韓国光陽市および麗水市周辺の干潟における底生生物相，ベントス調査 2 班報告書（定性調査），日韓共同干潟調査 2001 年度報告書，2003，pp. 31-38.
15) 山下博由：慶尚南道南海郡（第五次日韓共同干潟調査）における軟体動物・腕足動物の地点別定性調査データ，日韓共同干潟調査 2001 年度報告書，2003，pp. 39-57.
16) 土肥伸吾：グルメな密航者の素顔－万石浦におけるサキグロタマツメタガイによる二枚貝に対する食害について－，石巻専修大学卒業論文，2002，21pp.
17) 山本茂雄：アサリ稚貝放流事業の問題点，第9回浜名湖をめぐる研究者の会講演要旨集，2000，pp. 27-32.
18) 岩崎敬二・木村妙子・木下今日子・山口寿之・西川輝昭・西栄二郎・山西良平・林 育夫・大越健嗣・小菅丈治・鈴木孝男・逸見泰久・風呂田利夫・向井 宏：日本における海産生物の人為的移入と分散：日本ベントス学会自然環境保全委員会によるアンケート調査の結果から，日本ベントス学会誌，59，22-44 (2004).
19) 増田 修・福田 優：赤穂市千種川河口で確認されたサキグロタマツメタ，兵庫陸水生物，58，113-116 (2006).
20) 細見彬文：ムラサキイガイの生態学，山海堂，1989，137pp.
21) 奥谷喬司（編著）：ホタルイカの素顔，東海大学出版会，2000，273pp.

コラム

韓国セマングム干拓とサキグロタマツメタ研究

2006年6月，この本の編著者のひとりである大越健嗣さんが，韓国セマングム海域の調査に乗り出した（図1）．目的は，サキグロタマツメタの原産地における生息状況を探るためである．しかし，調査期間中，彼は1個体も生きたサキグロタマツメタを見ることなく帰国する羽目になった．それもそのはず，セマングム海域は2006年4月に全長33 kmの防潮堤によって4万ヘクタールもの干潟・浅海域が閉め切られた直後だったのである．現在，日本全国に残された干潟の総面積が5万ヘクタール以下であるため，韓国セマングム干拓では，日本の干潟総面積の実に8割以上が一度に失われた計算になる．それと同時に，黄海固有の貴重な生き物たちの多くが今まさに消滅しつつある．

韓国中西部にある全羅北道の群山市から扶安郡にかけてのセマングム海域は，昔からシナハマグリの一大産地として有名で，韓国国内生産の65％以上を占める水揚げを誇っていた．萬頃江（マンキョ

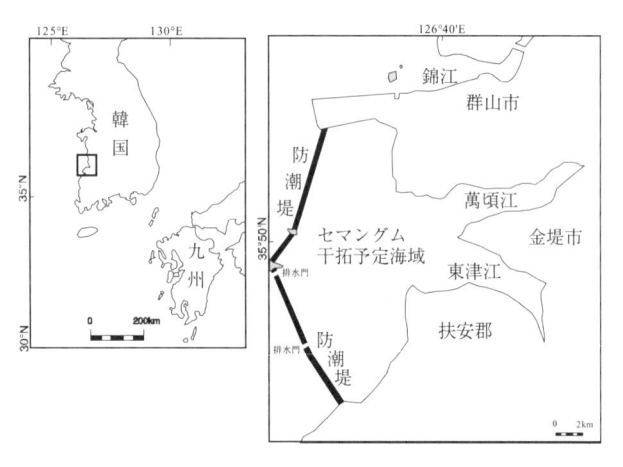

図1　韓国セマングム干拓予定海域の位置図．

図2 セマングム干潟での酒盛り（水間八重撮影）.

ンガン）と東津江（トンジンガン）から運ばれる大量の堆積物により，最大で沖合まで 10 km 以上もの広大な干潟が形成され，引き潮時にはたくさんの水鳥や地元の人びとが干潟にやって来ては，カニ，ゴカイ，魚貝類など様々な生き物を採って生活を営んでいた．日暮れ時になると，漁を終えた人びとが車座になって，干潟に沈む夕陽を見ながら韓国焼酎（ソジュ）を飲む風景が見られた（図2）．大越さんも，あと数年早くセマングムに来ることができたら，たくさんの生きたサキグロタマツメタを観察して，コルベンイ（巻貝の料理）をつまみに私たちと一緒に夕陽を見ながら最高に美味い焼酎を飲めたのだが….

　私たちは，諫早市の山下弘文さん（故人）が団長をつとめる「日韓共同干潟調査団」に参加して，2000年5月から韓国セマングム海域の調査を開始した．初めて，この干潟を目の当たりにした時は，あまりの広大さに何処から調査を始めてよいのか見当もつかなかった．しかし，この場所があと数年で干拓される計画があることを知り，とにかく出来る限りの干潟生物モニタリング調査を開始した．それから毎年2～3回この場所を訪れて，韓国環境運動連合の皆さ

んと調査を続けることで，この海域には非常に多様な底生生物が豊富に生息することを明らかにした．

例えば，日本では有明海などでわずかに見られるだけのミドリシャミセンガイが，セマングム海域には高密度で分布している．そして，その生きたミドリシャミセンガイの殻に，シャミセンヒキという小さな二枚貝が付着して生息していることを発見した[1]．その後の研究により，シャミセンヒキの仲間は韓国やフィリピンなどでしか見つかっていない世界的にも貴重な生き物であることが判明した[2]．さらにセマングム海域には，チョウセンキサゴ・ヒナギヌ・シナハマグリなど黄海にしか生息しない固有種や，ガタザンショウ・ヤベガワモチなど複数の未記載種（新種の可能性が高い），そしてオカミミガイ・イタボガキ・ユウシオガイなど日本では絶滅が危惧されている種も数多く生息しており，極めて生物多様性の高い海域であることが明らかになった[3]．

しかし，2003年6月にセマングム海域の北側堤防が閉め切られて以降は，それまで多く見られたチョウセンキサゴ・ヒナギヌ・シャミセンヒキ・ユウシオガイなどがほとんど見られなくなり，それに

図3　防潮堤完成後のセマングム干潟の様子（佐藤撮影）．

替わってヒラタヌマコダキガイ・ソトオリガイ・ウメノハナガイモドキなどの少数の特殊な種だけが一時的な増減を繰り返すようになった．そして，2006年4月の干潟の乾陸化によって多くの生物が死滅し，生物学・分類学上の貴重な情報が大きく失われようとしている（図3）．こうしてサキグロタマツメタの個体群も，大越さんに調べられることなく，この時にほとんどが消滅してしまったのである．

（佐藤慎一）

文　献

1) Hong, J.S., Yamashita, H. and Sato, S.: The Saemangeum Reclamation Project in South Korea threatens to collapse a unique mollusk, ectosymbiotic bivalve species attached to the shell of *Lingula anatina*, *Plankton & Benthos Research*, 2, 70-75 (2007).

2) Lützen, J., Hong, J.S. and Yamashita, H.: *Koreamya arcuata* (A. Adams, 1856) gen. nov. (Galeommatoidea; Montacutidae), a commensal bivalve associated with the inarticulated brachiopod *Lingula anatina*, *Journal of Conchology*, 39, 137-147 (2008).

3) 山下博由・佐藤慎一・水間八重・名和　純：セマングム海域海産軟体動物目録，日韓共同干潟調査2006年度報告書（日韓共同干潟調査団），2006, pp. 97-119.

第 2 編
サキグロタマツメタの生物学

2 章

サキグロタマツメタの解剖

——— 土屋光太郎・竹山佳奈

　サキグロタマツメタ *Euspira fortunei* の属するタマガイ科 Naticidae は，腹足綱　直腹足亜綱　新生腹足上目 Caenogastropoda　吸腔目 Sorbeoconcha　高腹足亜目 Hypsogastropoda タマガイ上科 Naticoidea に属しており[1]，その解剖学的特徴としては，腹足は単純な盤状で，蓋 operculum をもつこと，外套腔内の器官は退化的で，鰓は支柱 skeletal rod をもつ単櫛鰓 monopectinate ctenidium を左側のみ有すること，鰓下腺 hypobranchial gland，嗅検器 osphradium も不対で左側のみであること，心臓は 1 心房のみを有すること，直腸 rectum は囲心腔 ventricle を貫通しないこと，歯舌は基本的な紐舌型 taenioglossa であること，食道 oesophagus は目立った腹側の襞をもたず，消化管は明瞭なループを作らないこと，体腔内の生殖輸管が体内受精を可能としていることなどがあげられる[2]．また，平衡胞に各 1 つの平衡石をもつこと，外陰茎 exophallic penis をもつこと，精子の微細構造などから新生腹足上目とされる．タマガイ上目は現世のグループとしてはタマガイ科のみからなるグループで[3]，その解剖学的特徴としては吻部に副穿孔腺 proboscidial accessory boring organ（ABO）をもつこと，触角は短く，前足が発達し，外套楯 mantle shield として発達すること，消化管は肉食に適応して，吻を有すること，発達した食道腺 oesophageal gland をもつこと，胃が単純であることなどがあげられる[4]．

2-1 軟体部の外部形態（図 2-1）

　サキグロタマツメタの吻端 snout (sn) は盤状で広く広がる．縁辺は膜状でやや間隔を空けて頭触角 rhinophore (rh) が発達する．頭触角は比較的短く，先端へ尖り，多少扁平で黒色の色素の分布が見られる．眼は完全に失われる．足は分割されず，一枚の盤状，黒色の色素の分布が見られる．前足 propodium は大きく広がり尖端が薄く尖るとともに殻の縁辺で膜状に広がり殻の一部を覆う外套楯 mantle shield を形成する．これは潜砂に適応した形態の 1 つと考えられている．後足 metapodium も膜状部が発達し殻の一部を覆う．これは潜砂に際し，外套腔を堆積物から守る機能をもつと考えられている[4]．外套膜縁は頭部右側の出水管 exhalent siphon に 2 個の突起をもつ以

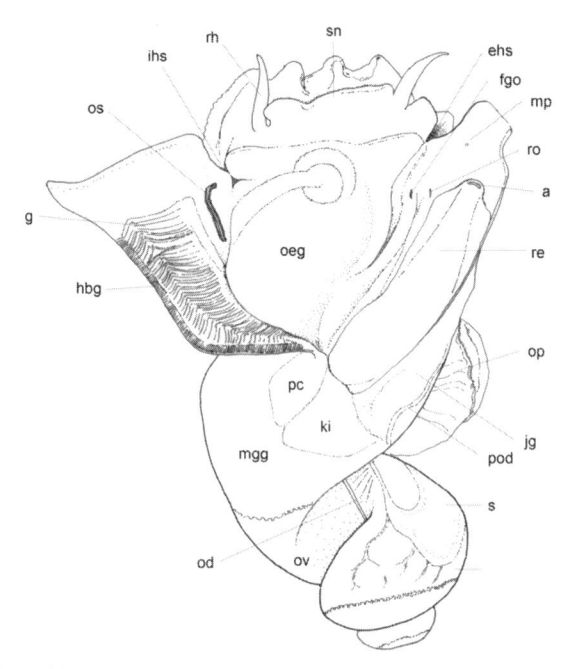

図 2-1　外部形態（雌）．外套腔を開いて示す．a：肛門，ehs：出水管，fgo：雌性生殖開口，g：鰓，hbg：鰓下腺，ihs：入水管，jg：ゼリー腺，ki：腎臓，mgg：肝臓，mp：ゼリー腺からの開口部，od：輸卵管，oeg：食道腺，op：ふた，os：嗅検器，ov：卵巣，pc：囲心腔，pod：外套輸卵管，re：直腸，rh：頭触角，ro：尿道口，s：胃，sn：吻端．

外は単純，前縁左側が伸展し不明瞭な入水管 inhalent siphon (ihs) を形成する．

2-2 外套腔（図 2-1）

外套腔内は外套腔背面に不明瞭な鰓下腺 (hbg) があり，その左側に鰓と嗅検器 (os)，右側には前後に直腸 (re) が走り外套縁よりやや内側に突出した肛門 (a) が開口する．鰓下腺は暗色のラメラ状の構造で，鰓の基部に発達する粘液の分泌器官であり，外套腔内に入ってくる異物を粘液とともに入水管から入る水流に乗せ，腔外に排出する．

鰓 (g) は左側のみの不対で，羽状，左右2葉の鰓葉をもつ両櫛鰓 bipectinated gill で，非常に大きく長く外套のおよそ 1/2 を占め外套腔の後端まで続き 220 枚前後の鰓葉から構成され，外套腔の前縁近くまで伸びる．

化学受容器である嗅検器 (os) は鰓の左側に見られ鰓の約半分の長さ．前方 1/4 の左側には神経環から伸びた神経が嗅検器神経節とつながる．嗅検器神経節の両脇に暗色で左右に 2 葉に分かれた 70 枚前後の小葉構造がみられる．

雄では右側の外套腔と体腔の境には発達した前立腺 prostate gland が見られ，雌では肛門のやや奥下に不明瞭な尿道口 urinary pore (ro) の開口，そのさらに腹側に雌性生殖器開口 female genital opening (fgo) が見られる．また，直腸の裏側の外套膜表面に発達したゼリー腺 jelly gland (jg) が浮き出ている．肛門のやや前，外套膜縁近くにはゼリー腺嚢から延びた輸管が小さく開口する (mp)．外套腔の左側後方には薄い膜状の囲心腔 (pc) 中に 1 心室 1 心房からなる心臓があり，前大動脈とつながる．肝臓 (mgg) は心臓の後方に位置する．尿の排泄口である腎門 renal opening（図 2-2A, ro）は唇状で，外套腔最奥部，囲心腔の右寄りに開口する．

2-3 消化器官（図 2-2）

1）頭部血洞内

吻は完全に収納できる陥入型 acremboric proboscis で吻端外面の底部には

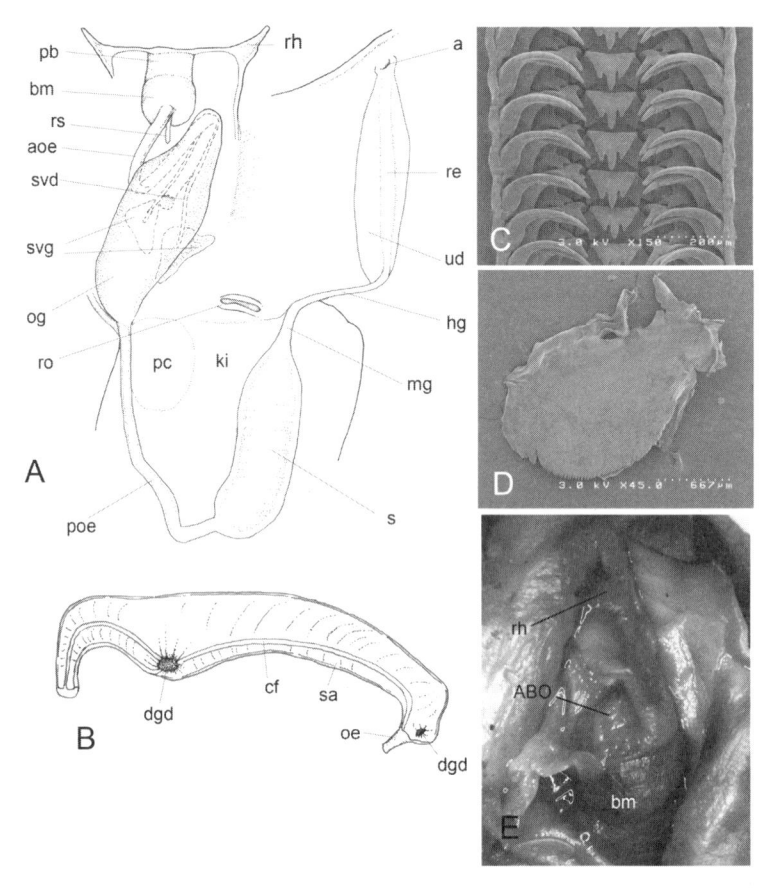

図 2-2 消化管および摂餌関連器官．A：消化管全形．頭部血洞内を開いて示す．B：胃内面．C：歯舌，D：顎板，E：副穿孔腺（ABO）．吻を開いて示す．
a：肛門，aoe：前食道，bm：口球，cf：腸への繊毛溝，dgd：中腸腺開口部，ki：腎臓の位置，mg：中腸，oe：食道，og：食道腺，pb：吻，pc：囲心腔，poe：後食道，re：直腸，rh：頭触角，ro：腎門，rs：歯舌嚢，s：胃，sa：選別域，svd：唾液管，svg：唾液腺，ud：尿道．

円形で扁平な穿孔補助器官である副穿孔腺 accessory boring organ（ABO）がある．ABO表面には分泌細胞とブラシ状の繊毛細胞の2種類の細胞が分布し，摂餌に際し口球が進展すると吻は反転し，ABOが腹面に露出，餌である貝類の貝殻表面に接して無機酸（おそらくは塩酸）と酵素，キレート剤様物質を分泌する[5, 6]．

口球の先端に 1 対の顎板 gizzard plate (図 2-2D) をもつ．顎板は葉状で薄く，先端は鋸歯状になっている（図 5-8E，カラー口絵）．歯舌嚢は食道の下部に位置して口球から突出し，1 対の歯舌突起牽引筋 odontophoral retractor muscle に挟まれる．歯舌 (図 2-2C) は紐舌型，中央歯は 3 歯尖で基底部には 1 対の隆起が見られる．中央歯尖は太く真っ直ぐのびる．側歯尖は非対称で中央歯尖と比べてやや小型で真っ直ぐ伸びる．側歯は中央歯尖が大きく外側の側歯尖は小さい．内側の側歯尖はみられなかった．内縁歯は先端が 2 叉し，内側の歯尖は外側の約 1/2 の長さ．外縁歯は 1 歯尖で長く，大きく内側に湾曲する．

　頭部血洞内，食道の背側にはタマガイ類に特徴的によく発達した嚢状の中食道 midoesophagus とその分泌組織である食道腺 oesophageal gland (og) が位置し口球の右側から吻腔内の大部分を占める．食道腺は食道背壁からの派生器官で，エステラーゼ，ロイシンアミノペプチターゼなど消化酵素を分泌する腺器官で予備的な消化を担う補助器官であると考えられている[7]．中食道内部には背側に多数の隔膜状構造 transverse septae があり，内部を通過する食物粒子の消化を行っている．

　唾液腺 salivary gland (svg) は歯舌の動きを滑らかにするための粘液を分泌する器官で[8]，1 対で扁平な三角形，多胞状，肥大した中食道の左腹側に位置する．唾液腺から伸びた 2 本の唾液管 (svd) は食道に平行して食道神経環を通り，口球部まで達する．

2) 消化管

　口球背面上部の後方部には扁平な dorsal food channnel が覆っており dorsal food groove と ventral channel に分かれている．口球の腹面から出た歯舌突起牽引筋は歯舌嚢を取り囲み，食道と共に食道神経環を通りその後体腔側面に埋め込まれる．Dorsal food channel は食道となって神経環を通り，肥大した中食道へとつながる．中食道は嚢状で内側に数十のひだが見られる．中食道から体腔外へ出た食道は殻軸に沿って後方に走り，囲心腔を越えたあたりで折り返して中腸腺の左側面に位置する胃へとつながる．胃は腎臓と中腸腺の境界付近を走り，細長く単純構造で食物粒子選別域はあるが桿晶体は欠けており，キチン質からなる部分は見られない．前胃と後胃からなり，

境界は隆起しており，食道開口部は胃の右側，前胃の後中腸腺開口部付近に位置する．前中腸腺開口部は前胃の半分よりやや後方に開口する．前中腸腺開口部のほうが後中腸腺開口部よりも大きく発達している．食道から前中腸腺開口部に向けて食道溝 oesophageal groove が走る．前胃の大部分は選別域に覆われている．後胃には晶体囊の部分と発達していない細い大隆起と小隆起が接近して腸溝となり腸へ連結する．中腸腺上を走る短い中腸は中腸腺の旋回に沿って腎臓へとつながり，直腸は雄では前立腺，雌では外套輸卵管付属腺の内壁に沿って真っ直ぐ走る．外套膜の前方 1/3 の位置で開口し肛門となる．

2-4　生殖器官（図 2-3）

生殖腺は雌雄ともに内臓塊の最後端に位置し，内臓塊の腹側に広がり，殻軸筋付近まで延びる．生殖輸管，付属腺は不対，輸管は直腸と平行して走り，外套腔内に開口する．雌雄異体で交尾を行い，雌は卵をゼリー状物質と砂粒で固められた底の抜けた茶碗状の特殊な形状の卵塊として産出す

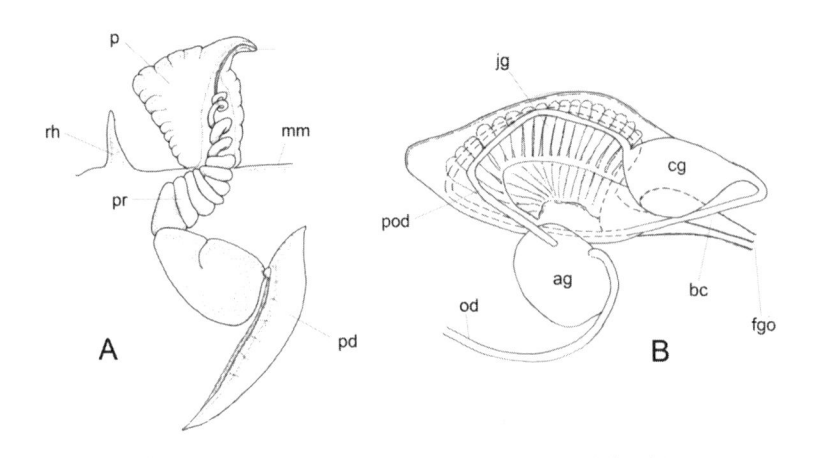

図 2-3　生殖器系．A：後部雄性生殖器，B：後部雌性生殖器．ゼリー腺背側囊皮を取り去って示す．
Ag：アルブメン腺，bc：交接嚢，cg：卵殻腺，fgo：雌性生殖開口，jg：ゼリー腺腺組織，mm：外套膜縁，od：輸卵管，p：外陰茎，pd：ペニス管，pod：外套輸卵管，pr：前立腺．

るため，雄は顕著な外部生殖器を，雌は卵塊形成のための発達したゼリー腺 jelly gland をもつ．

1）雄性生殖器 (図 2-3A)

精巣 testis は茶褐色で中腸腺の外背側面を覆う．精巣から出た輸精小管は食道の右側を殻軸に沿って真っ直ぐと外套腔内へと向かいループは形成されない．外套腔内の直腸と体腔の間に位置する前立腺 prostate gland へとつながる．前立腺は発達しており，輸精管は溝状に開口した輸精溝 seminal groove となって走る．前立腺を通った輸精溝は再び管状となり体腔組織内へ埋没する．体腔内では貯精囊のような器官を経た後，太い輸精管となり，6～7回のループを形成しながら陰茎基部へと走る．陰茎内部でも輸精管は6～7回ループを形成している．陰茎右側面の雄性生殖器開口部に近づくにつれ細くなった輸精管は真っ直ぐに開口部へと走る．

2）雌性生殖器 (図 2-3B)

単純な構造のオスの生殖器系にくらべ，メスの生殖器系は複雑な三次元構造をなしている．卵巣はオレンジ色，中腸腺の外背側面を覆う．輸卵管 oviduct は卵巣から殻軸側，消化管のやや上方を平行して前方に走る．輸卵管は殻軸筋のやや手前で背側に曲がり，扁平な円盤状のアルブミン腺 arbumen gland を経て，発達したゼリー腺の嚢内に入り，嚢膜外面直下を後方に進む．腺組織の後端近くに達すると，背側に湾曲しゼリー腺前端外側に位置する卵殻腺 capsule gland へつながる．さらに卵殻腺前端から出た輸卵管は腹側に強く曲がり，ゼリー腺組織に包まれながら再び後方に走る．腺組織後端に達した輸卵管は上屈し，二つ折りになったゼリー腺の組織に挟まれて前方へ向かい，中央付近でさらに下方に曲がり，膨張部に達すると最下部で右側に曲がり，さらに前方に向かって外套膜と頭部の境界付近を前方に向かい延びて肛門よりやや奥で開口する．輸卵管口に隣接して背中側に交接囊 bursa copulatoris (bc) が位置する．輸卵管付属腺の大部分は卵塊を形成するための粘液腺で占められる．粘液腺は卵をまとめて卵塊を形成するゼリー状物質を分泌する器官で[9]，連続した柱状の分泌組織が葉状構造に配列する構造で，よく発達する．明瞭な貯精囊 seminal receptacle のような構造は認められなかった．

2-5 中枢神経系（図 2-4）

　食道神経環 oesophageal nerve ring は食道と，肥大した中食道の境界付近に位置し，上位隣接型 epiathroid type で各神経節を連結する縦連合は見られない．各神経節は互いに直接結合しており，左右の脳神経節 celebral gangrion とそれらより小さい左右の側神経節 pleural ganglion は，圧縮された部分によって隔てられる．

1）脳神経節
　左右の脳神経節背面部からは触角神経 rhinophoral nerve が伸びている．触角神経基部に隆起は見られない．脳神経節前方部からは口唇神経と左右の口球下神経節へ向かう神経も前方に向かって走っている．

2）側神経節
　左側神経節は右側神経節よりやや大きい．左側神経節は食道下神経節とつながるが，縦連合は見られず結合している状態である．右側神経節からは長く伸びた食道上神経が走り，食道上神経節へと続く．また，左側神経

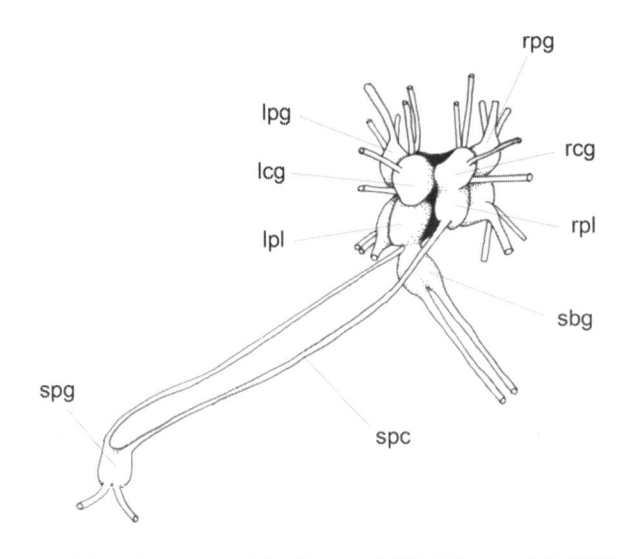

図 2-4　中枢神経系．lbg：左口球神経節，lcg：左脳神経節，lpg：左足神経節，rbg：右口球神経節，rcg：右脳神経節，rpg：右足神経節，rpl：右側神経節，sbg：食道下神経節，spg：食道上神経節．

節からも食道上神経節につながる神経が走っている．食道上神経節からは嗅検器神経節へとつながる神経が伸びている．

3）足神経節

左右の足神経節はそれぞれ前足神経節と後足神経節に分かれているが，互いに癒着しており縦連合による連結および横連合による連結は見られなかった．

4）口球神経節

左右の口球神経節は非常に小さく球形で互いに癒着した状態で dorsal food channnel の裏側に位置する．

　タマガイ科は餌となる他の貝類に穿孔し軟体部を食すという，全種に共通の特徴的な摂餌行動を行なうことから，化石種から現生種に至るまでタマガイによって穿孔されたと思われる貝類との捕食 - 被食関係についての研究が行なわれてきた[10-12]．タマガイ類は摂餌のために穿孔器官である ABO を有することが特徴的であるが，同様の摂餌形式をおこなうアッキガイ科のそれとは異なり，本科の ABO は吻の先端下面に位置し，2 種類の腺細胞からなっている[5]．また，発達した臭いを感知するための感覚器官である嗅検器をもつことも特徴のひとつであるが，その形態については日本産タマガイ類 30 種を用いて形態の生息域による機能的形質相違について比較解剖がおこなわれている[13, 14]．

　現生のタマガイ類の分類は，ほとんどが殻，蓋，歯舌の形状を用いて行なわれており[15, 16]，先にあげた嗅検器に関する報告などを除くと軟体部に関する形態学的情報に乏しいグループである．タマガイ科の軟体部の主要な形質は本科を含む Caenogastropoda の一般的な形態とほぼ一致すると考えられ[8]，Strong[17] による Caenogastropoda の消化系を中心とした軟体部の形態に基づく系統学的形質評価もこれを裏付けている．しかしながら，属の定義や属間の系統的位置づけについては今後，内部形態に基づく再検討，構築が必要であると考えられる．近縁のツメタガイの解剖学的知見については，瀧[18] による簡単な報告があるが，消化管，外套輸卵管付属腺などの記載に誤りが認められる．細部は比較が困難であるが，触角が細長い円錐状

であること以外，サキグロタマツメタとの大きな違いは認められない．

文　献

1) Ponder, W.F. and Lindberg, D.R. : Towards a phylogeny of gastropod mollusks, an analysis using morphological charavters, *Zoological Journal of the Linnean Society*, 119, 83-265 (1997).
2) Ponder, W.F., Colgan, D.J., Healy, J.M., Nutzel, A., Simone, L.R.L. and Strong, E.E. : Caenogastropoda, Phylogeny and Evolution of Mollusca (W.F. Ponder and D.R. Lindberg eds.), University of California Press, 2008, pp. 331-383.
3.) Ponder, W.P. and Waren, A. : Appendix, Classification of the Caenogastropoda and Heterostropha –A list of the family group names and higher taxa, Malacological Review, suppl. 4, 288-326 (1988).
4) Kabat, A.R. : Superfamily, Naticoidea (Beesley, P.L., Ross, G.J.B. and Wells, A. eds.), Mollusca, The Southern Synthesis, Fauna of Australia, Vol.5, part B. CSIRO Publishing, Collingwood, 1988, pp. 790-792.
5) Carriker, M.R. : Shell penetration and feeding by naticacean and muricacean predatory gastropods : a synthesis, *Malacologia*, 20, 403-422 (1981).
6) Kabat, A.R. : Predatory ecology of naticid gastropods with a review of shell boring predation, *Malacologia*, 32, 155-193 (1990).
7) Reid, R.B. and Friesen, J.A. : The digestive system of the moon snail *Polinices lewisii* (Gould, 1847) with emphasis n the role of the oesophageal gland, Veliger, 23, 25-34 (1980).
8) Fretter, V. and Graham, A. : British Prosobranch Molluscs, Their functional anatomy and ecology (Revised and updated ediotion), Ray Society, London,1994, 820pp.
9) Fretter, V. : 1. Prosobranchs, In : A.S. Tompa, N.H. Verdionk and J.A.M. van den Biggelaar (eds.) The Mollusca, Vol.7. Reproduction, Academic Press, Orlando, 1984, pp. 1-45.
10) Ansell, A.D. and Morton, B. : Alternative predation tactics of a tropical naticid gastropod, *Journal of Experimental Marine Biology and Ecology*, 111, 109-119 (1987).
11) Kohn, A.J. and Arua, I. : An Early Pleistocene molluscan assemblage from Fiji:gastropod faunal composition, paleoecology and biogeography, *Palaeogeography, Palaeoclimatology, Palaeoecology*, 146, 99-145 (1999).
12) Kowalewski, M. : Morphometric analysis of predatory drill-holes, *Palaeogeography, Palaeoclimatology, Palaeoecology*, 102, 69-88 (1993).
13) 前田豊秀：タマガイ科3亜科における嗅検器の形態と生態との関連について，*Venus*, 47, 121-126 (1988).
14) 前田豊秀：タマガイ科3亜科の形態・生態と嗅検器の構造に関する追加研究，*Venus*, 49, 69-88 (1990).
15) 大山　桂：本邦産タマガイ科の分類学的検討（予報），*Venus*, 28, 69-88 (1969).
16) Kabat, A. R. : Results of the Rumphius Biohistorical Expedition to Ambon (1990), Part 10, Mollusca, Gastropoda, Naticidae, *Zoologische Mededelingen*, 73, 345-380 (2000).
17) Strong, E.E. : Refining molluscan characters: morphology, character coding and a phylogeny of the Caenogastropoda, Zoological Journal of the Linnean Societym , 137, 447-554 (2003).
18) 瀧　庸：ツメタガヒ *Polinices (Neverita) didyma* (BOLTEN) に就いて，*Venus*, 4, 224-234 (1934).

3章 サキグロタマツメタの遺伝子解析

―― 浜口昌巳

3-1　サキグロタマツメタはどこからきたのか

　大越[1]によると，東日本あるいは北日本のアサリ漁場で食害を引き起こしているサキグロタマツメタ *Euspira fortunei* は，漁場に放流された外国産アサリに混入してきたと考えられている．したがって，日本の漁場にいるサキグロタマツメタの由来などを考える際には，外国産アサリがどこから輸入されてきたかを調べることは有効である．水産庁水産流通課が発行している「水産貿易統計」をみると，1989年よりアサリの項目が表れており，以降，わが国の主なアサリの輸入先は中国，韓国，北朝鮮で，その3国が全輸入量の97％以上を占めている（図3-1）．これらの国の主要なアサリ漁

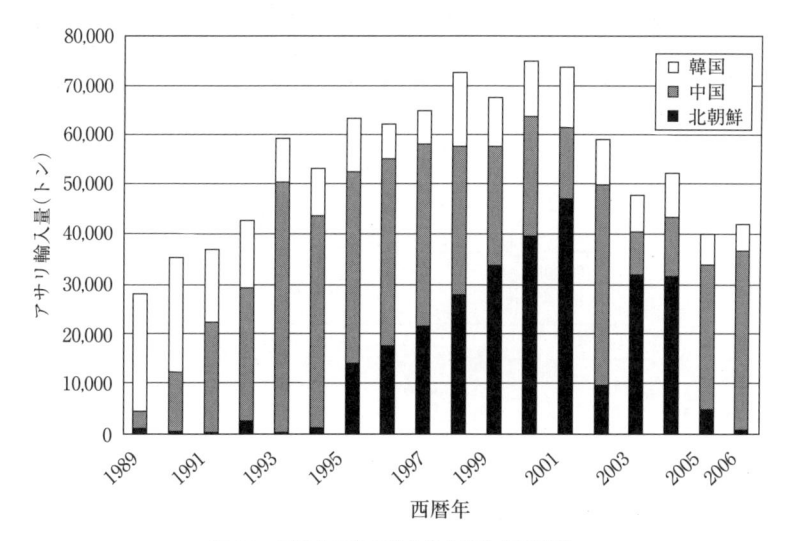

図3-1　アサリの主な輸入先と輸入量の変化．

場は，黄海・渤海湾沿岸域にあり，仮にサキグロタマツメタが輸入されたアサリに混入してきた場合，これらの海域のものと遺伝的に近いということになる．そこで，大越らが韓国西岸で採取してきたサキグロタマツメタと宮城県下で採取されたサキグロタマツメタの遺伝子を比較した．

これまでにタマガイ科の遺伝子情報は少なく，Collin (2003) による巻貝類全般にわたる系統解析を実施した研究でツメタガイ *Glossaulax didyma* のミトコンドリアDNAのチトクロームオキシダーゼⅠ（以下COIとする），16SリボソーマルRNAおよび核DNAの28SリボソーマルRNAの配列が調べられている．また，既存のDNAデータベース上にはサキグロタマツメタの近縁種であるヨーロッパハイイロタマガイ *Euspira pulchella* のCOIの塩基配列情報があるが，サキグロタマツメタの塩基配列の情報はない．

そこで，筆者らは上述したCollin[2]の論文のツメタガイの3つの領域から，他の巻貝類で地域個体群間の比較に用いられることが多いCOI領域の塩基配列を決定した．さらに，よりきめ細かな産地判別を行うためには遺伝子情報を増やす必要があるので，筆者らはサキグロタマツメタの卵巣からミトコンドリアDNAを抽出・精製し，ショットガンライブラリーを作成して解析を行い，それによって得られた領域を加えて解析を行った．その結果，

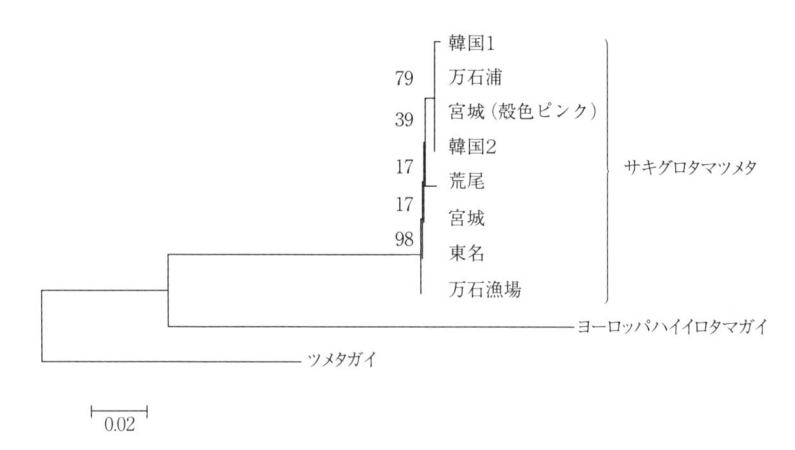

NJ tree (Bootstrap; 1,000 time replications, uncleotide; 583 bp)

図3-2 宮城県・有明海および韓国で採取されたサキグロタマツメタの関係．

まだ検体数は少ないが，宮城県下のサキグロタマツメタは，韓国で採取されたサキグロタマツメタと遺伝的差異は見られず，ほぼ同じではないかと考えられた（図 3-2）.

3-2 遺伝子からサキグロタマツメタの分布拡大を推理する

これまで，COI 領域を用いて巻貝類の地理的関係を調べた報告は多数あるが，サキグロタマツメタと同じ直達発生のグループでは日本沿岸のホソウミニナ Batillaria cumingi に関する Kojima ら[3]の研究がある．この研究では，今回の事例と同じく韓国の黄海沿岸の試料を用いて解析しているので大変参考になる．この研究によれば，ホソウミニナはプランクトン幼生期をもつ同属のウミニナ Batillaria multiformis と比較すると，その分散能力の低さから地理的に離れた個体群間で遺伝的変異をより多く蓄積しており，大別すると対馬暖流系と黒潮系の二系に分かれ，そして韓国の黄海沿岸の試料は対馬暖流系に含まれるとされている．これらのことと今回の結果とを比較すると，まず，用いた塩基配列は Kojima ら[3]と同じ巻貝類で種内変異を調べるためにふさわしい領域を含んでいるので容易に比較できる．しかし，生物種によって遺伝的変異の生じ方には差があり，ホソウミニナとサキグロタマツメタを同様に解釈することは危険であるが，この研究例を参考として今回の結果を推理してみる．

まず，自然の状態で現在の分布となっているホソウミニナでは，海流の関係上，黒潮と対馬の両海流が重なる可能性のある地域（五島列島，瀬戸内海西部および三陸沿岸）では両方の系が同所的に出現している．今回解析に用いたサキグロタマツメタが万石浦や東名など宮城県内で採取されたものであり，かつこの地域のホソウミニナは対馬暖流系と黒潮系が同所的に存在する地域であることから，韓国のサキグロタマツメタと同じ遺伝子型が存在していたとしても，不思議ではない．しかし，大越[1]の報告ではサキグロタマツメタは日本海側では発見されておらず，対馬暖流を通じて韓国から連続的に分布域を拡大してきたとする証拠は少ない．さらに，この地域のサキグロタマツメタは，酒井[4]の報告以前には確認されておらず，

ホソウミニナのように長い年月をかけて少しずつ分布を拡大してきたものではないと考えられる．したがって，今回観察された遺伝的類似性は，宮城県に導入される前の地域の特徴を現していると判断したほうがよいと思われる．宮城県のアサリ漁場では，外国産だけでなく国内各地からのアサリが導入された可能性があるが，Kojimaら[3]によると種苗を供給できる国内の主要なアサリ漁場がある干潟のホソウミニナは，黒潮系のハプロタイプが主体である．したがって，仮に宮城県下のサキグロタマツメタが国内の干潟からもたらされたと想定した場合，黒潮系のハプロタイプの出現が予想され，そうなると韓国産が対馬暖流系であることから差が生じると考えられるが，これまでの解析結果から，宮城県のサキグロタマツメタには遺伝的な多型は得られていない．図3-2中に"宮城（殻色ピンク）"とあるのは貝殻の色などから異なる集団かと考えられたサキグロタマツメタであるが，遺伝的な差異は認められなかった．したがって，今回，宮城県で採取されたサキグロタマツメタが韓国で採取されたサキグロタマツメタと遺伝的にほぼ同じであったのは，この地域から直接導入された可能性が高いと考える．この結果はCOIに加えショットガンライブラリーで情報が得られているミトコンドリアDNAの他の領域（約2 kb）を加えても，両者に特徴的なハプロタイプが確認できなかったことからも支持される．

3-3　今後の課題

ただし，現段階では解析個体数や地域が少なすぎるので，これらはあくまでも推測に過ぎない．そこで，今後，国内各地のサキグロタマツメタについて，個体数や採集地域を増やして更なる検証を進める必要がある．しかし，このような解析を進める場合，2つ大きな問題がある．1つは，宮城県でのサキグロタマツメタの問題が顕在化する以前は，サキグロタマツメタは絶滅が危惧されるほど希少種であった．そのため，わが国に本来生息していたサキグロタマツメタの採取が困難であることが予想される．加えて，現在，国内の干潟やアサリ漁場では外国産アサリを放流していない場所はほとんどないので，これぞ"国産サキグロタマツメタ"という試料が

入手されていないことから外国産との比較はできないことである．2つめは，サキグロタマツメタの軟体部は多糖類などの混入が多く，DNAの抽出が筆者らがこれまでに行ってきた他の貝類と比較すると，極めて困難であることがあげられる．なかでも，エタノール固定の場合，時間が経過するとDNAの回収率は極端に低下する．今回，解析に用いた個体数が少ないのはその理由によるが，現在ではDNAを効率よく回収するための試料の取り扱いや処理方法が明らかとなった．今後，全国各地の干潟や沿岸生態系に興味のあるみなさんの協力を得て再度試料を採取し，サキグロタマツメタの地理的変異やその由来について再度検討する必要がある．

文 献

1) 大越健嗣：非意図的移入種による水産被害の実例－サキグロタマツメタ，日本水産学会誌，73, 1129-1132,（2007）.
2) Collin, R.:Phylogenetis relationship among calyptaeid gastropoda and their implications for the biogeography of marine speciation, *Systematic Biology*, 52, 618-640, (2003).
3) Kojima, S., Hayashi, I., Kim, D., Iijima, A. and Furota, T.: Phylogeography of an intertidal direct-developing gastropod *Batillaria cumingi* around the Japanese Islands, *Marine Ecology Progress Series*, 276, 161-172, (2004).
4) 酒井敬一：万石浦アサリ漁場におけるサキグロタマツメタガイの食害について，宮城県水産研究開発センター研究報告，16, 109-110（2000）.

4章 成熟と産卵，初期発生と成長

―― 大越健嗣・山内 束

　いったん移入した生物がそれ以上広がらないようにすることは難しい．そして，その生物を根絶することはさらに困難である．それは，ブラックバス（オオクチバス）やジャンボタニシ（スクミリンゴガイ）といった外来生物の名前が新聞などでも度々取り上げられていることからもおわかり頂けることと思う．それでは，外来生物を確認した場合，仕方がないと諦めるしかないのであろうか？　実は，わが国でも外来生物を根絶した例がある．インドが原産地であると考えられているウリミバエ *Dacu cucurbita* というハエの仲間は，その幼虫が農作物を食い荒らして被害を与える害虫である．このウリミバエが1900年代の前半に八重山群島で確認され，それからおよそ50年後までには沖縄本島にまで移入の範囲を広げた．しかし，現在ではそれらは完全に根絶され，さらなる防除によって再侵入も発生もほとんど確認されていない[1]．この根絶を可能にしたのが，ウリミバエの繁殖生態に着目して行われた「不妊虫放飼法」である．雌ウリミバエが蛹（さなぎ）の時期にガンマ線を照射すると，この雌は交尾を行えるが受精しない「不妊雌」となる．そして，野生の個体を駆除しつつこの不妊雌を大量に野外に放つことによって，野生の雄が不妊雌と交尾を行う割合が多くなると，その雄は次世代を残すことができなくなり，やがて根絶に至ったのである．この根絶の成功の要因には，野外におけるウリミバエの個体数の把握はもちろん，生活史や繁殖生態までも明らかにし尽くしたということがあげられるだろう．まさに，「敵を知り，己を知らば，百戦危うからず」である．しかし，サキグロタマツメタ（以下，サキグロ）の被害防止・駆除を考えるうえで重要となると考えられる，その生活史や繁殖生態に関する基本的な情報が乏しいのが現状である．そのような状態ではサキグロの

被害を防除し，打ち勝つことは難しいだろう．そこで，本章ではこれまで行われている未発表の研究・観察で得られた知見も含め，サキグロ防除のヒントになりうる基礎的な生物学的情報として，繁殖や成長について述べていきたい．

4-1 秋に干潟に出現する砂茶碗

宮城県や福島県では，夏が過ぎて海水温が20℃を下回る9月の後半くらいになると，干出した干潟の砂上には写真のようなものが出現する（図4-1）．それは，その後1か月くらいは日を追うごとに数が増し，11月下旬まで見つけることができる．実は，これがサキグロの卵の塊で「卵塊」と呼ばれている．卵塊の出現は国内では北の方が早く，青森県では9月，瀬戸内海に面した兵庫県では11月に発見されている．サキグロと同じタマガイ科の腹足（巻貝）類はこのような卵塊を産むことが知られている．この卵塊は卵をゼリー状の粘液と砂を使ってコーティングしたもので，その形態はご飯を盛る茶碗を伏せた形によく似ているために一般的には「砂茶碗」と呼ばれる．砂茶碗を産むタマガイ科の仲間は多数あるが，サキグロの卵塊は外見が特徴的であるため他のタマガイ科が産む卵塊と見分けるのは容易である．例としてタマガイ科のエゾタマガイ *Cryptonatica andoi* と比較してみよう（図4-2）．広くなっている方の縁の形状をよく見ると，エゾタマガイの卵塊の縁はまさに茶碗のようにフラットになっているのに対して，

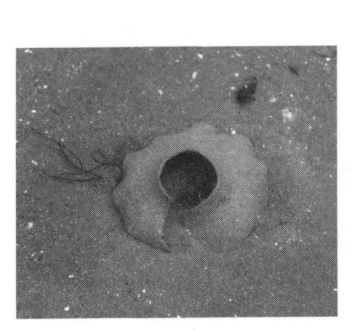

図4-1　秋季に干潟で見られるサキグロタマツメタの卵塊（砂茶碗）．

| エゾタマガイ：卵塊表面 | サキグロ：卵塊表面 |

図4-2 サキグロタマツメタの卵塊（右）とエゾタマガイの卵塊（左）．上は卵塊の表面．下は卵塊の下面のフチの形態．

サキグロの卵塊はウェーブ状になっている（図4-2下）．この特徴で，この2種の砂茶碗を区別することができる．しかし，同様にツメタガイ *Glossaulax didyma* の砂茶碗（図4-3）の縁もややウェーブがかるため，この特徴だけで他のすべての種の砂茶碗と区別することはできない．サキグロの卵塊にあるもうひとつの特徴が決定的である．表面の性状をよく観察すると，エゾタマガイの卵塊の表面は特に凹凸は見られないのに対して，サキグロの卵塊の表面には凹凸が観察される（図4-2上）．それは，卵塊が1.2～3.4 mm程度 [2] の小さな部屋のような構造が集まってできているためであり，この部屋の中には複数の卵が入っている．この部屋は「卵室」，「卵嚢」，「内嚢」，「卵腔」などと呼ばれており，この集合体を卵塊と称している（図4-4）．サキグロの卵室の大きさに対してエゾタマガイの卵室は3分の1程度の大きさであり，凹凸が表面にははっきり現れないため [3] わかりづらい．

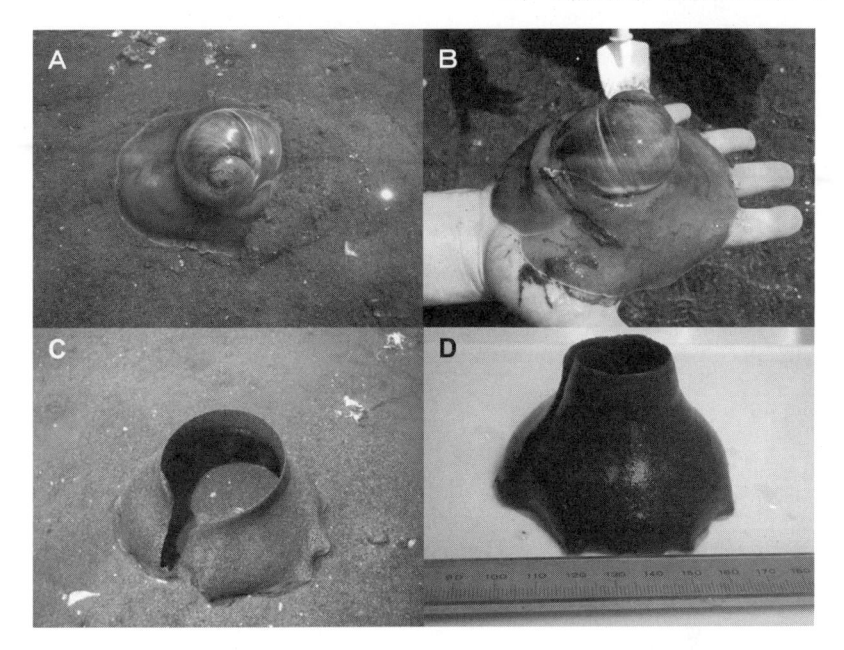

図4-3 ツメタガイとツメタガイの卵塊.A：干潟を移動するツメタガイ.B：軟体部を広げたツメタガイ.C：春から夏にかけて干潟に見られるツメタガイの卵塊.D：下面がややウェーブ状のツメタガイの卵塊.

また,ツメタガイの卵室の直径は520〜580μmであるから[4]サキグロの卵室はかなり大きいことがわかる.そのため,慣れた人であればこの表面の凹凸の特徴だけでサキグロの卵塊であるかそうでないかを判断することができる.また,サキグロ以外の卵塊は薄く非常に脆い.卵塊の端を持って持ち上げると壊れそうになってしまう.それに対してサキグロの卵塊には厚みがあり,やや弾力もある.手で持っても壊れることはない.さらに,卵塊の断面を見るとサキグロの卵室は1層であることがわかる(図4-5).一方,ツメタガイは2層になっている.このような形態的な特徴からサキグロの卵塊かどうかがほぼ特定できる.

形態の他にもサキグロの卵塊か他のタマガイ科の卵塊かを判断できる情報がある.まず,すでに述べているように,サキグロはだいたい9〜11月の秋季に産卵するので,春季や夏季に見られる卵塊はサキグロの卵塊ではないと考えてよいだろう.宮城県の万石浦や松島湾では5〜7月にかけて

54

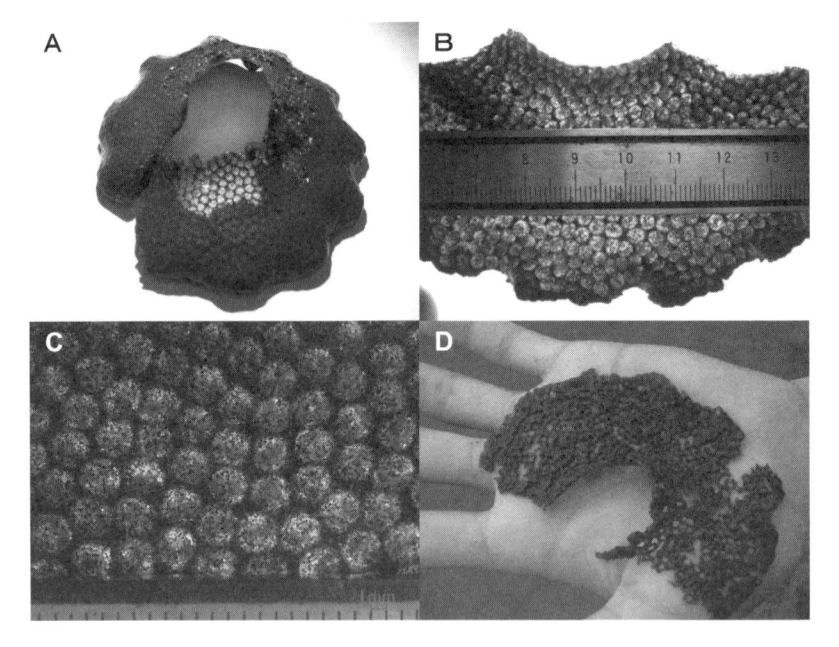

図4-4 サキグロタマツメタの卵塊.A:表面の一部を剥がした卵塊.B:強いライトをあてた卵塊.卵室内の卵が透けて見える.C:卵室の大きさ比較.D:稚貝が出ていった後の卵塊.その後は全体が崩壊しバラバラになる.

図4-5 サキグロタマツメタの卵塊の断面.卵室は1層.ハッチアウト(孵出)直前の稚貝が複数見える.

はツメタガイの砂茶碗が見られ，夏季には砂茶碗が一時なくなる．そして，初秋には大量のサキグロの砂茶碗が見られるようになる．この地域では，潮干狩りやアサリ漁業は夏までで終わるため，その後は漁業者が潮干狩り場や漁場に出かけることが少なくなるが，サキグロはその時期に産卵盛期を迎える．筆者らが調査をはじめるまでサキグロの「卵」の情報がなかったのはそのためだと考えられる．また，サキグロの卵塊は干出した干潟全体に見られるのに対し，ツメタガイでは澪筋（みおすじ）の深場から干潟にあがる縁の周辺や干出時間の短い低い場所に見られる傾向がある．さらに，エゾタマガイは万石浦や松島湾などの内湾ではほとんどみられず，仙台湾に面したところでは，田代島など外洋性の海岸に生息する．その卵塊もほとんど干出しない場所で見られることが多い．

4-2　産卵（卵塊形成）

さて，この砂茶碗はどのようにつくられるのだろうか．サキグロと同じタマガイ科の一種の卵塊形成の過程は奥谷[4]によると，「はじめは親貝が干潮時に足の裏から粘液を出し，満潮と同時にこの粘液塊を残したまま埋没し，ここで砂粒をまぶした帯状の卵紐を分泌しながら，殻を回転させつつこれを底質に押しつける．」とされている．

　産卵期のサキグロを，砂を入れた水槽に収容し卵塊形成の現場をとらえる試みを2001年から何度も行ってきたが，上記のような行動を観察することができず，あるとき突然卵塊が砂の上に出現するということが何度もあった．つまり，サキグロの卵塊は砂の中で形成され，できあがった卵塊は短時間で砂の上に出てくるものと推定された．そこで，水槽に入れる砂の量（厚さ）を調節して観察を試みた．その結果，2009年秋の産卵期に卒論を担当していた山口が産卵シーンをとらえることにはじめて成功した（図4-6）[5]．

　サキグロは足を下にした状態で砂の中に静止し，前足の下部（周辺）から砂を前足に密着させた状態で上部に運ぶ（図4-6A，B）．前足の上部の1か所が左右に回転しており，砂はその部分に集まってくる（図4-6C，D）．回転している部分で砂は左右に分かれ，前足の内側に入っていく．その後

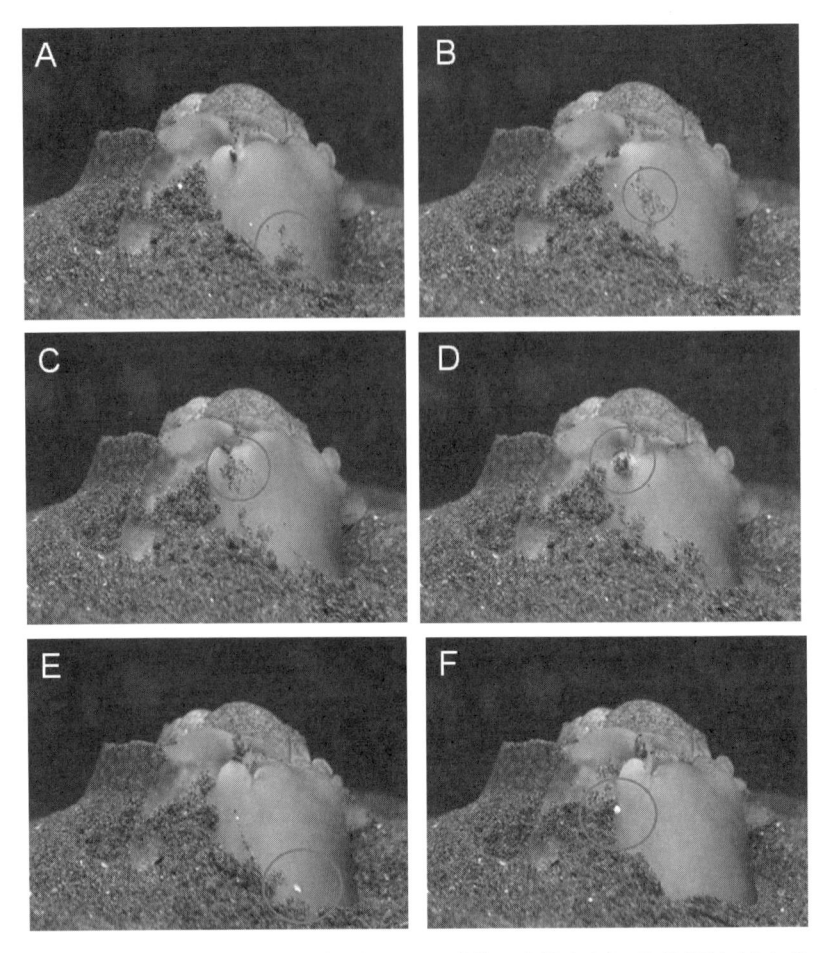

図 4-6 サキグロタマツメタの卵塊形成過程．A，B：前足の下面から上方に砂が表面をすこしずつ移動していく．C，D：前足上部の1か所（図中の○で囲んだところ）を回転させ砂を集め，集まった砂は粘液でつないで左右に振り分ける．その後砂は前足内側に入り見えなくなる．E，F：大きな粒子も引き上げるが，出来上がった卵塊にはみられない．一定の大きさの粒子を選択し大型の粒子は取り除いていることがわかる．

の詳細は不明だが，回転部分のすぐ左側の足の内側から卵塊は徐々につくられ延びていくが，左側に入った砂は卵塊の表面に，右側に入った砂は内面にコーティングされるものと考えられる．つまり，サキグロは移動せず，自身が中心となり，その周りに砂がまぶされた卵室の帯をつくっていく．

図4-7 卵塊の押し上げ行動．右上の時間は卵塊形成終了時からの経過時間．形成終了後前足が卵塊からはなれ（A, B），親個体は卵塊中央から砂に潜る（C）．その後上下を反転させ，足を広げて卵塊底面を砂の中から押し上げる（D, E）．卵塊が完全に砂の上に出ると親個体は卵塊から離れていく（F）．

砂は様々な大きさのものがあるが，雲母片のような大きな粒子は前足の表面を上に向かって上がっていく（図4-6D, E）が，形成された卵塊にははりついていなかった．したがって，卵塊に使う粒子の大きさを選択していることが示唆された．卵塊形成が終了すると，サキグロは一気に卵塊の下

にもぐり体を逆さにして足を広げ，卵塊のまわりを半時計まわりに回転しながら広げた足で卵塊を持ち上げ，数十分かけて砂の上に出現させる（図4-7）．その後は卵塊から離れていく．以上が卵塊形成の概要である．山口は卵塊形成終了までを動画で数回撮影することに成功しているが，何れの個体も同様に卵塊を形成していた．これらの経過を動画からのキャプション画像で示したのが図4-6，7である．干潟でも卵塊の押し上げ行動がみられた（図4-8）．押し上げられた卵塊と周辺の底質は色がまわりと異なり黒味がかっていることが多い．これは一部還元層から卵塊が押し上げられることに他ならない．これまでの観察では，卵塊形成は干潮時にはすでにほとんどが終了しており満潮時に砂中で行われるものと推定される．

　干潟で採集された卵塊は大きさも一定ではなく，直径が 5 cm 程の小型のものから 10 cm を超えるような大型のものまで様々である（図4-9）．サキグロの殻高と，そのサキグロが産んだ卵塊の直径の関係（図4-10）をみると，卵塊の大きさは産んだサキグロのサイズと比例する傾向がみられた．

　サキグロは細砂の割合が多いところを好み，粗砂やシルトが卓越するような底質のところは好まない傾向がある．卵塊を構成する砂には何か特徴

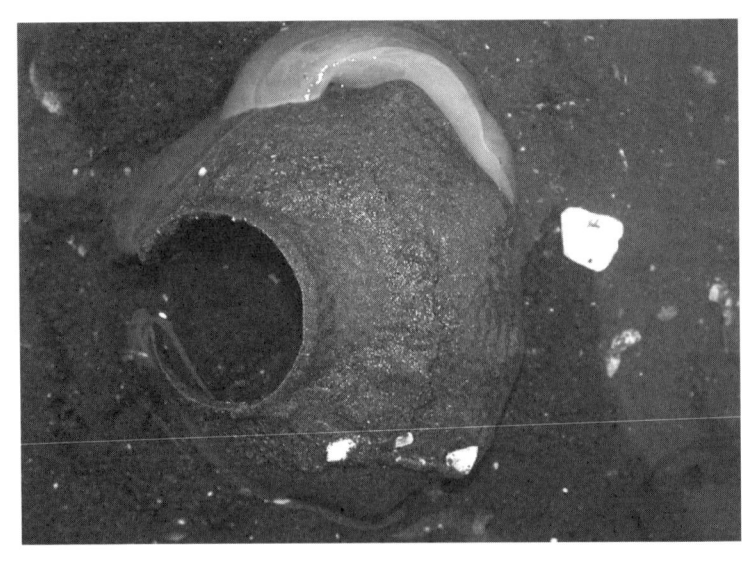

図 4-8　干潟での卵塊押し上げ行動．水槽中と同様の動きが見られた．

図4-9 様々な大きさの卵塊.

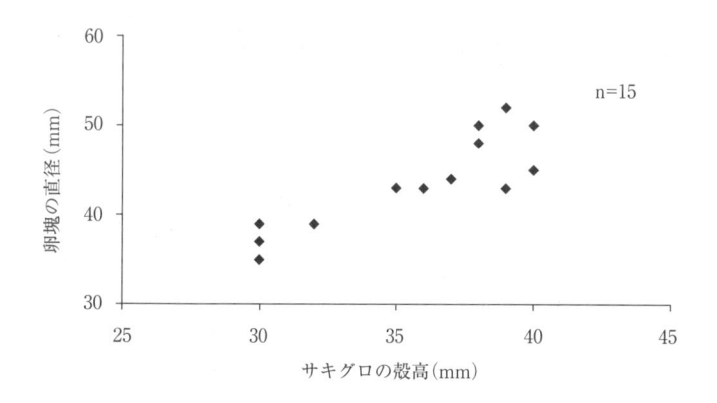

図4-10 母貝の殻高と産み出された卵塊の長径の関係.

があるのだろうか．そこで，サキグロが生息している場所の底質（砂や泥）とそこで採集された卵塊を構成する砂や泥の粒度組成を調べてみた[6,7]．図4-11がその結果である．何れの場所でも卵塊になると細砂の割合が増加することがわかる．つまり，サキグロは卵塊形成時に卵嚢にはりつける粒子の大きさを選択していることが考えられた．そのことを確かめるために以下の実験を行った．

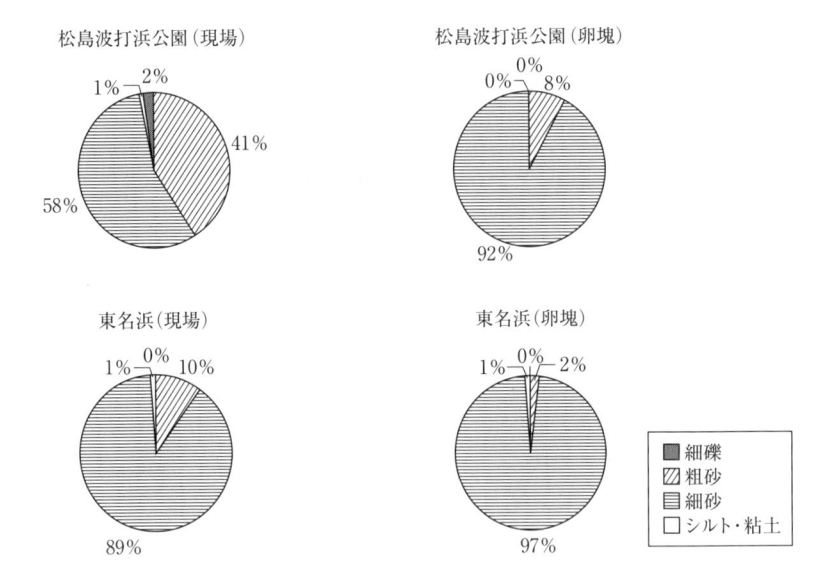

図4-11 サキグロタマツメタの生息している場所の底質の粒度組成と同所で採集した卵塊を構成する砂の粒度組成（上：松島波内浜公園，下：東名浜）．何れの場所でも現場より卵塊の方が細砂の割合が増加している．

　水槽に大きさの異なる（細砂の粒径と粗砂の粒径の）ガラスビーズを半々に入れ，卵塊を形成させた．ガラスビーズでも2個卵塊を形成させることに成功し，その過程は砂を入れた時と同様だったことから，卵塊形成は正常に行われたと判断した．つくられた卵塊（図4-12）では，細砂の割合が99％以上であったことから，サキグロは粒径を選択して卵塊を形成していることが明らかになった．

　1個体のサキグロが何回産卵するのかはよくわかっていない．ツメタガイでは多回産卵することが近年明らかになっている[8]．福島県の松川浦で採集されたサキグロタマツメタを水槽飼育下で観察したところ，産卵期に同一個体が少なくとも複数回産卵することがあるということが最近わかった[9]．

　以上のようにサキグロの緻密な卵塊形成の概要が明らかになったことから，この結果を駆除に応用できる可能性が出てきた．サキグロは生息域としては細砂を好み，さらに卵塊形成ではより選別して細砂の割合を高くする．そのため漁場に礫や粗砂，あるいは細かくしたカキ殻などを投入する

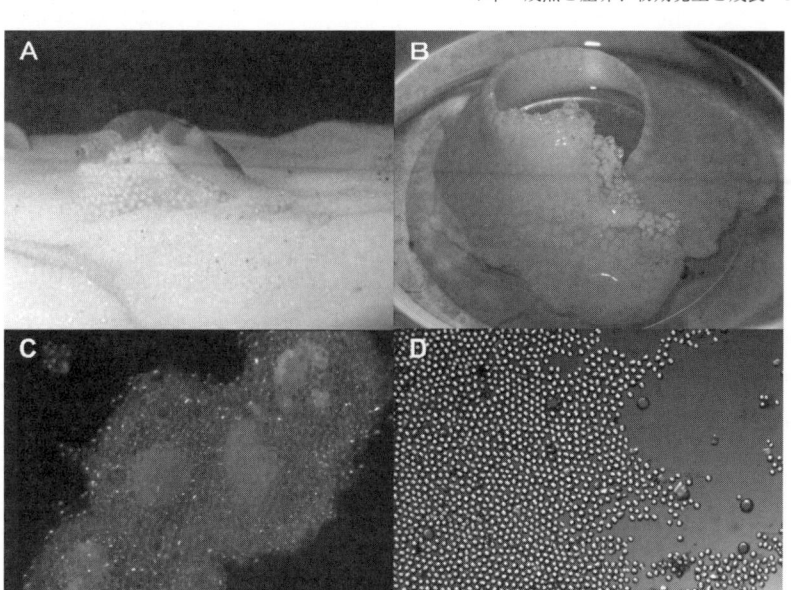

図4-12 ガラスビーズでつくられた卵塊．A：形成途中のガラスビーズ卵塊（形成開始から140分後）．B：形成されたガラスビーズ卵塊．C：卵室の拡大．ビーズの粒径がそろっているのがわかる．D：卵塊を構成するガラスビーズ．0.18〜0.25 mmの粒径のビーズが数では99％以上を占めていた．

と生息と卵塊形成に不適な環境をつくることができるのではないかと考えられる．現在これらの点を考慮した実証試験をすすめているが，サキグロ親貝の生息が減少する傾向があり，さらにアサリ稚貝の定着が促進されるという予備的データも出ている（大越，未発表）．一方，礫は生物の付着基盤になったり，小型の生物が礫と礫の間に隠れることなど，細砂とは違った環境を創出する．アサリは稚貝の時に足糸を張って礫に付着することがあるのでアサリの定着が促進されることは考えられるが，ホトトギスガイ *Musculista senhousia* も同様に足糸を張り，しかも密生することがある．そうするとマット状にホトトギスガイが分布し干潟表面を覆うため，直下が還元状態となり生息するアサリに悪影響を及ぼすことも懸念される．実際に礫を数十トン投入した漁場では，アサリ稚貝もホトトギスガイも見つかっている．また，海洋投棄法のしばりからカキ殻を大量に漁場に投入するこ

とができないこともあり，サキグロの卵塊形成抑制効果も含め，総合的に検討していくことが必要である．

4-3 成　熟

　9～11月の秋期に干潟で見られる卵塊がサキグロの卵塊であることはすでに述べたが，どのようにして，それを明らかにするに至ったのか紹介する．家子[10]は秋期に干潟で見られる卵塊がサキグロの卵塊であることを確認するために9～12月までの各月の生殖巣の発達度合いを組織学的手法によって判別し，どのように変化するかを観察した．この組織学的な手法について簡単に説明すると，試料とするサキグロをホルマリンで固定し，そのサキグロの生殖巣を切り出して，薄い切片を作成する．その切片にヘマトキシリンとエオシンという2種類の染色液を使って色づけすることによって，その精子・あるいは卵の様子が観察できる．成熟した精巣や卵巣は外見からも判定できる（第2章参照）が，発達途中や未成熟の個体の雌雄判別は難しい．そこで，家子はこの手法を用いて性別を判定し，さらに精巣と卵巣の発達度合いを4段階にステージ分けし（図4-13），その割合の変化を月ごとに観察した（図4-14）．これを見ると，9月に干潟で卵塊を確認する直前まで，雄では精巣が最も発達するStage 4の個体は20%ほどしかいないのに対して，雌では半分以上がStage 4となっており，未発達を示すStage 1の個体は見られなかった．10月になると，雄の精子は徐々に発達をみせ，およそ半数がStage 4となっていた．それに対して雌ではStage 4の個体は全くいなくなっていた．それと一致するように，このころには干潟では多数の卵塊が見られるようになっている．その後，雄にも雌にも生殖巣に大きな変化は見られないが，12月までに少しずつ回復しているようにみえる．9月まで発達していた卵巣は，10月にはなくなり，ちょうどその時期に干潟に卵塊が見られはじめたことから9月に見られた卵塊はサキグロのものであると考えられた．このことは，現在では，卵塊の飼育実験の結果や干潟で実際に産卵シーンを確認したことなどから明らかな事実となっている．カキやホタテガイでは雌雄の成熟過程が同調しているが，サキグロの場合，

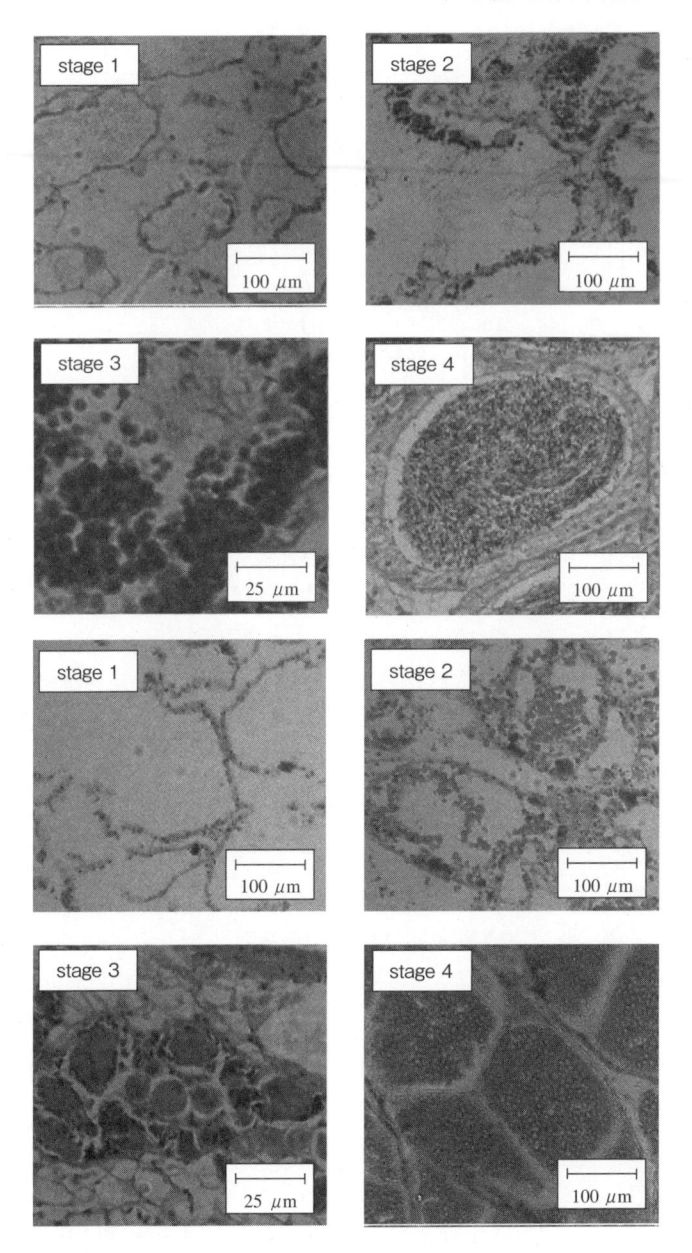

図 4-13 雌雄の生殖腺の成熟度の組織切片による観察．雌雄各 4 つのステージに分類している（上：雄，下：雌）．

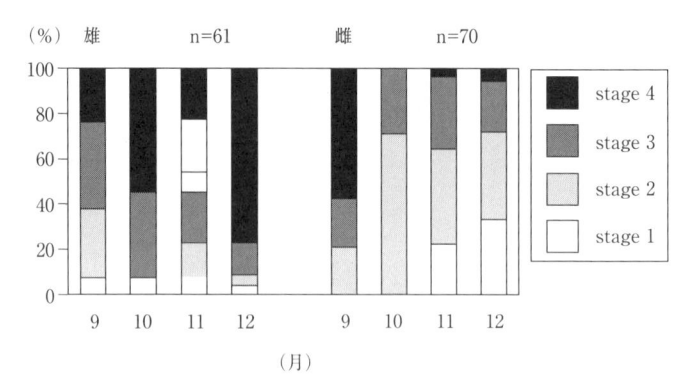

図4-14 9月から12月における雌雄の生殖腺の成熟度の割合.

雌は産卵期だけに発達した卵をもつのに対し，雄は発達した精子を産卵期以外にも保持していることがわかる．また，後述のマウンティングも産卵期以外にも普通に確認される．このことから，雄の成熟期間は長く，雌への精子の受け渡しも産卵時期に関係なく行われている可能性がある．これまでの現場観察では，稀に9〜11月以外にも卵塊が発見されることがある．12月にも少数成熟している雌がいること（図4-14）もそれを裏付けているといえる．

4-4 孵出（ハッチアウト）と初期成長

貝類の多くはその発生過程で浮遊幼生の時期を経る．実際に，サキグロと同じ科に属するツメタガイでは卵塊から3万〜5万個体のベリジャー幼生（図4-15）がハッチアウトし，その後およそ1ヶ月間の浮遊生活を送ったのち着底する[11]．しかし，サキグロはこの浮遊幼生の時期を経験せずに，成体のサキグロと同じ形をした稚貝の状態で卵塊から出てくる「直達発生（直接発生）」を行う．ここで1つ補足しておくが，ハッチアウトとは幼生が卵膜を破って出ることをいうのが普通であるが，サキグロの場合はその瞬間は観察できないため，ここでは上記のように稚貝が卵塊の表面を破って出ることをハッチアウト呼ぶことにする（第7章では「孵出」としている）．

ツメタガイの場合，産卵から幼生がハッチアウトするまで15〜17日を要

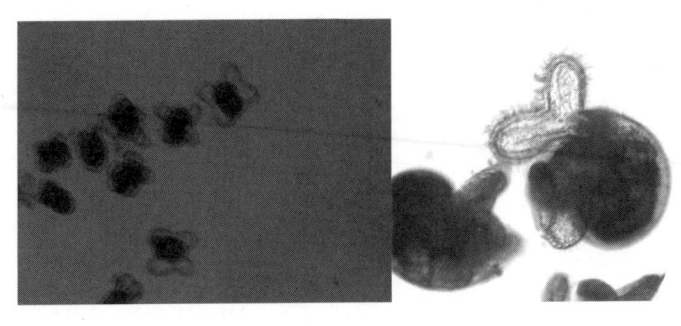

図4-15 ツメタガイの浮遊幼生.蝶の羽のような形のベーラム(面盤)を発達させ遊泳する.面盤は徐々に大きく細長くなる.

すると報告されている[7]がサキグロの場合はどうなのであろうか.サキグロの産卵からハッチアウトに要する時間は卵塊の飼育観察実験よって調べられている[3].実験には産卵された日が明らかな卵塊が必要になるため,採集地において,潮がひいて干潟が干出した際に一定の範囲の卵塊をすべて採集しておき,その翌日の干出時に同じ場所で卵塊を採集した.付近の卵塊はすべて駆除しているため,強い波が押し寄せることのない干潟において,すでに駆除した場所に新しく卵塊があれば,それはその間の満潮のうちに産まれたものであるということになる.このようにして手に入れた4つの卵塊を同じ条件の水槽内で飼育し,稚貝が出てくるまでの様子を観察した.この観察に用いた卵塊の情報を表4-1に示した.卵塊を飼育し始めてから稚貝が卵塊から這い出し始めたのは,早い卵塊では33日後,遅くても38日後といずれの卵塊においてもおよそ1か月後であった.4つの卵塊のうちで,最初のハッチアウトを確認してから,すべての稚貝のハッチアウトが終了するまでの各卵塊における経日のハッチアウト累積個体数を図4-16上に,日ごとのハッチアウト数を図4-16下に示した.最初の稚貝が確認されると,その後5日後までにすべての卵塊から稚貝が出てくるのが観

表4-1 卵発生の観察に用いられた卵塊の情報.

	湿重量 (g)	稚貝発生開始 (日後)	稚貝発生終了 (日後)	発生個体数 (個体)
卵塊 A	18.1	33	63	2,126
卵塊 B	14.1	35	56	1,797
卵塊 C	9.5	38	57	1,158
卵塊 D	8.8	33	61	1,136

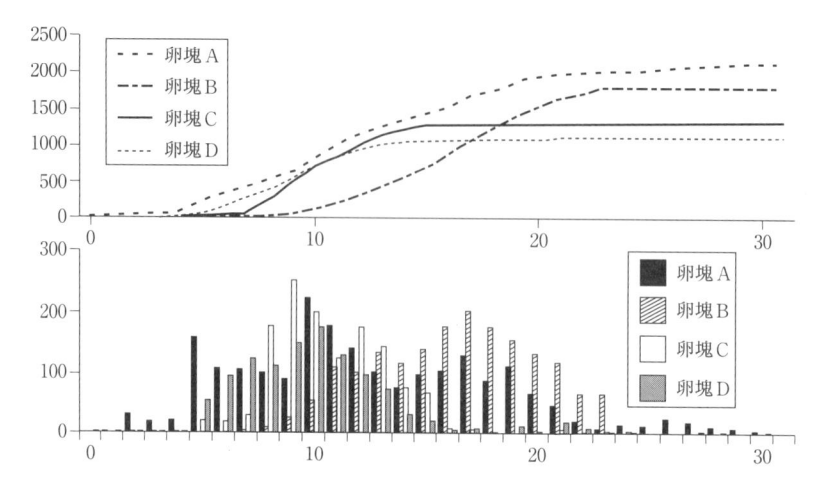

図 4-16 上：各卵塊におけるハッチアウト開始後の経日累積ハッチアウト稚貝の個体数．下：各卵塊におけるハッチアウト開始後の経日ハッチアウト稚貝の個体数．

察されるようになった．ハッチアウトは早い卵塊では開始後 19 日目には終了しており，遅いものでも 23 日後には終了している．ハッチアウトのペースは一定ではなく，最初の個体が出始めると数日で一気に増加し，その後徐々に減少していく．また，1 日当たりに観察された稚貝の数はピークの前後数日間は 100 個体を上回り，ピーク時には最高で 250 個体もの稚貝が観察された．その結果，この実験に用いた卵塊からは平均すると約 1,500 個体が出てきたことが観察された．この実験に用いた卵塊とハッチアウトした稚貝の結果に 2009 年の山口が行った同様の実験結果を加えると，その関係は図 4-17 のようになり，ハッチアウト数は卵塊の湿重量と比例関係にあるようにみえる．これまで，観察してきた中では，最多で約 4,000 個体の稚貝が 1 つの卵塊から出てきた．酒井・須藤[2] が行った卵塊の飼育実験（第 7 章参照）においても直径が 120 mm の卵塊 1 つから 3,900 個体もの稚貝が出てきたというので，これとも一致している．

以上のように，サキグロは産卵からおよそ 1 か月後から稚貝が発生し始め，その後 1 か月の間にすべての稚貝が出てくることが明らかとなった．この情報は駆除を考える上で非常に重要である．駆除の対象地域において，卵塊を発見してから 1 か月が経過する前に卵塊を駆除しなければならない

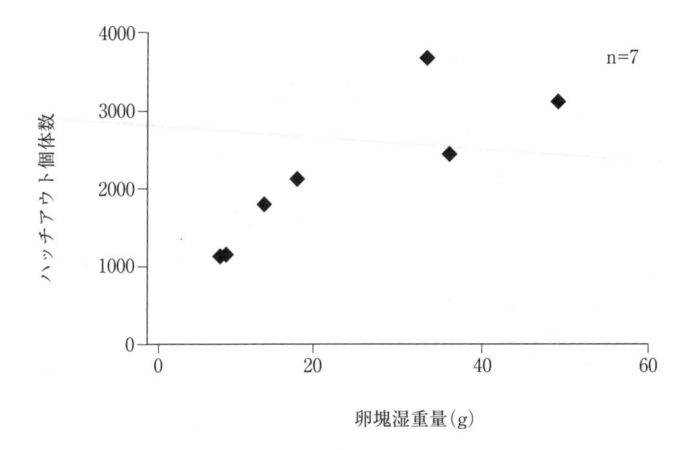

図4-17 卵塊の湿重量とハッチアウト数との関係.

という目安になるからである．同じく外来生物の巻き貝として知られるスクミリンゴガイ *Pomacea canaliculata* は産卵からハッチアウトまでおよそ10日間であるということから[1]，それと比較すれば，やや猶予があるものの，ハッチアウトが始まってしまえば，毎日100個体以上，多ければ250個体以上のサキグロが放たれることになる．そのため，大学が主な調査場所としている干潟を管理する漁業協同組合では，大学や県からの情報をもとに2004年から「卵塊一斉駆除」の計画を立て，組合員総出で駆除を行っている．卵塊一斉駆除については第1章を参照されたい．

さて，この発生の間に卵塊内部ではどのようなことが起こっていたのだろうか．サキグロの卵塊はいくつかの部屋（卵室）が集まって形成されてことはすでに述べた．平野[3]は，卵室の中の様子を産卵からハッチアウトまで観察し，その驚くべき実態を明らかにした．図4-18の卵塊は砂によってコーティングされない部分のある卵塊である．数多くの卵塊を採集していると，たまにはこのような卵塊を見つけることができる．この卵塊を使って卵室の中の様子を観察し，時間ごとの様子を図4-19に示した．

観察開始時，卵室の中の卵の数はおよそ100個を数えることができた．しかし，9日後には卵の数は半分以下に減少しており，しかも，それまでの卵よりも一回りサイズの大きい幼生が数個観察された．さらに9日後には

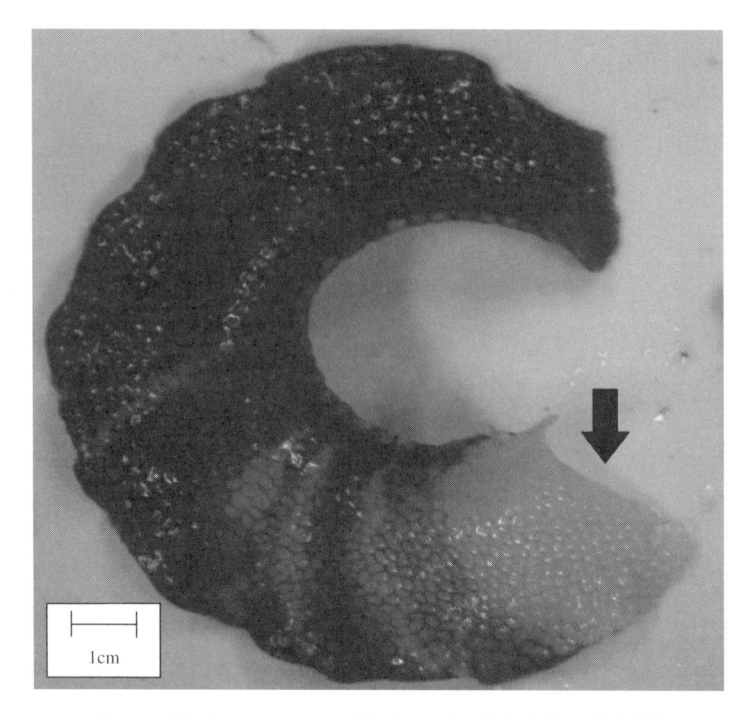

図 4-18 砂によってコーティングされていない部分（↓）のある卵塊.

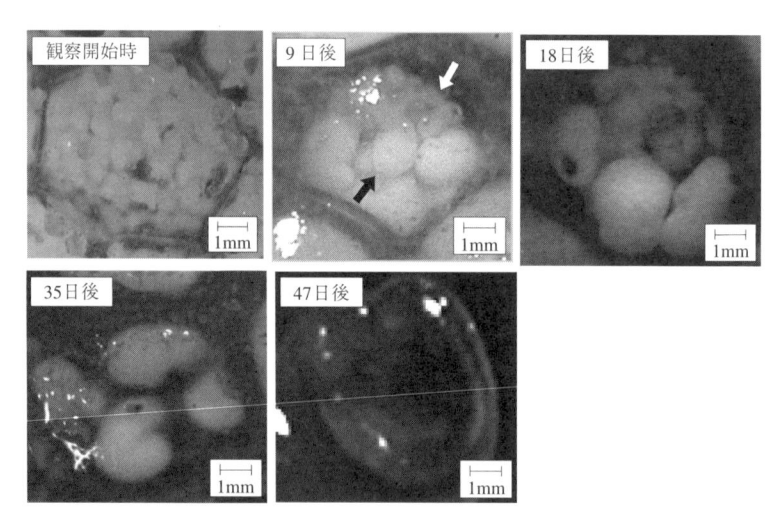

図 4-19 卵室内での発生過程（1）．小型の胚（白矢印）は日増しに減少し大型の胚（黒矢印）はやがて稚貝に発達する.

サイズの大きい幼生の数に変化はなかったが，小さい卵の数はさらに半分になっていた．この調子で小さな卵は減少を見せ，観察開始からおよそ1か月を過ぎると小さな卵はなくなり，卵室の中には4個体の稚貝を見ることができた．サイズの大きかった卵が稚貝になったものと考えられる．この後，1週間以内にこの卵室にいたすべての稚貝が外に出て行った．卵塊からのハッチアウトの様子を観察した結果，1つの卵室から，3〜5個体の稚貝が出て行くことが多く，出てくる稚貝は1〜2 mmとばらつきがあることがわかった．これらの観察結果から1つの可能性が示される．それは，サキグロが卵塊の中で，兄弟ともいえる他の卵から栄養を得て育つということである．このように発生の段階において，卵室内で他の卵を食べる習性は「卵黄食（食卵）」と呼ばれ，餌になる卵は「栄養卵」と呼ばれる[12]．この卵黄食は他の貝類でも見ることができる．例えば，いずれも巻き貝の仲間であるが，ナガニシ *Fusinus perplexus* は1つの卵室に250個ほどの卵が見られるのに，稚貝になって出てくるのは20個体程度，テングニシ *Hemifusus ternatanus* では卵は約6,000個だが出てくるのは10個体ほどだという[12]．これらの卵黄食の場合，栄養卵は受精直後から卵割は生じるが発生が途中で止まってしまうが，サキグロにおいても栄養卵は桑実胚まで発生が進むとその後，発生は止まるということがわかっている[2]．卵室内で稚貝までの形態変化を図4-20に示した．幼生が卵室内で栄養卵を捕食することが観察され，その後稚貝まで成長しハッチアウトする．安定同位体を使った分析によっても，卵を餌にすることによってハッチアウトまで成長していることがわかる（第5章参照）．

シロワニ *Eugomphodus taurus* というサメの仲間は母親の胎内で共食いをして誕生する[13]というから，その点でサキグロはサメの仲間と似ている．今回行った卵塊の飼育実験によって，サキグロの卵塊1つから出てくる稚貝はおよそ1,000〜4,000個体であることがわかった．3万〜5万個体出てくるツメタガイの幼生の数と比較すると，サキグロの稚貝の数は著しく少ないように思う人もいるかもしれない．しかし，浮遊性であるツメタガイのベリジャー幼生は移動可能な距離ではサキグロに勝るものの，サキグロの稚貝よりも遙かに小さく，非力である．そのため，浮遊生活を送る中で他

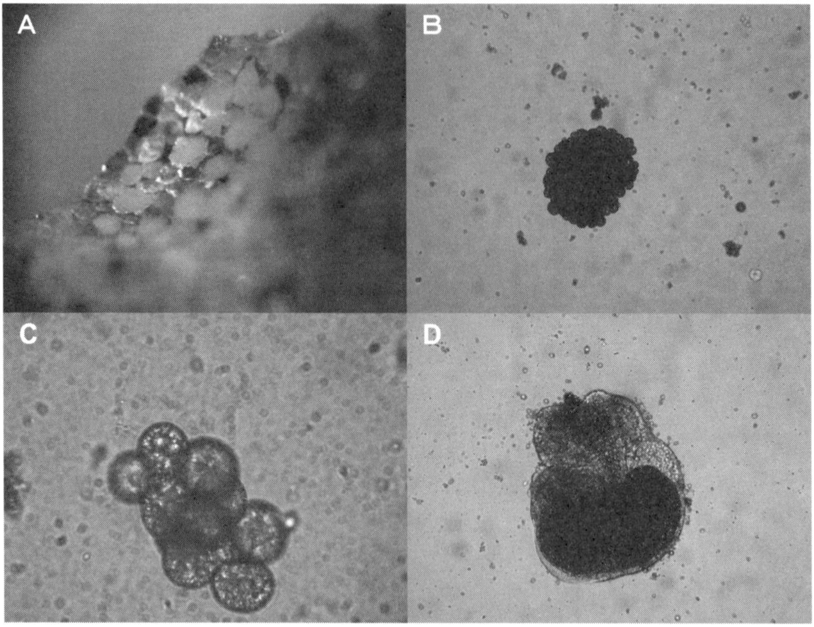
A
B
C
D

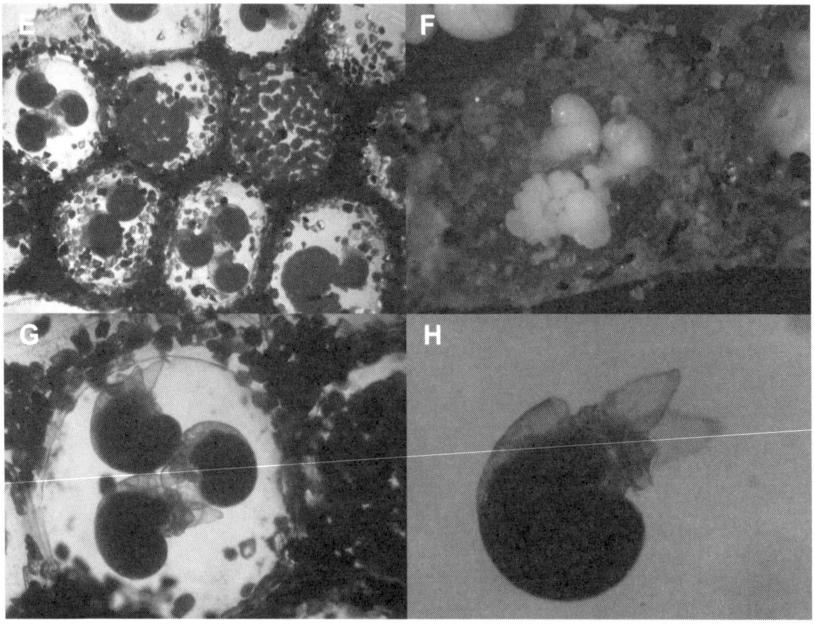
E
F
G
H

の生物の餌となる個体や不適な環境に耐えられずに死んでしまう個体も数多くいるに違いない。それに対して、サキグロの稚貝は出てきてしまえば砂に隠れることができるため、ツメタガイの幼生ほど死亡しないですむと考えられる。マンボウ *Mola mola* は3億個もの卵を産むが成魚になるのはほんのわずかだというから[13]、ツメタガイとサキグロの関係はマンボウとサメの関係に似ているように思えてくるし、そうなると小卵多産・大卵少産といった生物の戦略についても改めて考えさせられる。

図4-20 卵室内での発生過程（2）．A：産卵直後の卵塊の断面．B：桑実胚のままで発生が止まっている栄養卵．C：栄養卵の一部の拡大．D：栄養卵とは異なった稚貝まで発生が進む幼生．E：卵室の透過像．同一卵塊に様々な発達段階の胚が混在しているのがわかる．F：栄養卵（左下）を食べて大きくなった幼生（右上）．G：栄養卵がなくなり幼生だけになった卵室．H：取り出した発達した幼生．ベーラムはあまり発達せず、卵室内での動きもゆっくり．I：さらに発達し黄褐色に着色してきた幼生．J：足が目立ち着色もさらに進む．K：蓋ができハッチアウト直前の稚貝．L：ハッチアウトした稚貝．前足もすでに発達し活発に動き回る．螺層の尖りはまだ見られない．

4-5　成長速度の推定

　このようにして世に放たれたサキグロは多くの二枚貝，時には巻貝，さらには共食いをしながら成長する（第5章参照）．その成長はどれくらいの速さなのであろうか．これまで研究室では何度もサキグロを給餌飼育して成長速度を明らかにしようと試みたが，いまだこの手法では成長速度を明らかにすることができない．これまで飼育に用いた個体は，餌の入手が比較的容易な大型の個体であったかもしれない．成長が緩やかになり成熟もする大型の個体ではなく，成長の速い稚貝を飼育すれば，比較的短い期間である程度の成果を得ることができるかもしれないが，その場合，小さいサキグロに適した餌の二枚貝や飼育環境を検討することが必要となる．さらに，もし飼育環境下の成長速度を測定することができても，それが自然環境下の成長速度を反映しているかどうかはわからない．

　飼育の他にサキグロの成長速度を測定する方法はないだろうか．様々な生物の殻や骨といった硬組織には樹木に見られる年輪のような縞模様が見えることがある．これは成長縞（growth bands）と呼ばれる．成長縞とは，帯のようにある程度の幅をもつ成長輪（growth line）とその外周を縁取るように見える成長線（growth line）をあわせたものである．これらの成長縞は硬組織が付加成長する際に何らかの不連続が生じることによって形成される場合が多いため，その形成の原因を明らかにすることによって，硬組織から様々な情報を読みとることができる．成長縞は成長輪や成長線と混同されて使われることが多いようだが，今回は成長線を用いて話を進めていく．

　さて，この成長線であるが，形成されるタイミングを明らかにすることができれば，すでに形成されている成長線からその生物の年齢を読み取ることが可能になるため，骨や殻といった硬組織をもつ生物で数多くの研究が行われている．

　この成長線は貝類においても見ることができる．巻貝にも見られるが，シオフキ *Mactra veneriformis* やシジミ類といった二枚貝の貝殻の表面の方がわかりやすいかもしれない．二枚貝を，殻頂部（蝶番の部分）を中心角と

した扇形に置き換えてみると，中心角を中心として，同心円がいくつも並んでいるのが見える．これが二枚貝類の成長線である．古い貝殻縁から外側に向かって新しい貝殻が作られていくために，このように成長線が見える．また，貝殻は平面上の貝殻の「長さ」だけではなく，「厚さ」も同様に増加していくため，貝殻を殻頂部を通るように放射状に切った場合には，その断面にも同様に成長線が見える[14]．

　この成長線に注目して行われた実験を1つ紹介しよう．Kennis[15]は二枚貝のホンビノスガイ *Mercenaria mercenaria* という貝の貝殻断面の微細な成長線を解析することによって，成長線が半日周期，太陽日周期，太陰日周期，2週間周期，太陰月周期，年周期で形成されることを明らかにしている．このように決まった期間で成長線が形成される種では，成長線を年輪のように年齢査定や成長様式の解析に使うことができるのである．

　また，二枚貝だけではなく巻貝においても成長線の解析は古くから行われている．巻貝類の成長線は殻頂部から殻口部にかけて形成されるのであるが，例えばSakai[16]はエゾアワビ *Haliotis discus hannai* について，それが餌とする海藻の色によって形成される貝殻の色が変わることに注目し，飼育個体に色の異なる藻類を数か月ごとに交互に与えて貝殻を茶色と青の縞模様にし，貝殻断面の微細な成長線と比較することによって，9月初めに放卵・放精の影響と思われる強い成長線が形成されることを明らかにした．繁殖期はエネルギーが生殖に回される分，硬組織の成長が遅くなり，成長線が形成されやすいのかもしれない．この手法を用いてサキグロの成長速度を明らかすることはできないだろうか．実は，すでにサキグロの殻の表面に見られる凹凸について観察が行われているが，産卵などのイベントに特徴的な成長遅延を示すような構造は見つかっていない．鈴木・大越[17]の野外および室内飼育実験では秋季から冬季にかけてはツメタガイでは成長がみられるのに対し，サキグロはほとんど成長がみられず，産卵後から春季まではあまり成長しない可能性が示唆されている．同じアクキガイ科のホネガイ *Murex pecten* は3方向に120度ずつトゲが張り出す特殊な貝殻をもっているが，短期間に120度ずつ一気に貝殻をつくり，一定期間は貝殻形成を行わないことが知られている[14]．サキグロについてはさらに検討が

必要である.

　水産対象生物に頻繁に用いられている手法に標識放流といった方法がある. 採集した生物や育てた生物のサイズ・重量といったデータを記録しておき, 標識を付けて放流する. その個体を再度採集することによって, 放流してから再度採集するまでの間にどれくらい成長したかを計測する方法である. 標識には外部から確認可能なものを体の外部につける場合と, 試薬などを用いて肉眼では確認できないものをつける場合がある. 外部につける標識としては, アサリ *Ruditapes philippinarum* の殻にラッカーで色を付けたり[18], ヒラメ *Paralichthys olivaceus* やアカガレイ *Hippoglossoides dubius* といった魚種の鰓蓋にプラスチック製の円盤型の標識を装着する[19,20]といった例がある.

　後者の方法には, 軟体動物では蛍光色素のテトラサイクリンで貝殻に標識[14]したり, アリザリンレッドSを用いてコウイカの一種, コブシメ *Sepia latimanus* の体内にある甲に染色を行った実験[21]や, 塩化ストロンチウムを溶かした海水にアサリを浸漬し, ストロンチウムを取り込んだ殻を形成させた実験[22,23]がこれに当たる. 硬組織に試薬を用いて標識する場合は, サンプルが生きている状態では標識が確認できないといった欠点があるものの, サンプルが死亡して軟体部が失われた場合でも標識が失われないという利点がある. また, 貝類の貝殻などでは標識した後につくられた殻からそのまま殻の成長量を導き出すことができる[24,25].

　標識を一切付けなくとも, 外部に特徴がある場合にはその特徴を記録しておくなどしてもよい. 放流した個体が採集した際に識別できればいいのである. この方法は, 標識した個体をネットに入れて放流するといった手法を用いなければ, 放流した個体を再度採集することができない場合があるといった欠点があるものの, 飼育実験では得ることのできない野外での成長の情報を得ることができる. サキグロについても, 漁協の協力のもとで, 現在, 標識放流実験を行っている最中であり, 少数だが再捕個体に成長を確認 (図4-21) するなど, 成長速度に関するデータを集積している.

　ほかにサキグロの成長速度を明らかにすることができる方法はないだろうか. 図4-22上は2004年の9月中の大潮の夜に宮城県の東名海岸で採集さ

れたサキグロの殻高のサイズをもとに作成したヒストグラムである．ヒストグラムは横軸にいくつかに区切ったサイズの各範囲をとり，それぞれの範囲に含まれる個体の出現頻度（個体数）を縦軸で示している．このヒストグラムの横軸は1mm刻みとなっている．さて，これを見るとサキグロは各サイズの個体が同じよ

図4-21 塗料による標識放流を行い再捕されたサキグロタマツメタ．放流後貝殻が成長したことがわかる．

うに（平らに）分布しているのではなく，様々な高さ・幅の山のような形が並んでいるように分布しているのがわかる．なぜこのような形になるのであろうか？

　サキグロは年に一度限られた期間（9～11月）に産卵し，同じ年に生まれたサキグロはだいたい同じスピードで成長していく．しかし，完全に同じタイミングでハッチアウトするのではなく，生育環境の違いや個体差によってもばらつきが生じるために，平均値を中心にして少しずつ「ズレ」が生じる．ある母集団からランダムでサンプリングをした場合，サンプルの数が多くなるほどその平均値は正規分布に近づくはずである[26]（中心極限定理）ため，同じ年に生まれたそれぞれの個体群（コホート）は平均を頂点とした左右対称の正規分布に近い釣り鐘型になる．そして，サキグロは数年間成長しながら生存し，毎年新しいコホートが発生するために先に示したヒストグラムのような形になるのである．釣り鐘型になっていると仮定すれば，先に示したヒストグラムからそれぞれの年のコホートを分離することができるのではないか．このことに着眼して，ヒストグラムから正規分布の山を1つずつ分離する方法を考案したのがCassie[27]である．この方法をおおまかに説明すると，ヒストグラムの最も大きい（右端）山（釣

り鐘型）は頂点よりも大きい方は次のコホートと重複していないため，この部分から順に分離していくことができる．コホートを分離する場所は，ヒストグラムの山の傾きを二次導関数で表してその傾きが変曲する場所で判断する．

　さて，この方法を実際にサキグロに当てはめてみよう．データ間に多少のバラツキが見られるため，Taylor[28]に倣い移動平均を用いてヒストグラムの起伏を少しならしてから分離してみる．移動平均をとって描いたヒストグラムを図4-22中に示した．このヒストグラムからコホートを分離していくと，5つのコホートに分離することができた．このコホートの数は多くの情報を与えてくれる．まず，コホートの数からは，サキグロの年齢に関わる情報を読み取ることができる．コホートが5つあるということは，この採集場所で採集されたサキグロは少なくともその歳までは5年間は生存可能であると考えられる．この情報は，サキグロの駆除を考えるうえで非常に重要である．卵塊の駆除を行って後続を断ってからも何年くらい駆除を続ける必要があるかの目安になるためである．

　また，コホートの幅はそれぞれの歳のサキグロがどれくらいのサイズに達するのか示してくれる．このデータはサキグロの産卵時期である9月のデータであるため，その年の個体はまだハッチアウトしておらず，従って一番左端のコホートは前の年に生まれた「1歳サキグロ」である．その頂点が9 mm付近にあるため，産卵期に生まれたサキグロはハッチアウトした後，1年でこのサイズに達することになる．このように各年のコホートの頂点の位置を見ていくと2年目には21 mm，3年目には31 mm，4年目には38 mm，5年目には48 mmに達することになる．つまり1年でおよそ10 mmずつ殻高が大きくなっていくようである．では，サキグロの寿命は5年であると言えるかといえば，そうではない．40歳で身長180 cmのヒトがその後も成長を続けて70歳までに200 cmを超えるか，と考えればその理由がわかるだろう．そう，生物は生きる限り成長を続けるとは限らないのである．したがって，このデータから推測することができるのは，サキグロは少なくとも5年目までは成長を続けるかもしれなということであって，寿命を読み取ることはできないという点に注意したい．

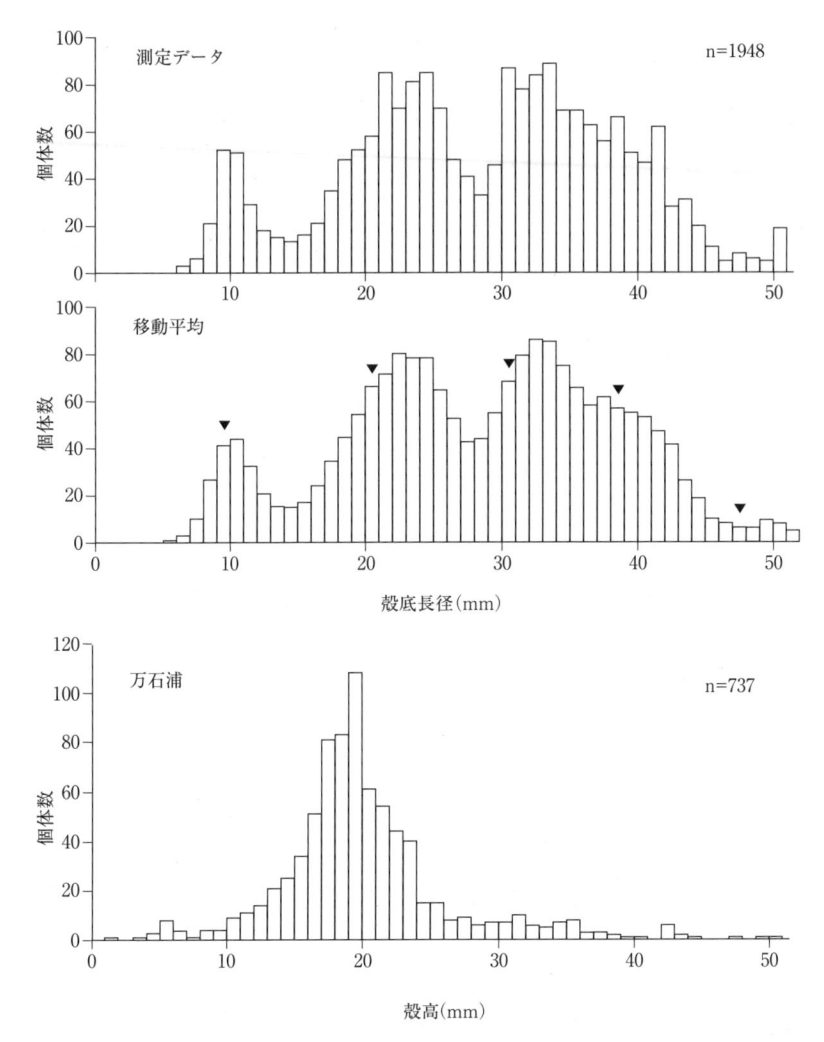

図4-22 2004年9月に宮城県,東名で採集されたサキグロのサイズヒストグラム(上).そのデータを元に移動平均を用いて作成したヒストグラム(中).様々なサイズの個体によって多峰型を形成している.2005年4月〜2007年3月に万石浦で採集されたサキグロのサイズヒストグラム(下).25 mm以上の個体は非常に少ない.▼:モード.

ところで,このコホートの分離による解析には,2004年にサキグロの侵入が報告された東名海岸よりも5年も早い1999年から調査を開始した万石

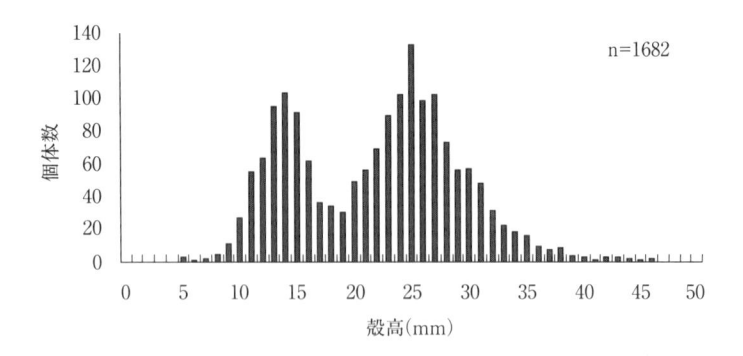

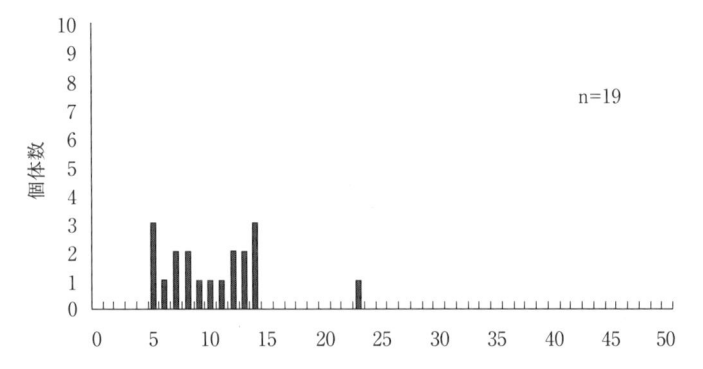

図4-23　2010年7月12日に松島湾内のツク島で目視および徒手で採集したサキグロタマツメタ（上）とコドラートを設置し底質を採集し1 mmメッシュのふるいにかけて残ったサキグロタマツメタ（下）のサイズヒストグラム．この漁場は春から秋にかけて2週間に一度駆除を行っているため，30 mmを超える大型の個体が少ない（上）一方，10 mm以下の個体も1 m^{2}当り30個体以上（図では0.5 m^{2}当たりの採集個体数で示した）生息しており（下），それらは目視では駆除できないことを示している．

浦のデータを用いたかったのであるが，万石浦では漁協の組合員が総出で駆除を行っただけではなく，潮干狩り客にも駆除を呼びかけていたため，ヒストグラムは図4-22下に示したように，およそ25 mmを超える個体がほとんど見られなかった．そのため，ヒストグラムには万石浦のデータを用いることができなかった．駆除が行われている漁場や潮干狩り場では上記のように大型のサキグロが少なく，サイズヒストグラムは山が2つの2峰型になっていることが多い（図4-23上）．これは駆除が進んでいるかどうかの1つの目安になる．また，10 mm以下の個体は生息していないのではなく，

4章 成熟と産卵、初期発生と成長　79

目視による駆除では採集されないことを示している．同所で砂や泥を 1 mm メッシュのふるいにかけて砂の中に潜む小型のサキグロも含めた採集を行うと小型のサキグロが多数採集できる（図 4-23 下）ことが，そのことを示している．

4-6　生殖生態

さて，サキグロの成長する速度は推定できたところで，サキグロの生殖生態について話を移していきたい．

潮の引いた干潟では昼夜を問わず，小型の個体が大型の個体の後を追い，追いついた後は乗りかかり，そのまま軟体部で全体を覆い 2 個体とも動かなくなる行動が時々見られる（図 4-24A，B）．一見，サキグロがサキグロを食べているようにも見えるが，実はこの行動は「マウンティング」と呼ばれる行動で，交尾を行う前段階である．では，どちらが雄で，どちらが雌なのであろうか？　マウンティング中に申し訳ないが，下になっている個体と上にしがみついている個体を引き離して，殻を壊して生殖器官を確

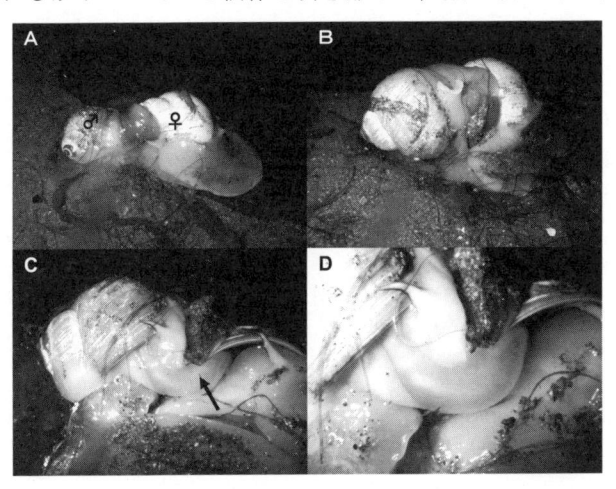

図 4-24　サキグロタマツメタの交尾行動．小型の♂が♀に追いつき（A），上に乗りかかる（B）．その後，♂は♀の貝殻内に陰茎（矢印）を差し込み精子を送る（C, D）．この行動は 15 〜 20 分間続き，その後両者は分かれる．

認した．雄には陰茎が確認できる．その結果，どのペアであっても上になっている個体が雄であることが確認された．実際に雄が雌の殻の中に陰茎を差し込んでいる様子が図4-24C, D である．

家子[10] はさらに興味深いことを明らかにした．2002年に万石浦で採集されたサキグロの殻を割る前に測定しておいた11組のマウンティング中のペアごとの殻高を表4-2に示した．これを見ると，いずれのペアにおいても雌の方が雄よりも大型であることがわかる．そのサイズの差は平均でおよそ9.4 mm, 最少でも4.8 mm, 最大では16.1 mm にもなった．どうやら，サイズと性別には何らかの関係がありそうだ．この結果に基づいて2002年から2009年までに採集されたマウンティング中の53組のサキグロの殻高の関係についてまとめたものが図4-25である．横軸に雌のサキグロの殻高を，縦軸に雄のサキグロの殻高をとった散布図である．縦横の軸の値が同じで軸の長さも同じであるから，雌雄が同じ殻高であれば，プロットは斜線の上に乗るはずである．しかし，実際には斜線よりも右側にあるものの方が多い．雌の方が大きいカップルが多いのである．また，雌の殻高の値を雄の殻高の値で割った殻高の比を求めて，雌が雄の何倍のカップルが多いのかを図4-26に示した．これをみると，雌が雄の1.2〜1.3倍の殻高のカップルが多いようである．マウンティング中のサキ

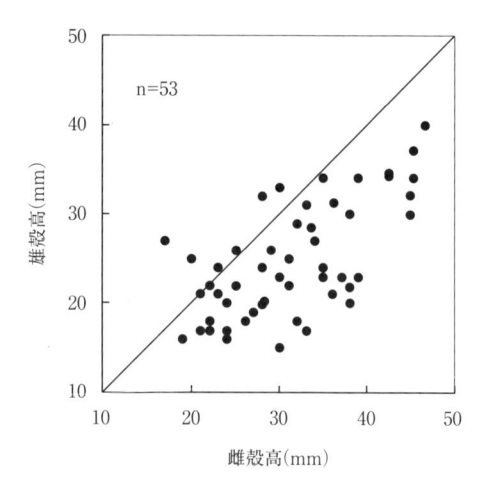

表4-2 マウンティング中のペアの雌雄別のサイズ（殻高）．雄が常に雌よりも小さい．

ペア No.	殻高(mm)	
	雄	雌
1	37.2	45.3
2	40.0	46.6
3	34.3	42.5
4	34.0	45.3
5	31.3	36.1
6	34.6	42.5
7	28.5	33.6
8	20.3	34.9
9	21.8	37.9
10	32.2	44.9
11	25.8	34.3
平均	30.9	40.4
標準偏差	6.2	5.0

図4-25 マウンティング中の53組のサキグロの殻高の関係．

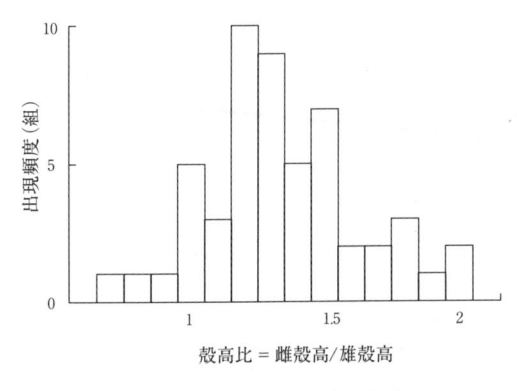

図4-26 ペアになっていた雌雄の殻高比.

グロでは雌の方が大きい傾向があるようであるが，それ以外のサキグロでも同じような傾向が見られるのであろうか．それを検証するために，次に行ったのは，産卵時期の直前に万石浦で手当たり次第に採集した個体から50個体をランダムで選出し殻高と湿重量を測定した．そして，それらの性別を生殖腺のステージ分けをした際にも用いた組織学的手法によって判別し，そのサイズとの関連を調査した．その結果を表4-3に示した．

試料とした50個体のサキグロのうち，雄は26個体，雌は24個体であった．そのサイズはそれぞれ28.6 ± 7.4 mm（平均±標準偏差），39.3 ± 8.8 mmとやはり雌の方が大きかった．さらに，図4-27に示したように縦軸に殻高のサイズを，横軸に湿重量をとって散布図を描くと，雌には偏りが見られず，サイズは様々であるのに対して，雄のほとんどは35 mm以下であることが確認できる．また，高橋[29]はサイズと性別の関係と同時に雌の性成熟について調べた．2006年の秋期に採集した様々なサイズのサキグロ267個体について生殖腺の組織切片を作成し，性別と雌の卵が成熟可能となるサイズを調べた．その結果を図4-28に示した．これを見ると，殻高が10 mm以下だと生殖腺から雌雄を判断するのが困難であるが，サイズが大きくなるにつれて雌雄がはっきりしてくるのが見てわかる．また，やはり雌は様々なサイズが見られるのに対して，雄は殻高が35 mm以下に限定されているように見える．そして，卵の成熟した雌は25 mm以上のサイズから確認されたことがわかった．これをすでに見た図4-22と対比させると，だいたい2年目

表4-3 ランダムに選んだサキグロ50個体の雌雄別とサイズおよび湿重量の平均値±標準偏差．

	雄	雌
試料数	26	24
殻高 （平均±標準偏差）	28.6 ± 7.4	39.3 ± 8.8
湿重量 （平均±標準偏差）	7.93 ± 5.33	18.27 ± 8.20

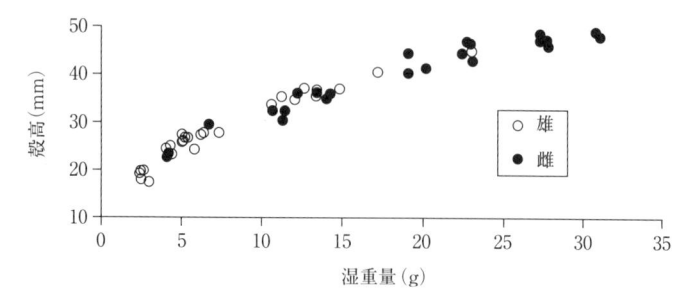

図 4-27　雌雄別の殻高と湿重量の関係．雄のほとんどは 35 mm 以下であることがわかる．

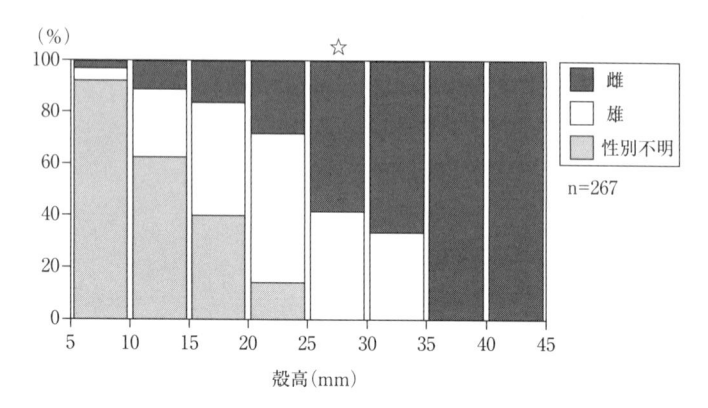

図 4-28　各サイズにおける雌雄（あるいは性別不明）個体の割合．星印（☆）は成熟した雌が確認された最少サイズを表している．

のサイズと一致する．このことから，サキグロは産まれてから 2 年目以降に成熟し，産卵が可能になるものと考えられる．

　ところで，なぜこのように雌雄によってサイズに制限が生じ得るのか．2 つのことが考えられる．1 つは，「サキグロの雄は雌と比較すると小型であり，雌は雄よりも最大サイズが大きい」という可能性である．雌が雄よりも最大サイズが大きいという例は数多くあり，奥さんの体の方が旦那さんよりも大きい夫婦のことを「ノミの夫婦」ということがあるように，ノミは雌の方が明らかに大きくなる．また，初夏の風物詩であるゲンジボタル *Luciola cruciata* も雌の方が大きくなる．このように，性別によって大きさや外形の特徴が異なることを「性的二型（あるいは二形）」といい，多くの生

物でも見ることができる．貝類でもトウカムリ *Cassis cornuta* やホラガイ *Charonia tritonis* といった巻貝の仲間でも雌の方が大きくなる．もしかしたら，サキグロは雄の成長はある程度のサイズで止まり，雌に抜かれてしまうのかもしれない．

　サキグロの雄は小型の個体が多いという事実から考えられるもう1つの可能性は「サキグロは小さいときは雄であるが，大きくなるにつれて雌に性転換する」ということである．「性が変わる」そんなことはあり得るのかと疑問に思う人もいるかと思うが，実はよく知られている生物が性転換をしていたりする．まず，「ニモ」として一躍有名になったカクレクマノミ *Amphiprion ocellaris*，彼らは小さいときはいずれも雄だが，大きくなると雌になる．ほかにも，寿司ネタにもなるアマエビ（標準和名：ホッコクアカエビ *Pandalus eous*）も産まれたときはすべて雄であるが大きくなると，すべて雌になる．貝類でも巻貝のエゾフネガイ属の一種 *Crepidula rornicata* が性転換することが知られている[30]．これらと同じようにサキグロももしかしたら性転換するのかもしれない．

　雌の方が大きくなる例は，ほ乳類などの大型の生物よりも，節足動物などの小型の生物に多くみられる傾向があるようである．これは，卵と精子の大きさに差があるのかもしれない．卵は精子よりも大きいため，作るのに精子よりも多くの物質とエネルギーを必要とする．また，精子よりもサイズが大きい卵を体に保持するには，より大きな体の方が多くの卵を保持することができるという点で有利であるからだ．精子はその卵を受精させるよりも多いくらいの量を保持していればいいのだから．サキグロもより大きな体をもつ雌が多くの卵を産むことができて，多くの子孫を残すことができるのかもしれない．そう考えると，卵塊には様々なサイズがあるということをうまく説明できるかもしれない．今後は，様々なサイズの雌とそれらが産む卵塊のサイズの関係を調査する必要がありそうである．

　このようにマウンティングを行っていたサキグロは大きな雌の個体と小さい雄の個体とでペアとなっていることがわかった．そして，マウンティングの際に雌は雄から渡された精子は輸卵管の途中にある器官にためておくものと考えられる．図4-29は雌個体にある輸卵管の周りの組織を観察し

雌の組織切片

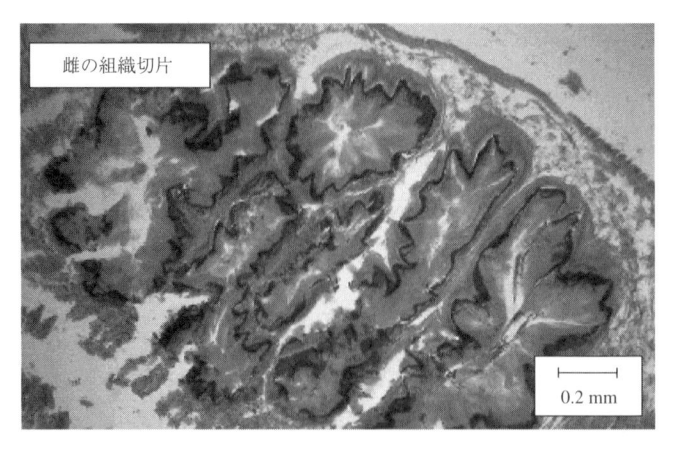

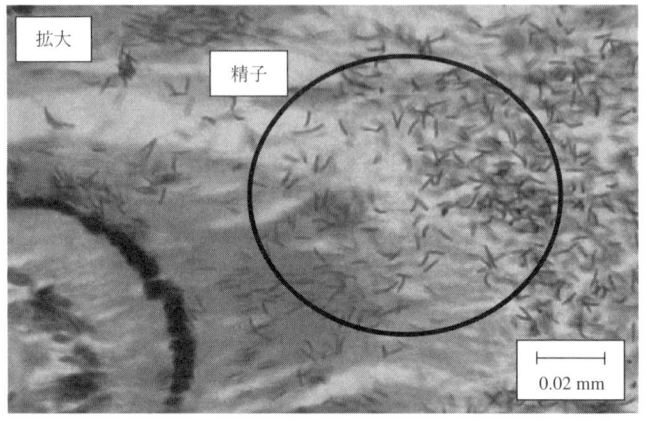

0.2 mm

拡大

精子

0.02 mm

図 4-29　輸卵管の付近に見られた授精嚢様の組織（上）．拡大すると精子が見られる（下）．

たものであるが，袋状の構造が見られ，その中に色の濃い部分が確認できる．この部分を拡大してみると，濃い部分には精子がみえる．このことから，雌のサキグロはマウンティングの際に精子をこの授精嚢のような部分にためておき，産卵の際に受精させて卵塊を産むものと考えられる．

4-7　今後の展望

本章ではサキグロの生活史について述べてきたが，まだまだ明らかになっ

ていないことは多い．雌雄のサイズ差が生じるメカニズム．卵室の中で発生が進む卵と栄養卵はどのようにして決まるのか？　卵塊は乾燥や塩分濃度などの物理化学的な環境条件への耐性はどれくらいか？　などなど，わからないことはまだまだある．だが，これらの謎が明らかにされていけば，サキグロの駆除，あるいはサキグロとの共存のヒントも見つかるかもしれない．

文　献

1) 日本生態学会：外来種ハンドブック，地人書館, 2003, pp. 155-171.
2) 酒井敬一・須藤篤史：サキグロタマツメタの初期生態について, 宮城水産研報, 5, 55-58 (2005).
3) 平野　明：サキグロタマツメタガイの卵塊～発生過程の観察～, 石巻専修大学卒業論文, 2004, 36pp.
4) 奥谷喬司：海の貝50種, ニュー・サイエンス社, 1980, pp. 42-43.
5) 山口竜平・大越健嗣：サキグロタマツメタの産卵-ついにとらえた卵塊形成の現場, 日本貝類学会平成22年度大会研究発表要旨集, 2010, p. 5.
6) 大場裕之：東北地方におけるサキグロタマツメタの分布, 石巻専修大学卒業論文, 2009, 41pp.
7) 鹿又智弥：場所ごとで見るサキグロタマツメタの卵塊～大きさに重点をおいて～, 石巻専修大学卒業論文, 2009, 35pp.
8) 鈴木邦弘：ツメタガイの多回産卵, 平成19年度日本水産学会秋季大会講演要旨集, 2007, p. 25.
9) 冨山　毅：飼育下でのサキグロタマツメタのアサリ捕食および産卵, 平成22年度日本水産学会春季大会講演要旨集, 2010, p. 113.
10) 家子あゆみ：万石浦におけるサキグロタマツメタガイの配偶子形成と放卵放精, 石巻専修大学卒業論文, 2004, 47pp.
11) 村上亜希子・山川　紘：ツメタガイ *Neverita didyma* (Röding) の初期生活史, Venus, 55, 88 (1996).
12) 菊池泰二：繁殖戦略のミラクル, 貝のミラクル, 東海大学出版会, 1998, pp. 151-168.
13) 平井明夫：魚の卵のはなし, 成山堂書店, 2003, pp. 78-131.
14) 大越健嗣：貝殻・貝の歯・ゴカイの歯, 成山堂書店, 2001, 164pp.
15) Kennish, M.J.：Shell microgrowth analysis: *Mercenaria mercenaria* as a type example for research in population dynamics: pp.255-295. *In*: D.C. Rhoads & R. Lutz (*eds*). Skeletal growth of aquatic organisms. Plenum Press, New York and London, 1980, 750pp.
16) Sakai, S.：On the formation of annual ring on the shell of abalone, *Haliotis discus* var. *hannai* Ino. *Tohoku Journal of Agricultural Research*, 11, 239-244 (1960).
17) 鈴木聖宏・大越健嗣：タマガイ科の成長－サキグロタマツメタとツメタガイの比較, 日本貝類学会平成22年度大会研究発表要旨集, 2010, p. 31.
18) 石岡宏子・浜口昌巳・薄　浩則・立石　健・山本　翠・井手尾寛・岩本哲二：アサリ育成漁場の環境特性, 瀬戸内水研報, 1, 15-37 (1999).
19) 竹野功璽・䒱矢　護・宮嶋俊明：標識放流結果からみた若狭湾西部海域産ヒラメの分布・移動, 日本水産学会誌, 67, 807-813 (2001).

20) 柳下直己・山崎　淳・田中栄次:京都府沖合海域で採集されたアカガレイの年齢と成長, 日本水産学会誌, 72, 651-658 (2006).
21) 團　重樹・浜崎活幸・山下貴示・岡　雅一・北田修一：標識放流実験に基づくコブシメふ化放流効果の検討, 日本水産学会誌, 74, 615-624 (2008).
22) Fujikura, K., Okoshi, K. and Naganuma, T.: Use of strontium as a marker for estimation of microscopic growth rates in a bivalve, Marine Ecology Progress Series, 257, 295-301 (2003).
23) 大越健嗣：海のミネラル学－生物との関わりと利用－(大越健嗣編著), 成山堂書店, 2007, 188pp.
24) Okoshi, K.: Analyses of hard tissue formation by fluorescent substances in mollusks. Biomineralization (BIOM2001): formation, diversity, evolution and application, Proceedings of the 8th International Symposium on Biomineralization, 2003, pp. 202-206.
25) Sato-Okoshi, W. and Okoshi, K.: Application of fluorescent substance to the analysis of growth performance in Antarctic bivalve, *Laternula elliptica. Polar Bioscience*, 15, 66-74 (2002).
26) 粕谷英一：統計のはなし, 文一総合出版, 2005, pp. 54-58.
27) Cassie, R.M.: Some uses of probability paper in the analysis of size frequency distributions. *Australian Journal of Marine and Freshwater Research*, 5, 513-522 (1954).
28) Taylor, B.J.R.: The analysis of polymodal frequency distribution, *Journal of Animal Ecology*, 34, 445-452 (1965).
29) 高橋秀典：サキグロタマツメタはどのぐらいから成熟するのか？－大きさ別の生殖巣の成熟度観察－　石巻専修大学卒業論文, 2007, 46pp.
30) Stearns, S.C. and Hoekstra, R. F.: Evolution: an introduction, Oxford Univ. Press, Oxford., 2000, 381pp.

5章

捕食・穿孔行動

大越健嗣・大越和加

　1994年，私たちは在外研究でカナダのバンクーバー島にある Bamfield Marine Station（現，Bamfield Marine Sciences Centre）に滞在していた．この太平洋岸に面した臨海実験所はカナダの5つの大学が共同で保有しているもので，それぞれの大学から様々な研究者が訪れていた．Alberta 大学の Palmer のグループは室内水槽でたくさんのカニを飼っていた．小さな容器にカニと餌の貝を1個体ずつ入れて，捕食の様子を観察していた．ちょうど彼らの研究がアメリカの有名な科学雑誌 Science の表紙に掲載[1]される快挙の最中，若い研究者は淡々と実験をすすめていた．Elizabeth Boulding は夏休みを利用してはるばる Guelph 大学からやってきた．何もない実験室に機材を持ち込み，短期間フィールドに出てさっといなくなった．当時ヒザラガイの歯舌（radula）の研究[2]をしていた私たちは，カナダ沿岸に生息するヒザラガイ類を集め，バナジウムを高濃度に濃縮する多毛類のエラコ[3]の近縁種を探していた．Dianna Padilla の海藻とそれを食べる貝の歯舌との関連の研究[4]は視点が新しく興味深く読んだが，彼女も Elizabeth も Palmer 研究室の出身だと知ったのはだいぶ後になってからだった．それから何年も彼らの存在も研究もほとんどトレースすることなくサキグロタマツメタ（以下，サキグロ）の研究に没頭し，サキグロがどのようにアサリを捕らえ，貝殻に穴をあけ，軟体部を食べるのかを観察した．そしてカナダ留学から十数年経った今，再びこの3人が私たちの前に現れ，サキグロの研究に関わってくるとは夢にも思わなかった．

　本章ではそのエピソードも織り交ぜながら，サキグロの捕食と貝殻への穿孔について述べる．

5-1　穴をあけられた貝殻の特徴

　干潟で穴のあいたアサリの貝殻（図 5-1）が多数見つかったことがサキグロタマツメタ「発見」の発端だった．タマガイ科の貝は貝殻に穴をあけて軟体部を食べることが古くから知られている．炭酸カルシウムを主成分とする硬い貝殻にサキグロはどのようにして穴をあけるのだろうか．図

図 5-1　サキグロタマツメタに穴をあけられ軟体部を食べられたアサリの貝殻．

5-2 からは穴があくまでの過程が読み取れる．図 5-2A のように最初は貝殻の表面を覆う殻皮（periostracum）が円形に取り除かれる．殻皮は貝殻の一番外側を覆う有機質の膜で，硬タンパク質などからできており，タンパク

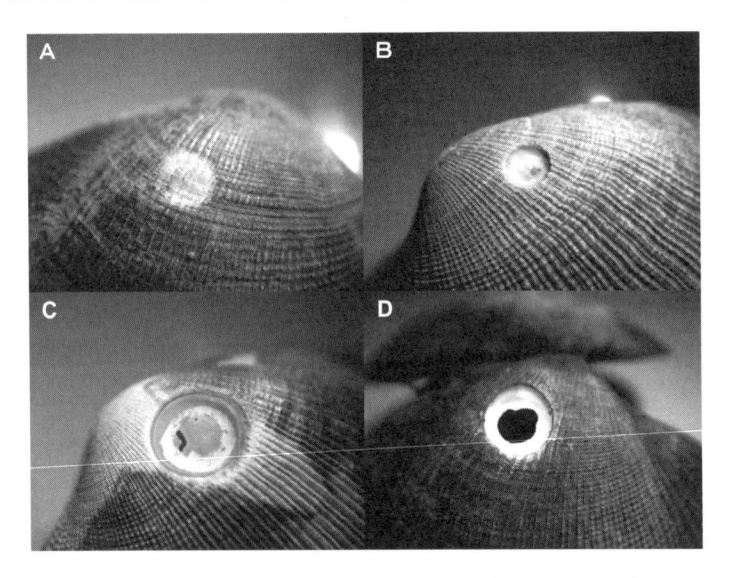

図 5-2　サキグロタマツメタの貝殻への穿孔過程（A → B → C → D）．

質分解酵素のような物質でないと簡単には壊れない．表面の殻皮が除かれると炭酸カルシウムを主成分とする殻質層まで穿孔がすすむ（図 5-2B）．殻質層には数％有機物が含まれる[5]がほとんどは炭酸カルシウムである．穿孔が進むとやがて小さな穴があき（図 5-2C），それが拡大し（図 5-2D），最終的には円形に近い穴があけられることが多い（図 5-1）．穿孔がはじまった時の穴の直径の半分ぐらいの直径まで穴は拡大するが，それ以上大きくなることはない．イボニシなどアクキガイ科の貝類のあける穴は，このような中心に穴があり，そのまわりに薄く貝殻が残るのとは異なり，段差のない円形である．貫通した穴の直径が，あけ始めた時の直径のどのぐらいかといったことはタマガイ科のいくつかの種で比較検討されており，進化生物学的な観点から前出の Elizabeth のグループも研究をすすめている[6]．

5-2 穿孔と捕食

サキグロのアサリ捕食のプロセスは大宮[7]の粘り強い観察によって明らかにされた．そのプロセスは数回にわたって動画撮影され，これまで様々なメディアで紹介されたが，ここではキャプチャー画像と写真で説明する．

サキグロがどのようにしてアサリを発見するのかは，まだよくわかっていない．ムシロガイの仲間は干潟に何かの死体があったりすると多数寄ってくる．しかし，サキグロは野外でも水槽内でも，アサリに直線的に向かっていくことはほとんどなく，たまたま移動している先でアサリに「ぶつかり」それを包むというようなことがよくみられる．アサリの死肉には寄ってこない．宮城県ではサキグロタマツメタを餌で誘引して捕獲する方法を検討したが，これまでのところいい方法は見つかっていない（第7章参照）．

アサリの捕食は，①アサリを包む→②包んだまま移動する→③貝殻に穴をあける→④口（吻）を差し込みアサリの軟体部を食べる→⑤離れるというプロセスで行われる．

1）アサリを包む（図 5-3）

サキグロは前足を広げてアサリを一気に包みこむ（図 5-3A）．水管が出ている場合でもそのまま包みこむ様子がよく観察されている（図 5-3B）．完全

に包みこみアサリが外から見えなくなる（図5-3C）と，包んだアサリを前足の部分から徐々に中心部（図5-3D, E），後方（図5-3F）へと移動させる．砂の表面でここまでのプロセスが行われる時は，サキグロはアサリを包んだまま横たわり（図5-3E），流れなどがある場合は転がることもある．潮の引いた干潟では図5-3Eや図5-3Fの状態のサキグロがよく見つかるが，数十分以上もほとんどこのままの態勢でいる場合も少なくない．外側からは吻は見られないので穿孔は行われていないものと考えられる．

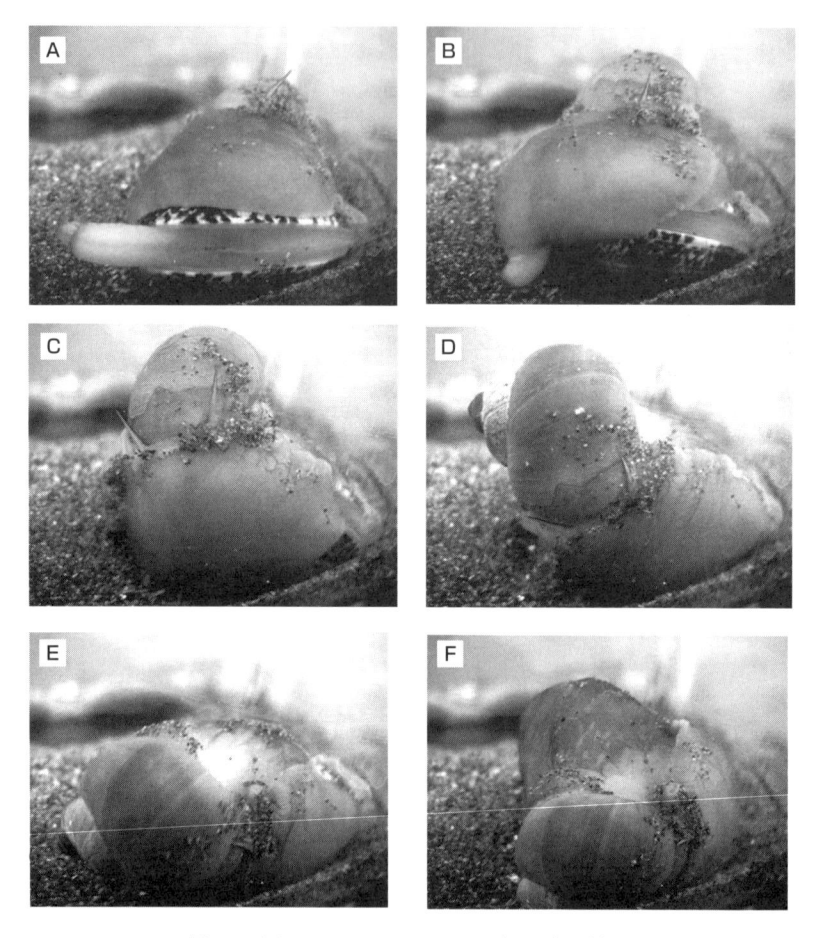

図5-3 サキグロタマツメタがアサリを足で包む様子．

2) 包んだまま移動する（図 5-4）

　足の後方にアサリを包み固定すると，自由になった前足を使って起き上がり干潟の表面を移動したり，砂の中に潜る．前足で砂をすくい上げ（図 5-4A, B），方向転換し（図 5-4C, D），貝殻の後方の部分にアサリを包んだまま砂の中に潜っていく（図 5-4E, F）．砂に潜った後は見えないが，そのまま干潟表面を移動することも多い．この様子を筆者らは「お弁当」と呼んでいる．サキグロはアサリを包むと粘液を出し，アサリ全体を膜状に包み込む．アサリはクモの巣で絡みとられた昆虫のように（生きているが）身動きが

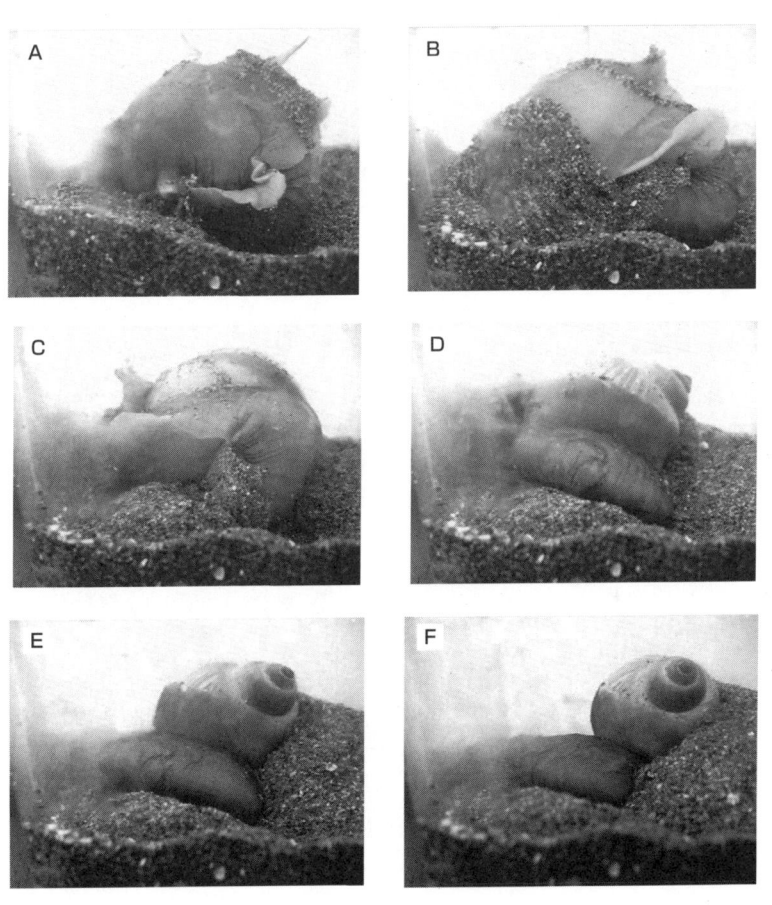

図 5-4　アサリを抱え移動するサキグロタマツメタ．

図5-5 粘膜に包まれるアサリ．水管も折りたたまれ水の交換ができない．

図5-6 粘膜を破ったアサリ．水管が伸び，破れた部分の色がかわっているのがわかる．

とれなくなる．図5-5は薄い粘膜で全体を包まれたアサリである．殻を開け，水管を伸張するが粘膜に阻まれて伸ばすことができず，粘膜の内側に沿って水管を曲げながら伸ばしている様子がわかる．まれに図5-6のように粘膜が破れる場合もあるが，このような場合も再度サキグロに包まれる場合が多い．

3) 貝殻に穴をあける（図5-7 ～ 11）

移動後静止すると，お弁当のアサリを再び前足の部分に移動させ，貝殻の一番長い部分である殻長方向を横にして，アサリを押さえ込み（図5-7A, B），通常は見えない口吻をするすると伸ばし（図5-7C, D），その先端部を貝殻表面に押し当てる(図5-7E, F)．口吻は全体的にはクリーム色で中がうっすらと透けて見える．先端部の内部は赤く，先端から少し内側の下部には橙色のものが見える（図5-7E）．

図5-8（カラー口絵）には口吻先端部の構造を示した．図5-8Aは口吻を伸張したまま移動する個体である．野外ではこのような個体はほとんど見られない．前足の上に伸びた口吻がみえる．吻端には口が開口し（図5-8B右上矢印），その下部には円柱状の副穿孔腺（accessory boring organ, ABO, 穿孔盤）がある．口の入り口の両側には板状の顎板があり（図5-8C），先端部はノコギリのようにギザギザになっている．図5-8Dは吻端を下から見たもので，副穿孔腺（矢印）が見える．顎板を取り出したものが図5-8Eで中央部がギザギザになっているのがよくわかる．顎板をはずした開口部の中央には歯舌（radula）が見える（図5-8F）．歯舌は内部の歯舌嚢（radula sac）でつくられ，どんどん前に押し出されてくる．見えている部分の数列から十数列を穿孔や摂餌に使用していると考えられる．歯舌は真ん中に中歯（central teeth，中央歯）が，両脇には側歯（lateral teeth）があり，それぞれ形が異なる．図5-8Gは口に近い部分の歯舌の先端の7～8列の拡大図である．第1，2列目（写真では右下の部分）の側歯はそれ以降の歯列の歯舌歯よりも数が足りないことがわかる．先端部から磨耗し，後ろから新しい歯が送られてくる．走査型電子顕微鏡で観察すると，まだ使用していない歯列（図5-8H）の中歯は先端部が先割れスプーンのように3つに分かれているが，口に近い使用中の歯列（図5-8 I）では先端部が摩耗し先割れが確認できない．

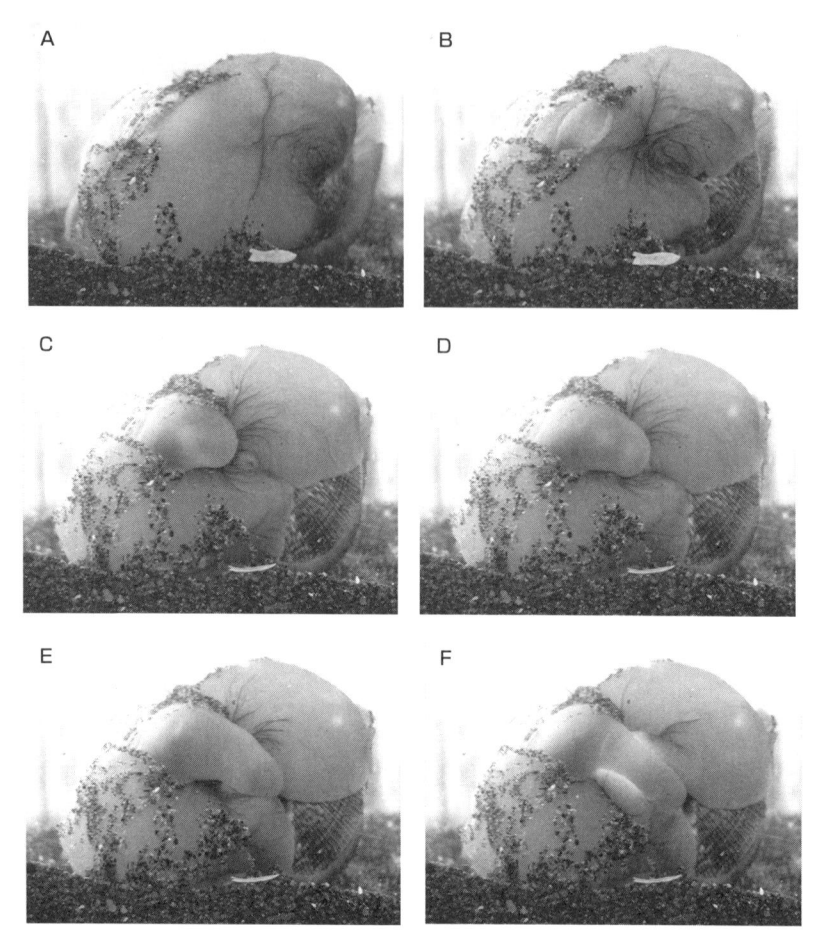

図5-7 伸長する吻．先端をアサリの貝殻にあてて穿孔がはじまる．

また，両脇に見える側歯は，未使用では細長く先が尖っている（図5-8H）が，使用中のものは先が丸く長さも短いのがわかる（図5-8I）．サキグロの歯舌はヒザラガイ類やカサガイ類のように高度に鉱物化[2]している歯舌歯は見られなかった．

　貝殻の穿孔は副穿孔腺（穿孔盤）と顎板および歯舌を使って行われる．穿孔盤は真ん中が高くもりあがり，周辺にはつばのある「帽子」のような形をしている（図5-9）．サキグロは，この穿孔盤をアサリの貝殻に押し当

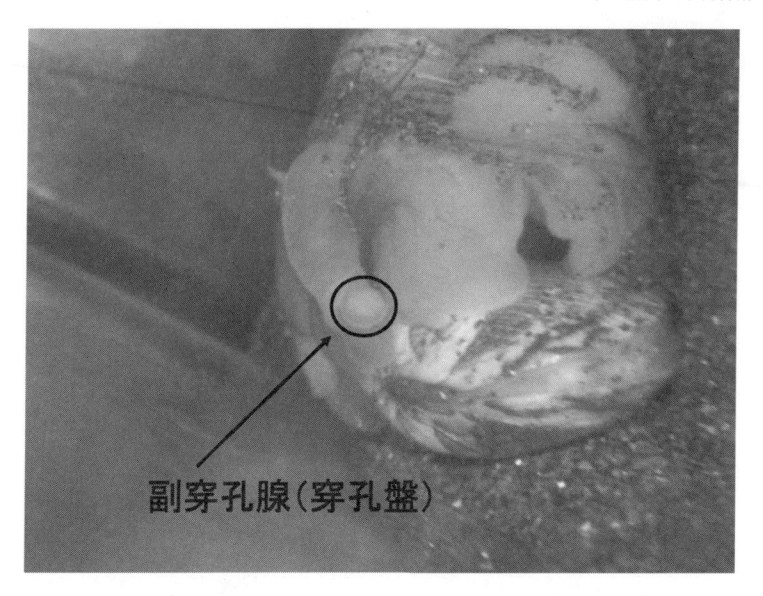

図5-9 口の下側に位置する副穿孔腺（穿孔盤）．薄い橙色でディスク状．中央部が盛り上がり，周辺部は円周状に低く，つばのある帽子のような形状をしている．

て一定期間そのまま動かさない．図5-10は穿孔盤を押し当てているところだが，このとき口の先端は貝殻にはあたっておらず，また動きもない．穿孔盤だけが働いていると考えられる．穿孔盤を押し当てた後は一定期間吻端部が穿孔盤の当たっていた貝殻表面で活発に動く．その後，再び穿孔盤が張り付き動かなくなる．次に再び吻端部が活発に動く．この繰り返し（図5-11A～E）で貝殻に徐々に穴が開けられていく（図5-11F）．このように，サキグロは穿孔盤と顎板および歯舌を交互に使って貝殻に穴をあけている．表5-1と表5-2には異なる個体の穿孔の様子をビデオ撮りし，穿孔盤と顎板・歯舌の使用間隔を調べたものである．両者とも，交互に使用していることがわかる．また，使用時間にはばらつきはあるが，平均すると両者とも穿孔盤の押し当ては5分から5分30秒，顎板と歯舌は2分弱であった．サキグロではまだ化学物質は特定されていないが，他の種では穿孔盤からタンパク質分解酵素や酸性の物質などが分泌されていることが知られている[8]．このことから，サキグロは穿孔盤からタンパク質分解酵素などを分泌して

表 5-1 穿孔盤と顎板・歯舌（表中では歯舌）の使用時間の比較（個体 A）．

秒(sec)	
150	歯舌
480	穿孔盤
90	歯舌
300	穿孔盤
120	歯舌
240	穿孔盤
120	歯舌
300	穿孔盤
120	歯舌
120	穿孔盤
90	歯舌
480	穿孔盤
90	歯舌
300	穿孔盤
120	歯舌
180	穿孔盤
120	歯舌
360	穿孔盤
90	歯舌

穿孔盤の使用平均時間　307 秒
顎板・歯舌の使用平均時間　111 秒
2008 年 1 月 10 日 20 時～ 21 時

表 5-2 穿孔盤と顎板・歯舌（表中では歯舌）の使用時間の比較（個体 B）．

秒(sec)	
300	穿孔盤
120	歯舌
600	穿孔盤
100	歯舌
90	穿孔盤
70	歯舌
360	穿孔盤
120	歯舌

穿孔盤の使用平均時間　338 秒
顎板・歯舌の使用平均時間　103 秒
2008 年 12 月 12 日 20 時～ 20 時 30 分

殻皮をまず溶解し，その後ある種の酸を分泌して殻質層の炭酸カルシウムを少しずつ溶解するものと考えられる．5 分間それを行うと，今度は顎板の先端のギザギザと歯舌を使って穴の表面を削るように動かし，溶解

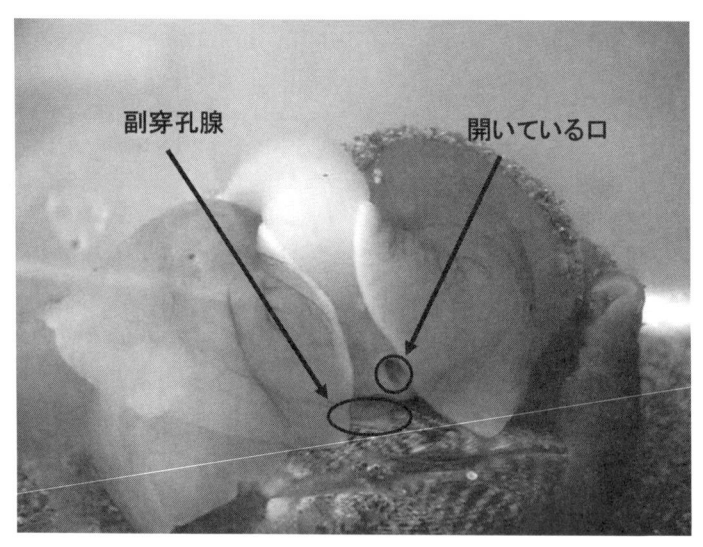

図 5-10　貝殻に穿孔中のサキグロタマツメタ．ディスク状の副穿孔腺（穿孔盤）をアサリの貝殻に押し当て，殻皮や殻質層を溶解しているところ．貝殻表面の一部はすでに殻皮がなくなり白色になっている．副穿孔腺を押し当てているときは，口の脇にある顎板や口の中にある歯舌は使わない．

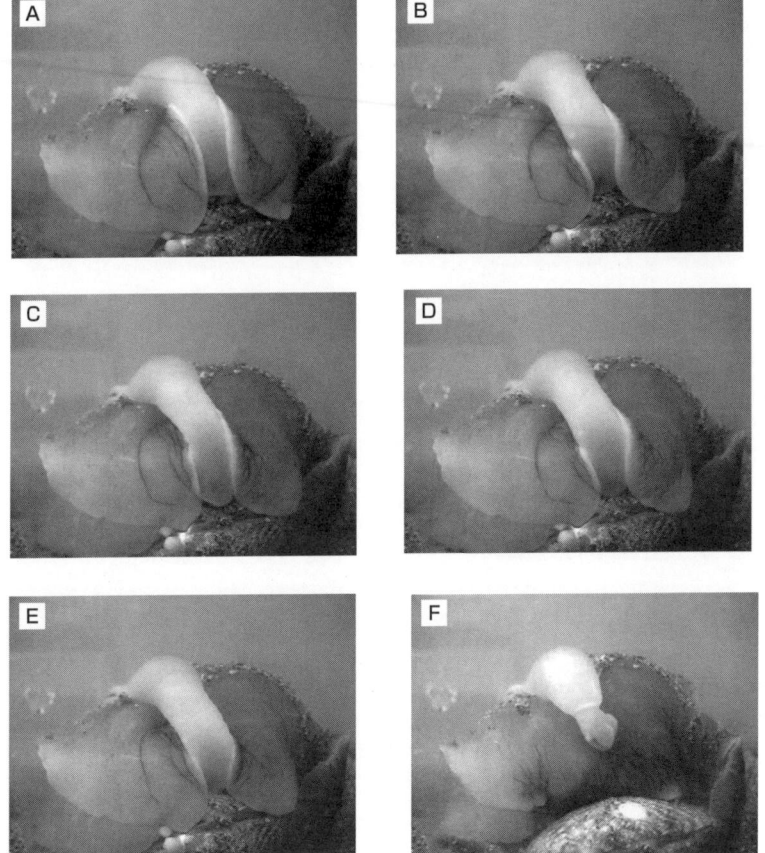

図 5-11 副穿孔腺（穿孔盤）と顎板および歯舌を交互に使い穿孔するサキグロタマツメタ．動画のキャプチャー画像を時間経過の順（A → F）に並べた．A：副穿孔腺を貝殻に押し当てて貝殻を溶解する（吻端は動かない）．口が見えるので顎板や歯舌は使っていないことがわかる．B：顎板と歯舌を使い溶解した貝殻破片などを掃きだす（吻端は前後に激しく動く）．C：再び溶解開始．D, E：前後に吻端を動かす．F：吻を縮めると穿孔途中で白くなったアサリの貝殻表面が見える．これを繰り返すことで穴があく．

が進み一部溶けた貝殻片や有機物の破片を 2 分間掃きだす．このセットを何度も繰り返す．歯舌の先端が摩耗していることから，機械的な穿孔（物理的にガリガリと削っていること）も活発だと考えられる．このようなプロセスで，サキグロは貝殻穿孔を行っているものと考えられる．穿孔位置

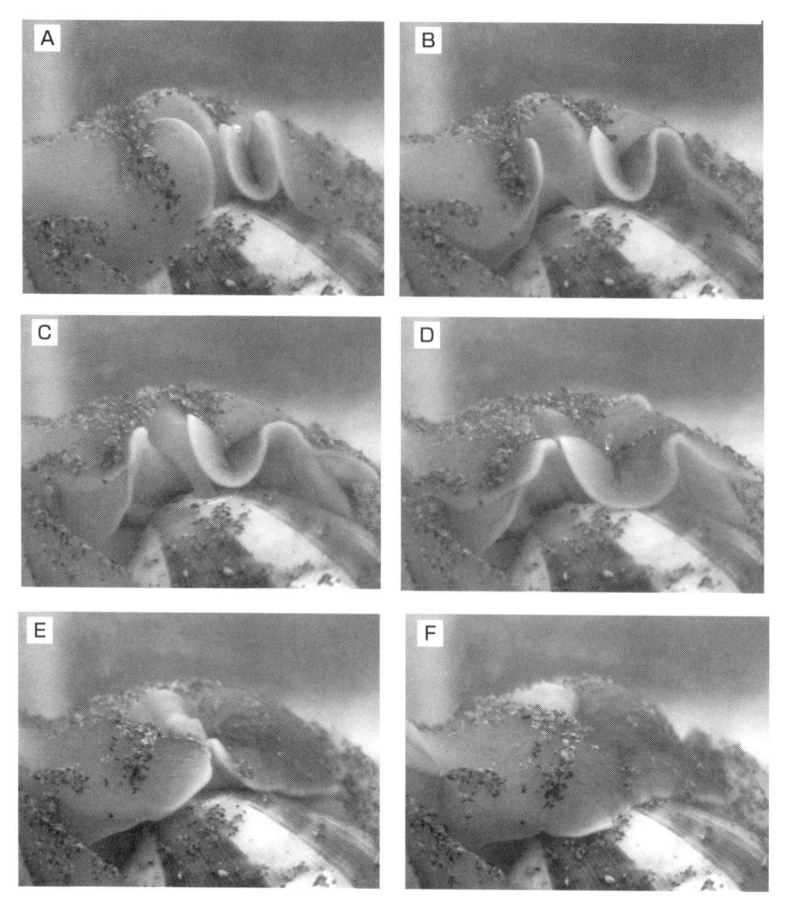

図5-12 吻を差込みアサリの軟体部を摂食するサキグロタマツメタ．動画のキャプチャー画像を時間経過の順（A → F）に並べた．

が途中でずれたりすることは観察されていないが，これは穿孔盤の形は前述のようにつばのある帽子のようになっており，帽子の中心部の表面から化学物質を分泌し，ある程度の深さまで貝殻が溶解すると中心部が貝殻の中に埋もれて行き（打ち込まれ），周辺の「つば」の部分で穿孔部分を動かさないように張り付けているのかもしれない．

4）口吻を差込み軟体部を食べる（図 5-12, 13）

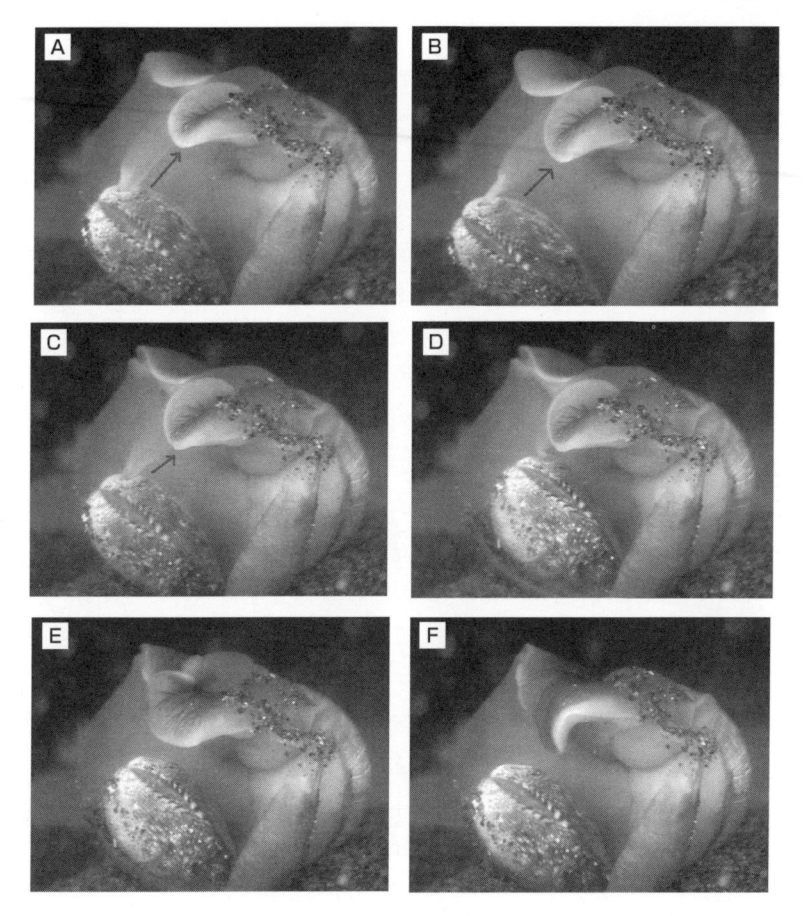

図 5-13 吻を差込みアサリの軟体部を摂食するサキグロタマツメタ(図 5-12 とは別の個体).動画のキャプチャー画像を時間経過の順(A → F)に並べた.アサリの貝殻は左右二枚あるが,図 5-12 の個体とは異なる側の貝殻に穴をあけ軟体部を吸い出しているのがわかる.図 5-12 の方が普通.図中の矢印は吸い上げる方向.

穴があくと直ちに口吻を穴の中に差し込みアサリの軟体部を食べる.貝殻の中で吻端がどのように動いているのかは,まだ確認されていない.口吻は半透明であるため,その中を物質が移動すると外からでもうっすらと見える.摂餌がはじまると乳白色のものが細い筋状になって口吻の中をゆらゆらと動いていくが,サキグロがアサリの軟体部を吸い出しているように見える.通常は図 5-12 のように足で包んだ外側(サキグロからは遠い側)

の貝殻に穿孔し軟体部を吸い出すが，まれに図 5-13 のように，内側（サキグロから近い側）の貝殻に穴をあけて吸い出すこともある．ただ，この際は包んでいたアサリの貝殻を半分以上離した状態で吸い出すため不安定になると考えられる．野外での観察例では右殻に穿孔するか左殻に穿孔するかという興味深い観察（第 2 編のコラム参照）は別にして，しっかりとアサリをつかんで穿孔・捕食するという図 5-12 と同じ側のものがほとんどである（図 5-14）．アサリの軟体部は最初に中央部に位置する内臓塊が食べられる（図 5-15）．水管や外套膜のとくに套線部分で貝殻とはりついている部分，閉殻筋など筋肉質の部分や周辺の部分は後まで残るが，最終的には食べ残しはほとんど見られない．穿孔を開始してから摂餌が終了するまでは，1 日以上かかることが多い．水温が 22℃前後で行った大宮[7]の 11 個体での飼育観察では，アサリを足で包んでから 24 時間以内に穿孔を開始し，24 時間から 28 時間の間に穿孔が終了し，アサリの軟体部を食べ始めることがわかった．そして 28 時間から 40 時間の間に軟体部を食べ終わっていた．アサリの捕獲から穿孔終了までに約 1 日，その後は半日程度で軟体部を食べ終わるものと考えられる．

　サキグロは卵塊からハッチアウト後，すぐに活発に移動し捕食を開始する．図 5-16 は稚貝によるアサリ稚貝の捕食である．大型個体とは異なり，様々な場所に穴があけられているのがわかる．また，複数の穿孔痕ある貝殻も見つかっており（図 5-16 下），複数個体が 1 個体のアサリに取り付いたものと考えられる．サキグロ稚貝の旺盛な食欲がうかがえる．

　このようにサキグロ稚貝はアサリの稚貝を，大型のサキグロは大型のアサリを捕食する．また，後述のように共食いもする．サキグロは最大で殻高 6 cm にもなる（これまでの調査では 59 mm が最大）ことから，干潟に生息するアサリのほとんどがサキグロの捕食対象になっていると考えられる．飼育実験の結果，サキグロは 3 〜 4 日に 1 個体のアサリを捕食する[9]ことから，サキグロ 1 個体は 1 年間で 100 個体前後のアサリを含む生きた貝類を捕食している可能性がある．宮城県では 1 m^2 に出荷サイズのアサリが 300 個体生息する漁場はかなりいい漁場と考えられており，そのような場所に仮に 3 個体のサキグロが生息していれば，計算上はそこのアサリが 1 年

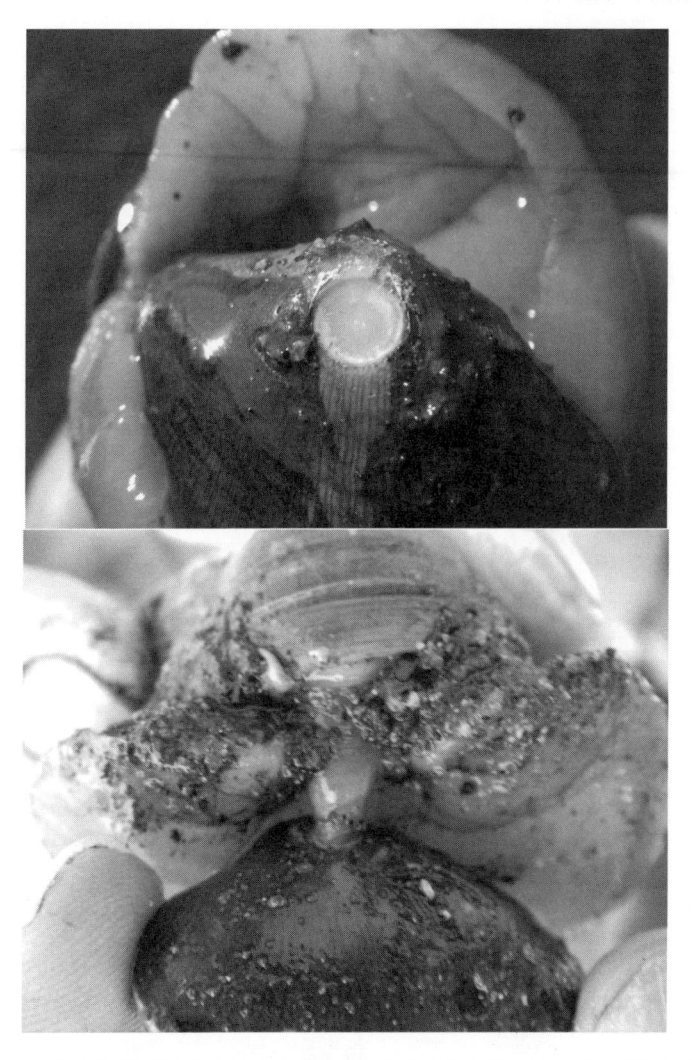

図 5-14 アサリの貝殻に穿孔中(上)および捕食中(下)のサキグロタマツメタ(野外で採集した個体).野外では,足でアサリの貝殻全体を覆っている個体がほとんどで,軟体部を収縮させないと穿孔部分が見えないことが多い.これら2つの個体も図5-12と同じ側に穿孔しているのがわかる.

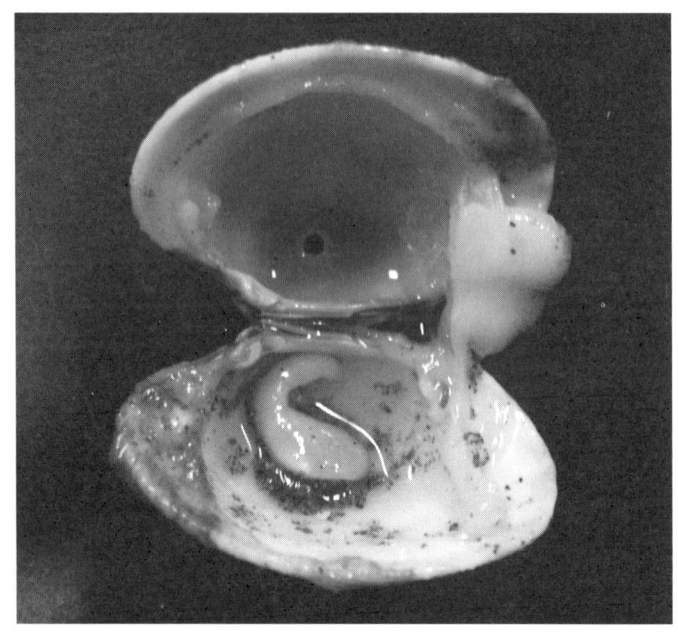

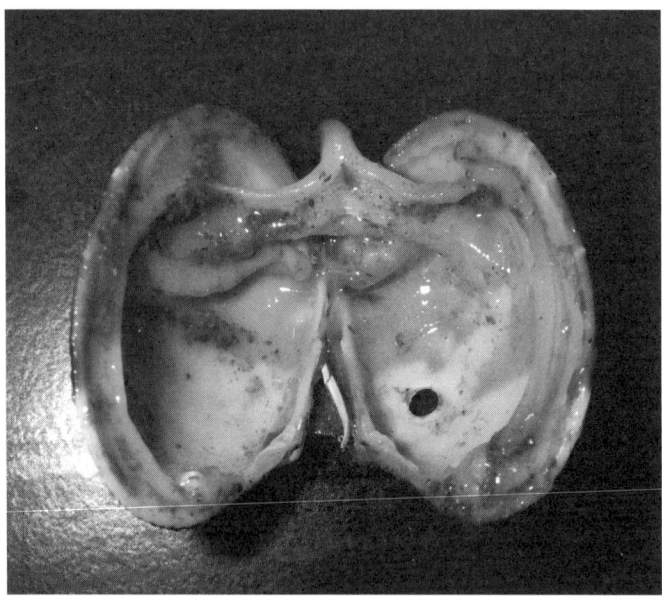

図 5-15 軟体部を摂食途中で引き離したアサリの貝殻内部の様子.両者とも内臓塊が先に食べられ,外套膜縁辺部や水管などの筋肉が多い部分は後から食べられるのがわかる.

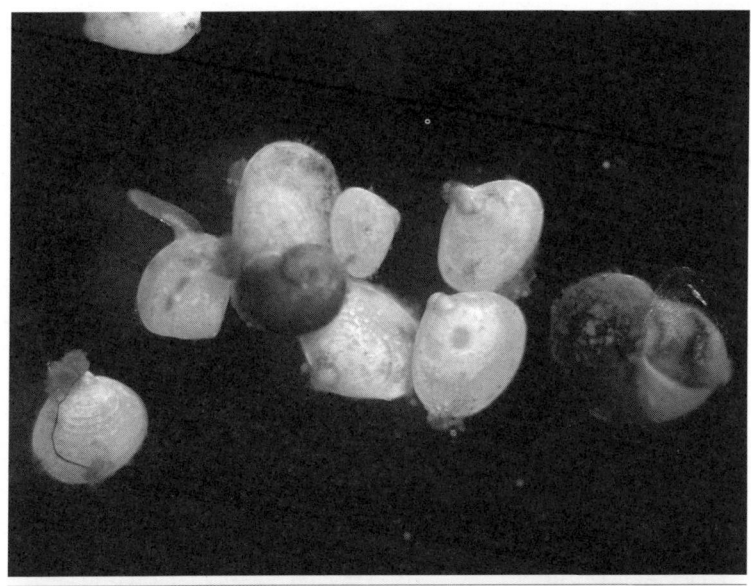

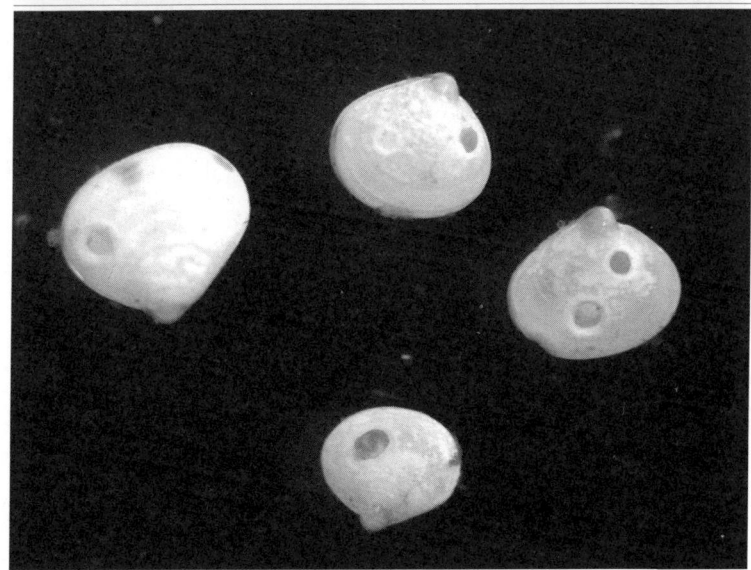

図 5-16 アサリを襲うハッチアウト直後の稚貝.サキグロタマツメタとアサリの大きさは約 2 mm.アサリは足を使って逃げる(左上)が捕まって食べられることが多い.右下には 2 個体のサキグロタマツメタにほぼ同時に襲われ,2 つの穴があいたアサリの貝殻が見える.

間に全部食べられてしまうことになる．多くは稚貝だが小型，大型混じりで，これまで最大で1 m^2 当たり67個体サキグロが見つかっている場所もあり，アサリ以外の貝類への捕食も多数起こっていることは明らかである．

5-3 アサリ以外の貝類の捕食

サキグロは貝食性の巻貝であり生きた貝だけを専門に食べる（水槽内ではまれに死んだ貝を食べるところも目撃されている）．アサリ漁場と潮干狩り場，さらに自然の海岸では生息する生物の種組成が異なり，当然サキグロの餌生物も異なると考えられる．そこで，異なる場所で，サキグロがどんな貝を包み捕食しているのかを調べた．図5-17に場所別にサキグロに捕食される貝の種とその割合を示した．福島県松川浦のアサリ漁場にはアサリ以外の埋在性の貝類は少なく，表面にはホソウミニナなどが生息するが，ここではサキグロが捕食しているのはほとんどがアサリであった．宮城県万石浦の大浜は2007年から潮干狩り場が閉鎖になっており，それ以降干潟にアサリを撒いていないところである．アサリより少し深い砂中には以前からオキシジミが多数生息している．ここではアサリの捕食が約半分で，オキシジミも約40％，残りが埋在性で貝殻が薄いソトオリガイや表在性のホトトギスガイとなっている．一方，2004年に潮干狩りが中止になり，その後も再開していない宮城県の東名浜では，アサリが多いのは前述の2つの場所と同じだが，アサリを含め10種類程の貝類が捕食の対象になっている．このようにサキグロはアサリだけでなく様々な貝類を捕食し，後述のように共食いもする．優占するアサリを捕食することはもちろんだが，干潟に生息する多様な貝類の多くが捕食対象種となっている．図5-18にアサリ以外の貝類の捕食の事例を示すとともに，図5-19に，サキグロとその他の生物の生息場所を模式的に示した．図5-19の中でサキグロと同様の生息域をもつ種で，これまでサキグロの捕食が確認されていない種はアカニシのみである（オオノガイは小型の個体が捕食されているのを確認している）．アカニシは宮城県では非常に少なく，私たちの調査時にも小型の個体はほとんど発見されていない．したがってサキグロとアカニシが出逢うことは

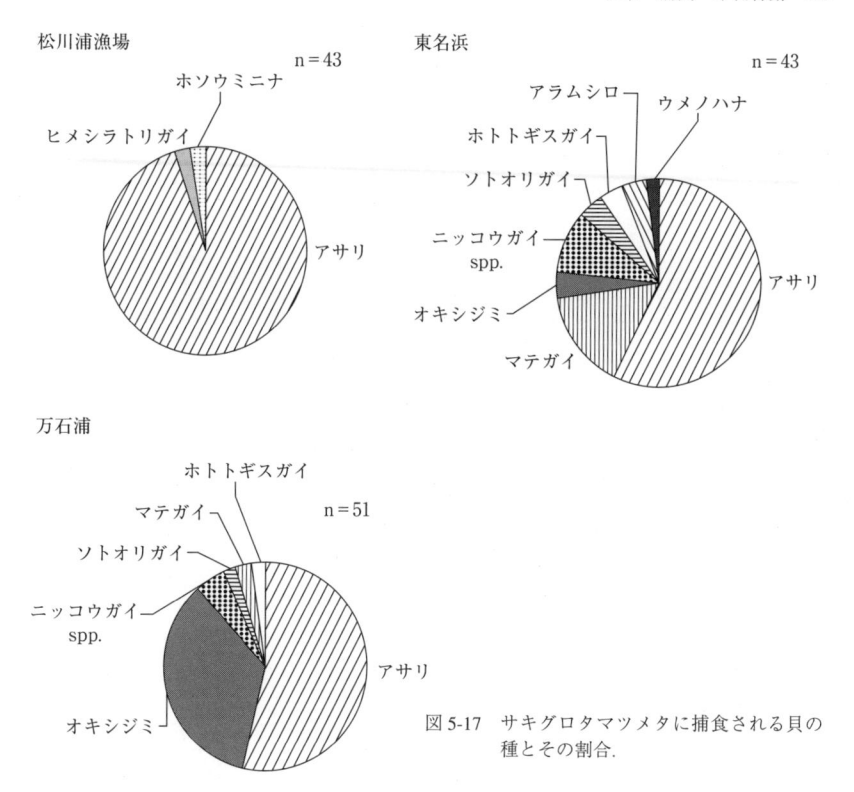

図5-17 サキグロタマツメタに捕食される貝の種とその割合.

稀だと考えられる．また，水槽飼育のアカニシをサキグロが捕食している現場も見たことがない．何れにしても干潟に生息している多くの貝類がサキグロの餌食になっていることは明らかで，水産被害とともに干潟生態系の多様性に対してもサキグロの影響は看過できないものとなっている（第10章参照）．

5-4 サキグロタマツメタを捕食する生物

「サキグロに天敵はいますか？」とよく聞かれる．可能性のあるものとしては鳥類，魚類，大型の甲殻類などがあげられるが，サキグロが襲われている現場をずっとみたことがなかった．中国や韓国でもサキグロを捕食す

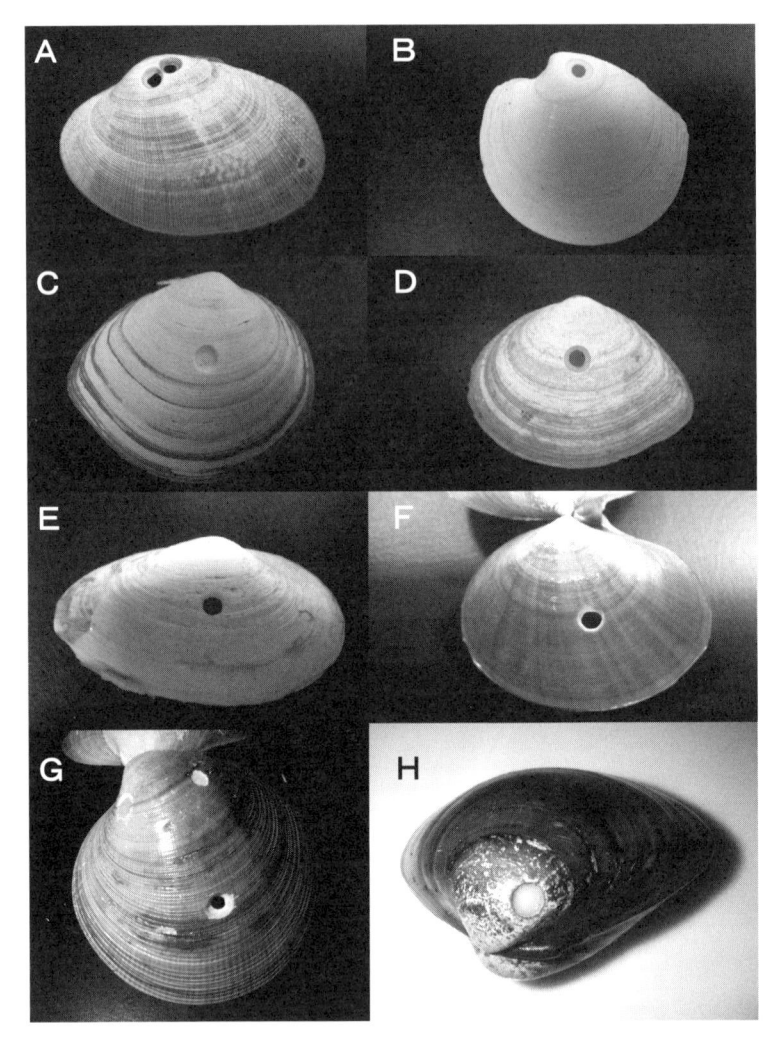

図 5-18　サキグロタマツメタに捕食された貝類．A：サキグロ2個体に穿孔されたアサリ．B：カガミガイ．C：サビシラトリガイ．D：ヒメシラトリガイ．E：オオノガイ．F：イソシジミ．G：多数の穿孔痕のあるオキシジミ．H：捕食を免れたハマグリ．I：ソトオリガイ．J：ホトトギスガイ．K：ウネナシトマヤガイ．L：捕まったマテガイ．M：コタマガイ．N：捕まったイボキサゴ．O：ホソウミニナ．P：アラムシロガイ．

5章 捕食・穿孔行動 107

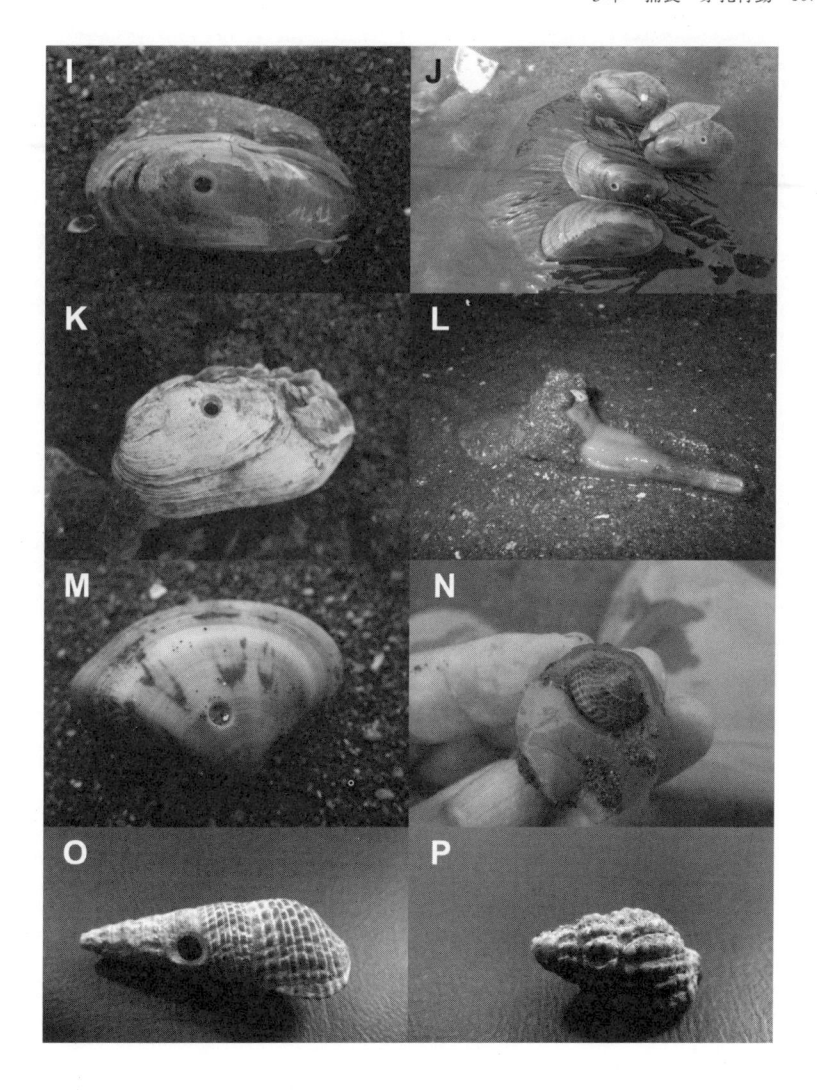

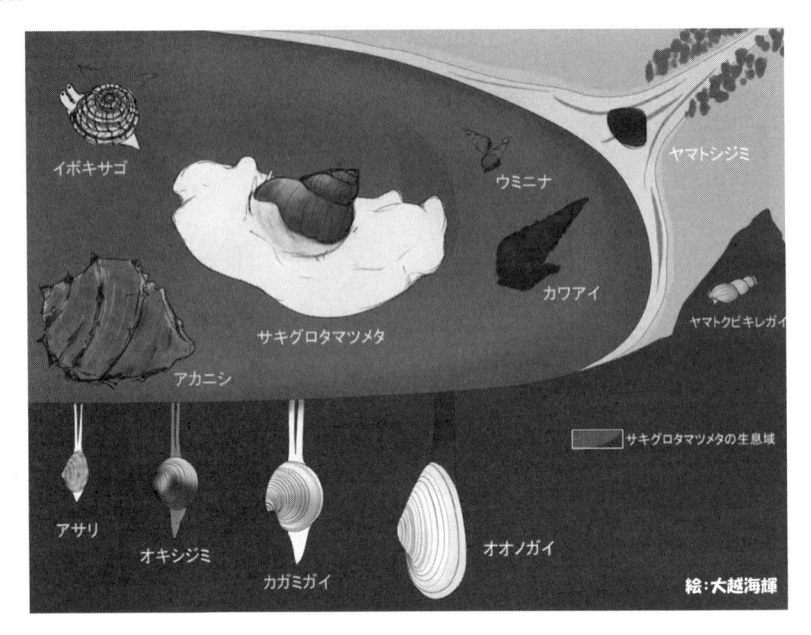

図5-19 サキグロタマツメタの生息域と同所的に生息する主な貝類.図中の貝の中でこれまでサキグロタマツメタによる捕食が確認されていないのはアカニシだけである.ヤマトシジミやヤマトクビキレガイなどはサキグロタマツメタと分布が重ならないので捕食対象とはならない.

る生物についての知見がない.あるとき,干潟で破壊されたサキグロの貝殻が見つかり,地元ではムラサキベンケイ(紫弁慶)とよばれるイシガニ *Charybdis japonica* がサキグロをつかんでいるのが見つかった.さっそく渡邉[10]は水槽にサキグロ,アサリ,イシガニを入れて飼育を開始した.イシガニは砂に潜っているサキグロを掘り出し(図5-20, 1段目),左のハサミでつかみ,右のハサミで殻口からサキグロの貝殻を破壊していく(図5-20, 2段目).露出した軟体部は右のハサミでちぎって食べる(図5-20, 3段目).貝殻をつかんだまま直接大顎のところにもっていく行動も見られた(図5-20, 4段目).図5-21には壊されたサキグロの貝殻の特徴を示した.サキグロをつかみ(図5-21A, B),殻を破壊して食べ,破壊された貝殻はそのまま放置する(図5-21C).野外で破壊された状態で発見された新しい貝殻(図5-21D)と水槽でイシガニに破壊された貝殻(図5-21E, F)は何れも似ており,

5章 捕食・穿孔行動 109

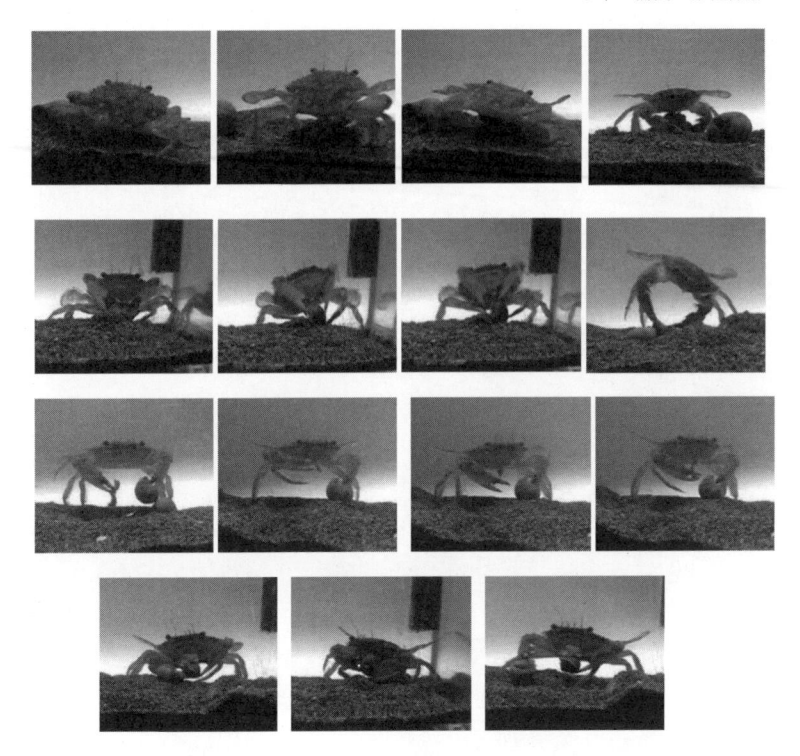

図5-20 イシガニによるサキグロタマツメタの捕食(動画のキャプチャー画像,時間経過は左上から右下).まず,歩脚を使ってサキグロタマツメタを掘り出す(写真1段目).ゲームセンターのユーフォーキャッチャーのように,サキグロタマツメタの上に被さって歩脚で捕まえる.次に左のハサミで貝殻を押さえ,右のハサミで貝殻を砕く(写真2段目).その際,サキグロタマツメタのフタと貝殻の間にハサミの先端を押し付けて,体重をかけて殻を砕いていた(写真2段目右端).貝殻が壊れると左のハサミで殻をつかみ,右のハサミで軟体部をかき出して食べる(写真3段目).人が,左手でご飯茶碗を持ち,右手に箸を使ってご飯を食べる様子に似ている.時には,人が左手でコップを持って飲み物を飲むように左のハサミで殻を持ち,軟体部を殻から直接食べるときもあった(写真4段目).

殻口から殻層が壊されていき肝膵臓や生殖巣が収まっている殻頂部と殻軸は残るのが特徴である.また,安定同位体解析の結果(第6章参照)もイシガニが捕食している可能性を示唆している.イシガニを含むワタリガニ科(Portunidae)のカニ類は貝類を捕食する割合が高いことが報告されている[11].上記のイシガニのサキグロの捕食様式は,ワタリガニ科で知られる3種類の捕食様式[12]の1つに似ていることからも,イシガニにとってサキグ

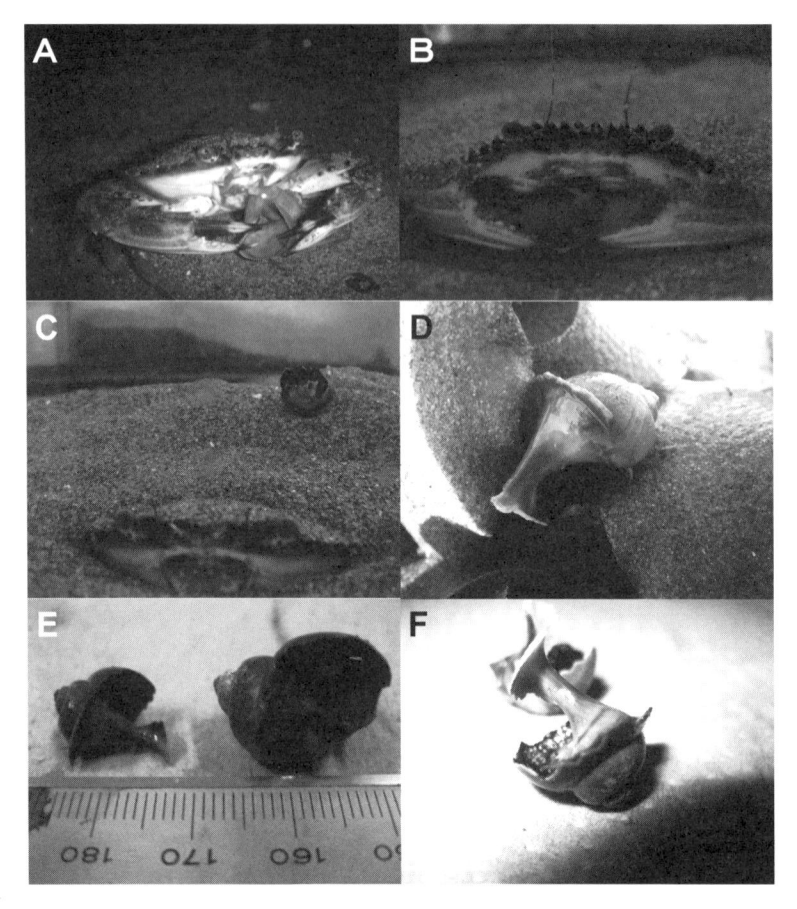

図 5-21 サキグロタマツメタを捕食するイシガニと砕かれた貝殻．A，B：サキグロタマツメタをはさむイシガニ．C：イシガニに食べられたサキグロタマツメタ（水槽奥）．D：野外で見つかった砕かれたサキグロタマツメタの貝殻．E，F：水槽飼育していたイシガニに食べられたサキグロタマツメタ．どれも同じように殻軸と螺層の先端部が残る．先端部の内部の肝膵臓や生殖巣などは食べ残されることが多い．

ロは新たな捕食対象種となり，通常の巻貝類への捕食様式と同様の様式で捕食している可能性がある．安定同位体解析の結果からは小型のマメコブシガニもサキグロを捕食している可能性が出ている．干潟ではマメコブシガニがサキグロをはさんでいるところが，これまで2, 3例観察されている（図5-22）．しかし，これまで捕食しているところは確認されていない．イシガ

図 5-22 サキグロタマツメタをつかむマメコブシガニ．貝殻を壊して食べているところはまだ観察されていない．

ニのとくに右のハサミは基部に結節があり強力だが，マメコブシガニのハサミは細く，サキグロの貝殻を壊すことができるかどうかは不明である．干潮時の干潟にはエイ類の掘った穴と思われる数十 cm のくぼみがよく見られる．これらはアカエイなどによってあけられたものであると考えられるが，このようなくぼみでサキグロの破壊された貝殻が見つかったことはまだない．有明海や瀬戸内海などでは近年ナルトビエイによるアサリの食害が報告されている[13]が，宮城県ではいまのところナルトビエイの報告はない．

サキグロはサキグロも捕食する．つまりは共食いだ．共食いの現場は干潟でも水槽でも目撃されており，稀なことではないようだ．図 5-23 には共食いの例を示した．図 5-23A は野外での共食いの事例である．右側の少し大型の個体が左側の個体を包んでいる．経時的に観察すると，小型の包まれている個体は足全体で貝殻を含む自分の体全体を覆うようにしている．これらはマツバガイなどがイボニシなどの捕食から逃れる行動[14]と同様のものと考えられる．図 5-23B は干潟で見つけた穿孔痕のあるサキグロの貝殻である．サキグロは他の貝類を食べる時と同様に餌のサキグロを包み（図 5-23C）移動し，口吻を伸ばして穿孔を開始する（図 5-23D）．図 5-23E はすっぽりと包まれたサキグロであり，穿孔途中と思われる図 5-23F のような貝殻

も時々発見される．このような共食いの事例は他のタマガイ科の貝類でも報告されており[15] サキグロだけの特殊な事例ではないことがわかる．

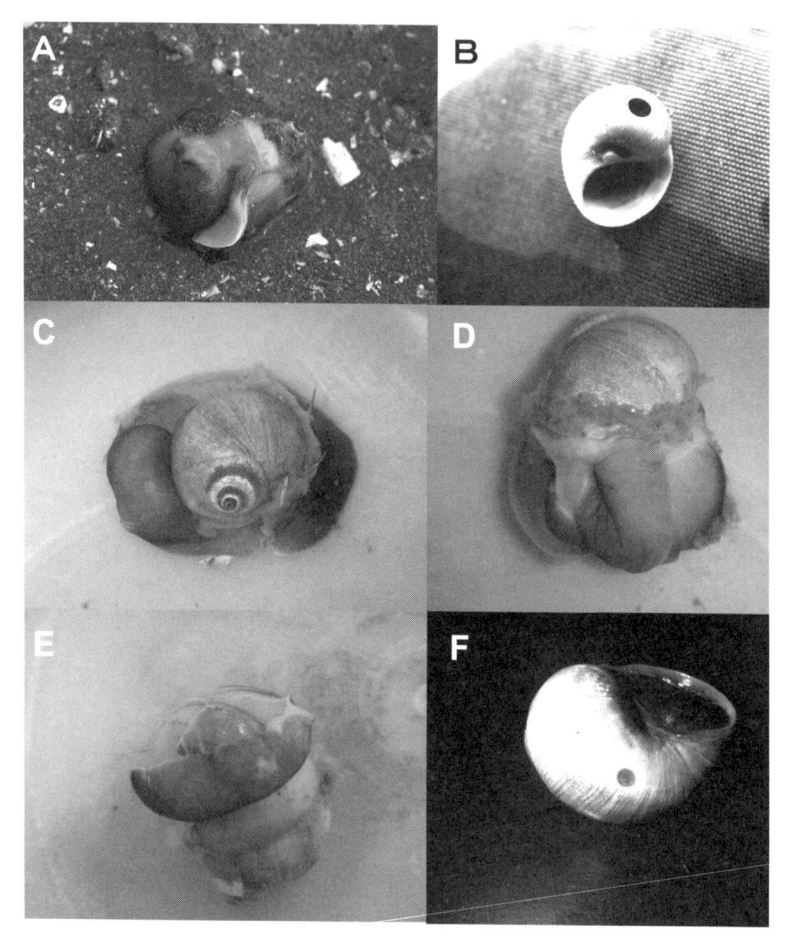

図 5-23　共食いをするサキグロタマツメタ．A：右の個体が左の個体を被い，左の個体は穿孔されないように足全体で貝殻を被う行動をみせる．B：穴をあけられたサキグロタマツメタの貝殻（野外）．C：サキグロタマツメタを抱えてバケツの底を移動する．D：吻を出して穿孔中のサキグロタマツメタ．E：捕まったサキグロタマツメタ（上）．F：貫通されなかった穿孔痕が残る貝殻．

5-5　エスカレーション

　海洋生物の貝殻やサンゴなど他の生物の硬組織への穿孔については様々なものが知られている．カイメン類のクリオナ属（*Cliona* sp.）や多毛類のスピオ科に属する Polydorids などは，石灰質の硬組織に穿孔して生息場所とする[16]．一方，アクキガイ科の貝類の穿孔は捕食が目的である．タマガイ科の貝類による二枚貝の捕食は，白亜紀以前の化石には痕跡（捕食痕）がない[17]ことから，白亜紀以降に捕食が始まったとみられている．サキグロの捕食痕はアサリでは殻頂部に集中して穴があいているが，化石では捕食痕は貝殻のあちこちにランダムに多数あいているものがある[18]．初期のタマガイ類は餌の二枚貝をどのように包み，穿孔したのかはわからないが，最初は試行錯誤でやっていたのかも知れない．その結果何度も穿孔途中で逃げられたことから，貫通していない穴が複数ある二枚貝が見つかっているのではないかと考えられている．このように食べる側は確実な食べ方を模索し，食べられる側は殻の形状を変えたり，殻を厚くしたりして穿孔されないように防御する．その戦略は次第にエスカレートしていく．このような捕食者と被食者が共に影響しあいながら戦略を高度化させていく進化様式を Vermeij[19] はエスカレーション（escalation）と呼んだ．カニは餌となる貝の貝殻を壊すことができないと，脱皮の時にハサミやそれを動かす筋肉を強くして，貝殻をこわすことができるようにするという短期間の「変身」が可能であることを示した[1]のが，前出の Palmer だった．進化の長い年月をかけなくとも貝殻を砕くことができるようになる場合もある．一方，このような穴が化石によく残ることを利用して穴の細かな形状を測定して，穴から，その貝を捕食した犯人を割り出そうという試みも行われている[20]．Palmer 教授は捕食・被食の進化を，Elizabeth は穴の形状を，そして Dianna は現在，外来種のゼブラガイの研究[21]を精力的にすすめている．15年前にカナダで出会った Palmer とその弟子たちの研究がこのような形で関わってくるとは夢にも思わなかった．サキグロは捕食・被食関係やその進化といった視点からも研究対象としては面白い材料といえるだろう．

文　献

1) Smith, L.D. and Palmer, A.R.: Effects of manipulated diet on size and performance of brachyuran crab claws, *Science*, 264, 710-712 (1994).
2) Okoshi, K. and Ishii, T.: Concentrations of elements in the radular teeth of limpets, chitons, and other marine mollusks, *Journal of Marine Biotechnology*, 3, 252-257 (1996).
3) Ishii, T., Nakai, I., Numako, C., Okoshi, K. and Otake, T.: Discovery of a new vanadium accumulator, the fan worm *Pseudopotamilla occelata*, *Naturwissenschaften*, 80, 268-270 (1993).
4) Padilla, D.K.: Structural resistance of algae to herbivores, A biomechanical approach, *Marine Biology*, 90, 103-109 (1985).
5) 大越健嗣・大越和加：貝殻形成と外敵生物（マガキの貝殻形成，増養殖貝類の外敵生物 – 穿孔性多毛類ポリドラ），カキ，ホタテガイ，アワビの増養殖 – 生産技術と関連研究領域（野村　正編），恒星社厚生閣，1995, pp. 207-233.
6) Grey, M., Boulding, E. G. and Brookfield, M. E.: Shape differences among boreholes drilled by three species of naticid gastropods, *Journal of Molluscan Studies*, 71, 253-256 (2005)
7) 大宮　聡：サキグロタマツメタの生活史～親貝篇～ーー動画撮影による徹夜の日々ー, 石巻専修大学卒業論文, 2008, 48pp.
8) Carriker, M. R.: Shell penetration and feeding by naticacean and muricacean predatory gastropods: a synthesis, *Malacologia*, 20, 403–422 (1981).
9) 大越健嗣：サキグロタマツメタ – 絶滅危惧種は食害生物, うみうし通信, 39, 2-4 (2003).
10) 渡邉和郎：サキグロタマツメタの捕食・被食の関係, 石巻専修大学卒業論文, 2009, 27pp.
11) Hsueh, P. W., McClintock, J. B. and Hopkins, T. S.: Conparative study of the diets of the blue crabs *Callinectes similes* and *C. sapidus* from a mud-bottom habitat in Mobile Bay, Alabama, *Journal of Crystacean Biology*, 12, 615-619 (1992).
12) 佐藤武宏：貝類が受ける捕食現象とエスカレーション, 化石, 57, 50-63 (1994).
13) 山口敦子：有明海のエイ類について – 二枚貝の食害に関連して – , 月刊海洋, 35, 241-245 (2003).
14) 岩崎敬二：時差出勤のミラクル, 貝のミラクル（奥谷喬司編著），東海大学出版会, 1997, pp. 1-17.
15) Kelley, P. H.: Apparent cannibalism by Chesapeake Group naticid gastropods: a predictable result of selective predation, *Journal of Paleontology*, 65, 75–79 (1991).
16) 大越和加：漁業生物学から見た貝殻穿孔生物, ベントスと漁業（林　勇夫・中尾繁編），恒星社厚生閣, 2005, pp. 71-86.
17) Kase, T.: Early Cretaceous marine and brackish-water Gastropoda from Japan, *National Science Museum*, Tokyo, 1984, 262pp.
18) Ishikawa, M. and Kase, T.: Multiple predatory drill holes in *Cardiolucina* (Bivalvia: Lucinidae): Effect of conchiolin sheets in predation, *Palaeo*, 254, 508-522 (2007).
19) Vermeij, G. J.: Evolution and Escalation, Princeton University Press, Lawrenceville, New Jersey, 1987, 537pp.
20) Dietl, G. P. and Kelley, P. H.: Can naticid gastropod predators be identified by the holes they drill?, *Ichnos*, 13, 103-108 (2006).
21) Padilla, D. K.: The potential of zebra mussels as a model for invasion ecology, *American Malacological Bulletin*, 20, 123-131 (2005).

コラム

アサリにあけられた穴はなぜ左の殻に多いのか？

　そもそも，アサリなどの二枚貝の貝殻に，『右殻』と『左殻』があることをご存じだろうか．今度，もしアサリのみそ汁を飲む機会があったら，その姿を良く観察していただきたい．アサリの体から2本の水管が伸びているのがわかるだろう．二枚貝の殻では，水管が出ている部分が『後縁』にあたる．そして，その反対側が『前縁』となる（図1）．また，殻頂のある部分は『背側』とよび，その反対側の斧足が出る部分を『腹側』と呼ぶ．右殻というのは，背側を上，前縁を前に置いた時に，右側にある殻のことを指す．そして，サキグロタマツメタがアサリの貝殻に穴を開ける時は，なぜか右殻よりも左殻に有意に多いことが，東北大学理学部地圏環境科学科の長谷川裕美さんの卒業研究により明らかにされ，イギリスの学術誌"Journal of Molluscan Studies"に掲載された[1]．

　卒業研究でサキグロタマツメタをテーマに選んだ長谷川さんは，アサリの貝殻に開けられた穴を観察しているうちにあることに気がついた．「左の貝殻に穴があいているアサリが多いような気がす

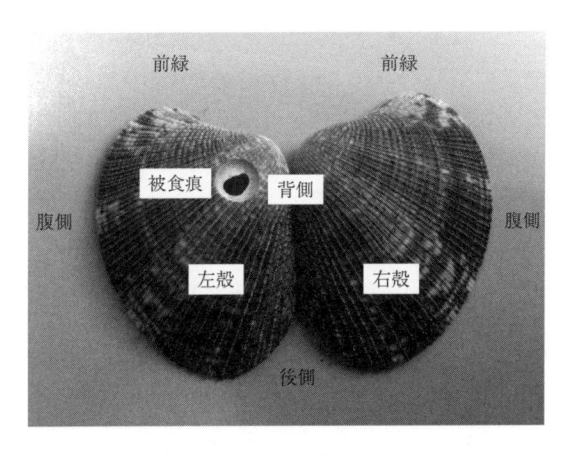

図1　アサリの貝殻に関する部位の名称．

る！」早速，彼女は愛車のホンダ REBEL を飛ばして，フィールドである宮城県東名浜に向かった．そして，東名浜の中でも特にアサリ貝殻が多く得られた地点で，無作為に2枚の殻が揃ったアサリの貝殻を何百個も拾ってみた．そして，どちらの殻に穴が多いかを調べてみると，右殻より左殻に2倍以上も穴が多いという結果が得られた（右：左＝ 197：497）．さらに，万石浦でも同様の調査を行ったところ，ここでも右殻より左殻に穴が有意に多く見られたのである（右：左＝ 34：149）．こんなことは，貝殻の穴に関する世界中の研究を集めたレビュー論文[2]にだって，わずかな例[3]しか出てこない．これって，ひょっとしたら世界的な新発見になるかも？

　そこで，なぜ右殻よりも左の殻に穴が多いのかを調べるため，彼女は水槽の中でサキグロタマツメタを飼育して，実際にアサリの殻に穴を開けるシーンを観察してみた．すると，今まで知らなかった生態がわかってきた．サキグロタマツメタは，アサリを捉えるとすぐに穴を開けるのではなく，しばらく抱え込んだまま移動する．長い時は2日間以上も，そのまま持ち運ぶ．そして，もしその状態でアサリが水管や斧足を出して暴れたりすると，アサリを逃がしてしまうこともある．また，サキグロタマツメタが穴を開けている途中のアサリを横取りしてみると，不思議な透明の膜でアサリが完全に「ラップ」をかけられていることも，しばしば確認された．これは，サキグロタマツメタが粘液を出して，アサリを包んでしまい身動きがとれなくする効果がありそうだ．この膜を取り除いてアサリを「救出」してみると，アサリは再び水管と斧足を伸ばして，何事もなかったのかのように堆積物の中に潜ってしまった．

　さて，話は本題に戻るが，なぜ，サキグロタマツメタはアサリの左殻に多く穴を開けるのか．その理由は，サキグロタマツメタの殻が体の右側に傾くことに始まる（図2）．水槽で飼育してみると，サキグロタマツメタはほとんどの時間を堆積物の中で移動することがわかった．その時，殻が右側に傾いているので，サキグロタマツメタは足の左側をあげて前に進む（図3A）．この姿勢でアサリを捉

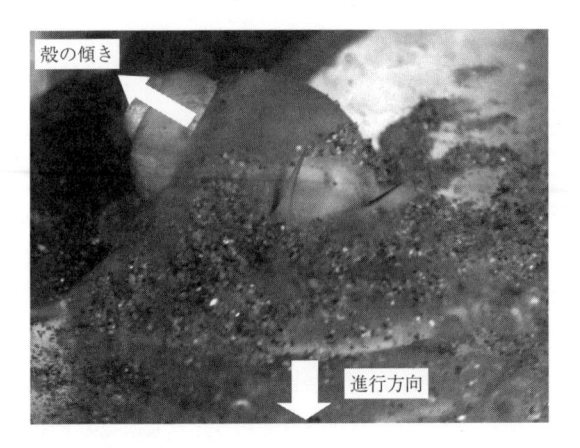

図2 水槽底面をはうサキグロタマツメタ（正面から佐藤撮影）.

えると，自然とアサリ貝殻の前縁の方向とサキグロタマツメタの殻頂方向が一致する（図3B）．サキグロタマツメタは，そこからアサリを前縁と後縁の軸に沿って回転させて捕食体勢に入るのだが，この時に右殻に穴をあけようとすると，アサリの斧足が邪魔となるため抵抗されて逃す可能性が高い（図3C）．一方，左殻に穴をあける場合には，アサリの斧足がサキグロタマツメタの体にあたることは

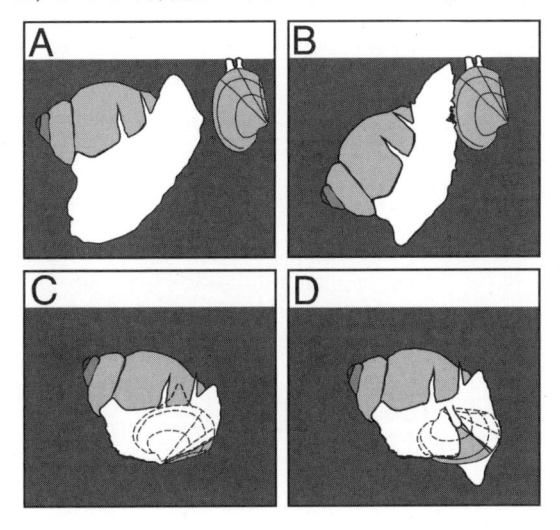

図3 堆積物中でアサリをとらえるサキグロタマツメタ（Hasegawa and Sato, 2009）.

ないので，いくらアサリが抵抗しても逃すことなく捕食を完了できると考えた（図3D）.

　その後，高校の理科の先生になるため故郷の宮崎県へもどった長谷川さんの替わりに，私は豊橋市自然史博物館で行われた日本貝類学会で成果を発表した．「貝のことなら何でも知っている」という人たちに，この話を聞かせて彼らの反応を見たのである．ここでは，私の妻に頼んで作ってもらったサキグロタマツメタのパペット「サキちゃん」による穿孔行動のパフォーマンスが好評を博し講演は大成功だった．どうやら，この仮説は的外れではないらしい．この研究は，卒論テーマとして引き継がれており，今も水槽のサキグロタマツメタとのにらめっこが続いている．

（佐藤慎一）

文　献

1) Hasegawa, H. and Sato, S.: Predatory behaviour of *Euspira fortunei*: Why does it drill the left shell valve of *Ruditapes philippinarum* ? , *Journal of Molluscan Studies*, 75, 147-151 (2009).

2) Kabat, A.R.: Predatory ecology of naticid gastropods with a review of shell boring predation. *Malacologia*, 32, 155-193 (1990).

3) Rodrigues, C.L.: Predation of the naticid gastropod, *Neverita didyma* (Röding), on the bivalve, *Ruditapes philippinarum* (Adams & Reeve): evidence for a preference linked functional response. *Publication from the Amakusa Marine Biological Laboratory, Kyushu University*, 8, 125-141 (1986).

6章 フローティング，移動，捕食・被食関係

大越健嗣

6-1 サキグロタマツメタ分布拡大の謎

2004年春に，日本ではじめてサキグロタマツメタの食害が原因で潮干狩り場が閉鎖に追い込まれたことは第1章で述べた．その後，松島湾では潮干狩り場の閉鎖が相次ぎ，主要な潮干狩り場は2006年までにほとんどが閉鎖になってしまった（図6-1）．閉鎖になった潮干狩り場では，それまで県外からアサリを購入して撒いていたことから，その中に混入していたサキグロが繁殖し数を増やしていったものと考えられた．

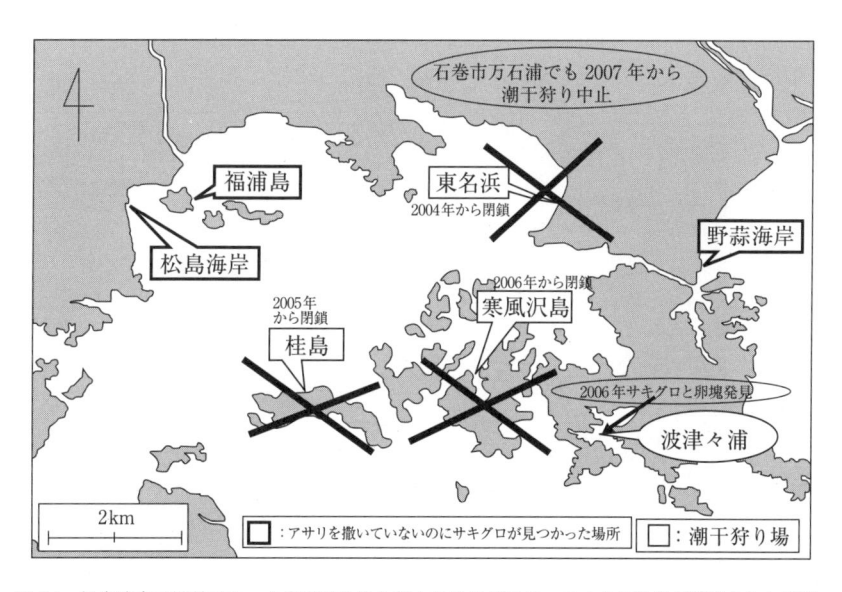

図6-1 松島湾内で閉鎖になった潮干狩り場と新たにサキグロタマツメタの生息が確認された場所．

ところが，宮城県の調査（第7章参照）でも石巻専修大学の調査（図6-2）でもアサリを撒いた場所以外でサキグロの発見が相次ぎ，サキグロはあっという間に松島湾全体に広がった．浮遊幼生期をもたないサキグロがどうやって広がったのか？　東名浜から直線距離で5 km 以上，桂島からでも3 km はある松島海岸や外洋に面した野蒜（のびる）海岸にまでサキグロは進出していた（図6-1）．

その理由については，いくつかの候補があがった．①サキグロ自ら海底を這って移動する．②卵塊が海底を転がり移動する．③湾内の浚渫（しゅんせつ）によって砂を人為的に移動した時にその砂と一緒に移動する．④サキグロが浮いて移動する．⑤サキグロが水面をはって移動する．結果から先に言うと，まさかと思った④と⑤の可能性が高いことがわかった．

サキグロが松島湾全体に広がっていることを突き止め，平成16年度（2004年度）の日本水産学会東北支部会で発表した翌日，発表の内容が新聞に載った．それを見て驚いて私の研究室にやってきた人が複数いた．その中に，上記③の湾内の浚渫に関わっていた業者の方がいた．それには実は伏線があった．2002年春，千葉県では船橋市沖の三番瀬のアサリ漁場の改善を目的に，サキグロの生息が確認されている木更津市の小櫃川河口，通称「盤洲干潟」の浚渫土砂を運び入れて漁場に撒こうという計画が持ち上がって

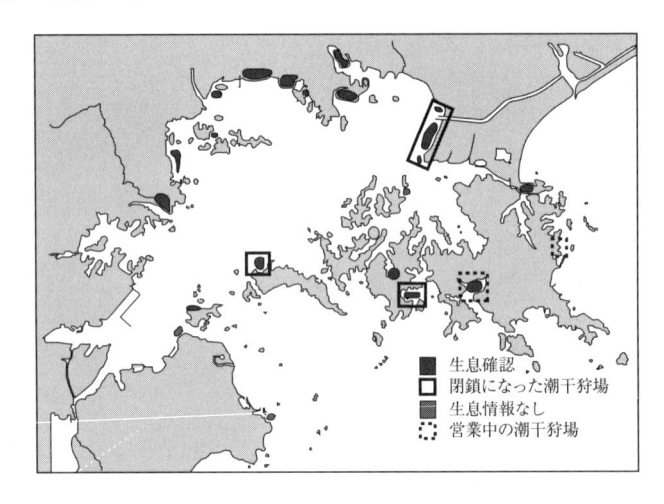

図6-2　松島湾内でサキグロタマツメタの生息が確認された場所（2008年）．

いた．市民も参加した「三番瀬再生計画検討会議」（通称・三番瀬円卓会議）の「海域小委員会」では様々な議論が行われ，結果的に覆砂は中止になった．この時の議論は詳しくインターネットのサイトでもみることができる．やってみたい県や漁協と反対の研究者や市民団体の激しいやりとりがあったが，結果的にもし覆砂が行われていれば，サキグロが三番瀬に入りその後繁殖していた可能性がある．現在も三番瀬ではサキグロは見つかっていないが，当時覆砂は危ないと一貫して警告し続けた東邦大の風呂田教授の見識によってサキグロの拡散が止まったと言えるかも知れない．アサリ輸入も覆砂もアサリ生産の増加を狙って多額のお金が投入され行われる．しかし，このことが逆にアサリの生産を脅かしていることを私たちは十分学習しなければならない．

　さて，話は少しそれたが，松島湾内での浚渫土砂の移動によるサキグロの移動も否定はできない．しかし，砂を移動していないと思われる場所でもサキグロは多数見つかっており，これが主原因かどうかは今のところはっきりしていない．

6-2　這って移動するサキグロタマツメタ

　サキグロはいつ移動するのだろうか？　サキグロは潮が引きはじめたころ砂の中から這い出し活動を開始し，潮が満ち始めたころには砂の中に潜る．潮の引いた干潟にはサキグロトレール（第1章図1-15）がついており，その両端を掘るとどちらかにサキグロが潜っていることが多い．トレールはF1のサーキットのようにくねっていることが多いが，長さは数m程度である．干潮前に水深が数十cmある場合にも移動するが，満潮時に這って長時間移動するかどうかは未だ確かめられていない．しかし，後述のように水槽中では海水に浸っている場合でも移動する．サキグロは第1章図1-1 C（カラー口絵）のように干潟の移動時にはブルドーザーのように前足部が砂で覆われていることが多く，触覚も砂に埋もれている．干潮になってから砂から這い出した場合，殻頂部から貝殻を覆うように砂をかぶっている場合も多い．キセワタなども同様だ．キサゴ類などとは異なり視覚にはたよっ

ていないことがうかがえる．潮が引いていても図 6-3 のように砂の中に潜っている個体もある．体全体を真っ黒になった還元層に突っ込んでいる個体は少ない．砂の表面に見える穴のようなものは，サキグロの軟体部が丸まって筒状になっているものだ（図 6-4）．そこでは水の流れがあり，軟体部の内外で海水の交換が起こっているようだ．

サキグロはどの程度這って移動するのか？ 渡辺[1]は殻高 17〜43 mm の

図 6-3 干潮時も砂に潜ったままのサキグロタマツメタ（手前の砂を除き撮影）．

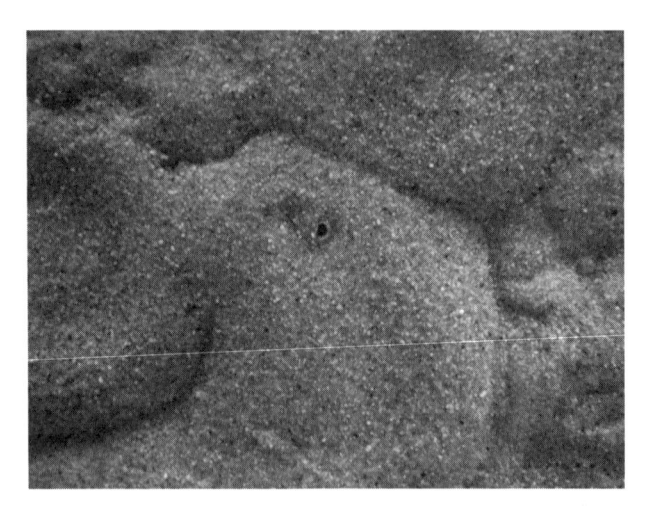

図 6-4 中央に見える穴の下にサキグロタマツメタがいる．穴の縁には丸めた軟体部がある．

サキグロに 0.8 号の細い糸をつけて標識放流し, 1 日後の移動距離（放流場所から最短距離）と（砂に潜っている場合は）砂の表面から潜っている個体の殻頂部までの長さ（つまり潜っている深さ）を計測した. 方法は図 6-5 に模式的に示した. 実験は 12 月 27 日〜28 日の夜間に行った. その結果, 移動は最大で 1 日当たり 4 m 70 cm, 41 個体の平均は 1 m 25 cm であった. 4 個体は全く移動しなかった（図 6-6）. また, 砂に潜る深さは最大で 45 mm, 最低は 0 mm, つまり潜らない個体もいた（図 6-7）. 殻高が増加するにつれて潜る深さも深くなる傾向があった. 実験は 1 回しか

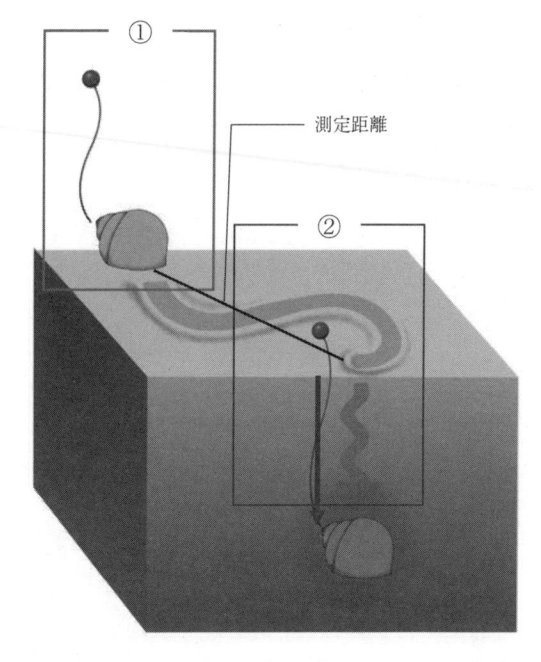

図 6-5 標識放流と再捕時の計測. ①のようにサキグロの殻頂部に釣り糸と標識（夜光玉）を貼り付け放流. ②のように 1 日後に放流場所から標識までの直線距離と潜っていた場合は殻頂部から砂の表面までの長さを測定した.

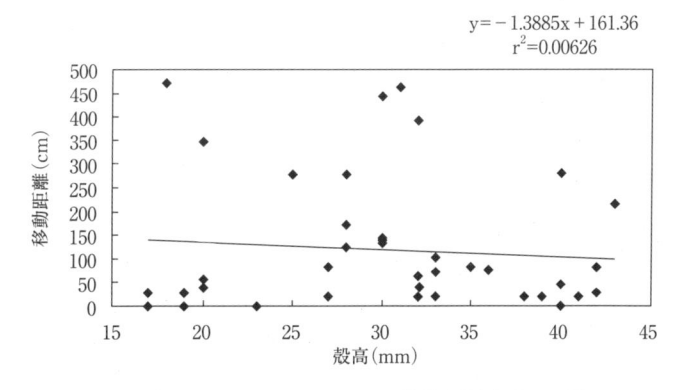

$y = -1.3885x + 161.36$
$r^2 = 0.00626$

図 6-6 サキグロタマツメタの 1 日の移動距離と殻高の関係.

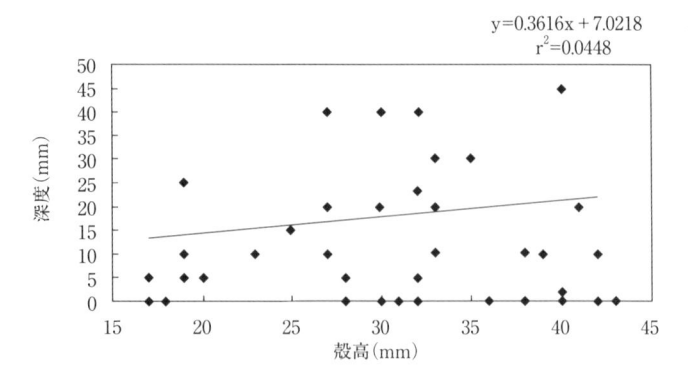

図6-7 サキグロタマツメタの殻高と生息深度との関係

行っていないので，今後繰り返す予定だ．また，冬季に行われたため，少し過小評価の可能性もあるが，逆に気温が連日30℃を超え，干潟表面は40℃以上にもなった2010年の8月には万石浦や東松島市のツク島などの潮の引いた干潟にはほとんどサキグロが現れず，また，厳冬期の2月にも移動している個体はほとんど見られないことから，1年を通してみた場合は，過小とは言えないかも知れない．

移動が干潮時に限られ，1日最大5mで直線的にひたすら毎日移動してもサキグロの大量供給源と考えられる東名浜から松島海岸までたどりつくのに3年弱かかる計算になる．さらに水深の深いところ，好まない底質，カキの垂下棚やアマモ場のあるところを移動しなければならないことを考えると，その間に捕食対象生物に出会えることも含め，かなり難しいと言わざるを得ない．

②の卵塊の転がりは波や風のある日には見られることがあるが，上面より下面が広がり，さらに下面がフレア状に水が間を通る独特の形状（第4章参照）になっていることから裏返しや転がりは起こりにくいと思われる．青森県の尾駮沼はサキグロ発見の北限だが，汽水湖で，サキグロの生息地は潮の満ち引きにより一部が川のように強い流れがある．そのようなところは底質も粗く，絶えず流れがあることを想像させるが，調査時に採集した卵塊で転がったり裏返しになっていたものはなかった．このようなことから卵塊が転がりながら数キロオーダーで移動するとは考えにくい．余談

だが，尾駮沼は六ヶ所村の核燃料再処理工場に隣接しており，その試験運転の開始とともに尾駮沼に生息する生物に含まれる放射性核種のヨウ素129の濃度が一桁あがったと報告されている．調査した生物の中にはカキ（マガキ）も含まれており，マガキとほぼ同所的に生息するサキグロも同様と思われる．

6-3　フローティングで移動するサキグロタマツメタ

さて，そうすると最後に残るのが④と⑤だが，両者とも飼育観察の最中に確認された．研究室では特別なことがなければ60 cm水槽に5〜7 cm程度現場の砂を敷き，現場海水とともに水温22℃（または18℃）前後でサキグロをストック用に飼育している．干満の差はつけていない．上面濾過循環式でエアレーションも行っているので水槽の中には流れがある．サキグロは常に海水に満たされ，多くの場合，採集された時と異なる水温と過密な環境に収容される．

そのような環境でフローティングは起った．たまたま砂を敷いていない水槽中のサキグロの多くが動き出し，水槽の壁面を上り，水面より上にくるとそのまま足を広げて壁面を離れようとする（図6-8A）．奇妙な動きに観察をはじめた途端に，サキグロは壁面から離れ，足をいっぱいに広げたまま水面に下から張り付いた（図6-8B）．図6-8Bの個体は殻高10 mm以上ある個体だったが，表面張力が働いていると考えられる．濾過器による循環する水流に乗ってそのまま水槽表面を移動し，やがて下に落ちた．図6-8Cは卵塊からハッチアウトした稚貝で大きさは約1.5 mmだが，これら稚貝も矢印の個体のように水面に張り付く「表面張力フローティング」を行う．この写真はバケツで撮影したもので止水であり流れがほとんどない．稚貝は壁面を離れると足を前後に動かしながら水面を移動することが観察された．つまり流れに任せて移動するだけでなく，自身でも移動しようとすることがわかった．

さらに不思議なことが重なった．さきほど水面を這い，その後逆さまのまま落ちたサキグロは，そのままで足をカーテンのように広げ，殻頂部が

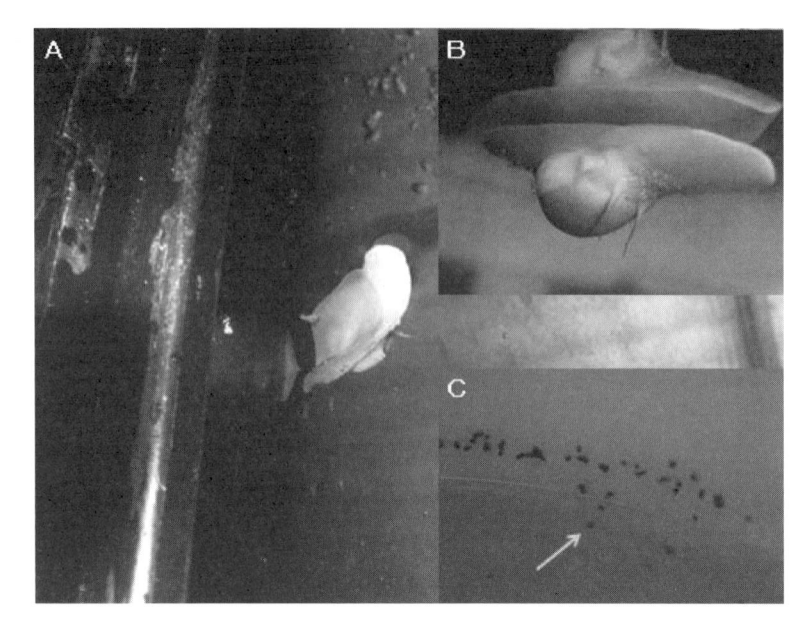

図 6-8 サキグロタマツメタの表面張力を利用したフローティング．水槽の壁を上り水面までくると壁面を離れ（A），水面に下から張り付く（B）．ハッチアウト直後の稚貝（C）は足を動かし水面を移動する．

図 6-9 足を広げて水流に乗って水槽底面を移動するサキグロタマツメタ．開いている矢印の部分から水流を受けると左側に移動する．底面には殻頂部がわずかに触れている程度．

わずかに水槽底面をこする状態で水流に乗って少しずつ移動しはじめた（図6-9）．カーテンは体の後部の矢印の部分だけ開いており切れ目があるが，それ以外の部分は丸く閉じている．したがって矢印の部分に水流をうけると，そのまま左側に移動していく．このような移動は小型個体から殻高 40 mm 以上の大型個体までまんべんなく見られた．このような個体が増えていった時，さらに興味深いことが起こった．図 6-10 のように水槽を浮遊する個体が出てきた．右上には浮遊性巻貝のミジンウキマイマイの写真を示したが，ウキマイマイが左巻きで殻頂部の方向が逆である以外は静止画像で見るとほとんど同じように見える．サキグロは水中を浮遊して移動できることが世界で初めて確かめられた．浮遊は数秒から長いものでは 10 分以上にもなり，なかなか下に落ちない．その後フローティングの様子は動画撮影

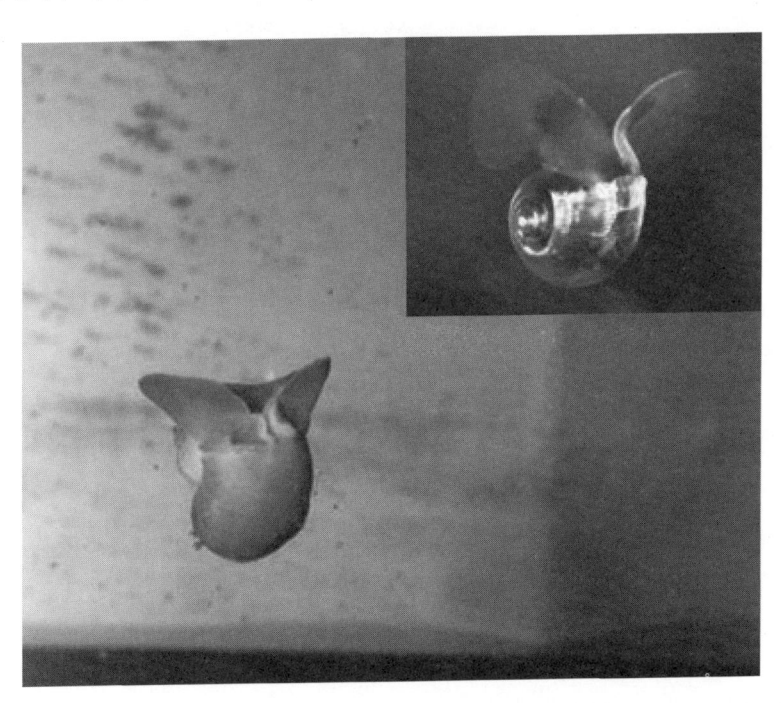

図 6-10　水中を浮遊するサキグロタマツメタ（中央）．右上は浮遊性巻貝のミジンウキマイマイ．翼足（上に見える羽のようなもの）をはばたくように動かす．サキグロタマツメタは足ほとんど動かさない（ミジンウキマイマイの写真は奥谷喬司編「日本近海産貝類図鑑」2000 より）．

128

殻高 42 mm
重量 19.2 g

外層

中層

内層

図 6-11　サキグロタマツメタの貝殻微細構造．大型個体 (左上) の貝殻の断面（右上）は一番外側にある石灰化していない殻皮 (periostracum) の内側に 3 層の石灰化した構造があり (右下)，外側から稜柱構造，交差板構造，交差板構造となっている．2 つの交差板構造は断面の構造が異なっている（右上）が，これは構造を構成する結晶の成長方向が異なるためである．方向が違うことにより強度を増しているものと考えられる．

も成功し，学会で発表[2]し，テレビや新聞でも紹介された．ウキマイマイは生涯浮遊生活を送る．「翼足」と呼ばれる特化した足をカモメのようにパタパタとはばたかせ，それによって浮力を得ていると考えられている．交差板構造（crossed lamellar structure）と稜柱構造（prismatic structure）を主体とした貝殻の厚さは非常に薄く，数ミクロンしかなく[3,4]軽い．実はサキグロの貝殻もウキマイマイと同様に交差板構造と稜柱構造が主体だ（図 6-11）[4]．しかし，貝殻の厚さは稚貝でも 100 μm 以上あり，ウキマイマイと比べれば

重く，またサキグロの足は翼足のようにパタパタとは動かない．上に向いた足からは粘液がさらに上に伸びていることもある．ハマグリなどは粘液を出してそれに懸垂する形で流れに乗って移動することが知られているが，サキグロの場合は粘液は少なく，見た目にも完全に水中を上下しながら浮遊している．表面張力フローティングでは，水面まで登ることが必須だが，この「水中フローティング」は水槽の底から足を上に伸ばし水流に乗ることにより体全体を浮かすことができる（図 6-12）[6]．

　水槽内で起こったことは果たして野外で起こっているのか？　未だに何が引き金となってフローティングが起こるのかは明らかになっていないが，野外でも何度かフローティングが確認されている．フローティングは日中でも夜でも，また厳冬期以外は確認されている．共通するのは風がある時で潮も動いている時が多い．その中で渡邊[1]の観察は興味深い．2007 年 12 月 24 日夜は冬だが万石浦の大浜では暖かい風が吹いていた．「珍しくサキグロタマツメタは砂の表面に多かったが，ほとんどのサキグロタマツメタは逆さになって軟体部を上に広げていた．その姿は気球に似ていた・・・(以下略)」（原文のまま）という．フローティングはそれまで生息していた場所からの離脱を意味する．ウキマイマイのように自発的に泳ぐことができず水流に任せて移動するのだから，どこに連れていかれるかわからないリスクも伴う．それにもかかわらず移動するには不適な環境からの脱出か，何らかの情報を得て好適な（たとえばアサリがたくさんいるなど）環境へ

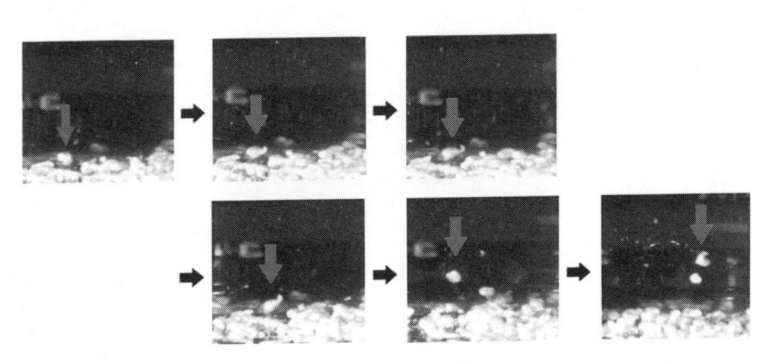

図 6-12　水中フローティング（動画からのキャプチャー画像）．足の前部の形状を変化させて，流水に乗ることで移動する．水底に着くか，障害物等に触れた後，通常の状態に戻る．

自発的に移動しようとするのかのどちらかであろう．フローティングを誘発する条件は何か？　これからの課題である．

　課題はもう1つある．どのようにして体を浮かすかだ．水中を浮遊する生物には大きく分けて3つのパターンが知られている（表6-1）[7]．比重が海水と同じぐらいの生物は問題ないが，それより比重が大きい生物は筋肉やジェット噴流などを使って水中にとどまらなければならない．一方，サ

表6-1　海洋生物の浮力調節（1）～（3）とサキグロタマツメタの調節法の推定（4）．

(1) Gelationous Floaters（比重 1.020～1.040）
　　クラゲ、サルパ、ヤムシ　ゼラチン質、繊毛運動
(2) Armored Hoverers（比重 1.040～1.425）
　　カメガイ、貝形虫、カイアシ類　有殻、活発な遊泳
(3) Muscle Swimmers（比重 1.046～1.083）
　　オヨギゴカイ、イカ、稚仔魚　脚・噴流・筋肉
　　　　　　　海水の比重（20℃で1.025）山田・岡村（2008）より
(4) Mucus Floaters?，Gas Floaters?（比重？）
　　サキグロタマツメタ、鯨骨付着二枚貝、ハマグリ？
　　有殻・粘液（ガス？）

図6-13　水面にはりつく淡水産の通称ラムズホーンと呼ばれる巻貝の一種．インドヒラマキガイ *Indoplanorbis exustus* などがよく知られている．サキグロタマツメタと同様に直達発生であるが，成貝でも水槽の底から一気に浮上したり，水面に張り付き移動が可能．

図 6-14 宮城県万石浦の干潟表面に多数みられるカワザンショウの仲間（上）のフローティング（通称マンゴクウラカワザンショウ，未記載種）．潮が満ちてくるとそのままの形で水面に乗り，多数の個体が集まり一部は反転して下から水面に張り付く（下）．このまま流れや風に任せて移動し，やがて沈んだり，岸に寄ったりする．

キグロの場合は貝殻も軟体部も重いため，そのままでは浮くのは難しく，積極的な遊泳も行わないので，図の(1)〜(3)のパターンには収まらない可能性がある．ペットショップなどで売られている淡水産の巻貝のラムズホーンと呼ばれている巻貝の一種は，水槽の底から一気に浮き上がることがよくあり，さらに足を上にして水面に下からはりつくような行動も頻繁に行う（図6-13）．フローティング行動そのものは様々な生物で観察されており[8]，

ガスをためて浮き上がるなども報告されている．潮間帯の微環境（マイクロハビタット）との関わりを論議しているのはカナダでの在外研究時代の友人のLuis Gosselinと共通のボスのFu-Shiang Chia教授だ[9]．サキグロと同所的に生息する直達発生の巻貝のホソウミニナでも表面張力フローティングはよく知られており[10]，私たちも干潟でよく観察している．カワザンショウの仲間は生息しているままのスタイルで水面に乗るサーファーのようにして大量に移動している様子がよく見られる（図6-14）．このように，フローティングは直達発生型の貝類では普通に行われる移動手段の1つであると考えられる．これまで浮遊幼生期をもたない貝類は広域には分散できないと考えられてきたが，深海性二枚貝でもフローティングを行うものが見つかっており[11]，着底後の有効な移動手段としての面が明らかになりつつある．そのメカニズムの詳細は不明だが，(4) で示したように，粘液やガスなどを使ってこれまで知られていない方法で浮遊している可能性もあり，今後の解明が楽しみだ．

このように浮遊幼生期をもたない直達発生のサキグロは，「表面張力フローティング」と「水中フローティング」（図6-15）の2つを使い，短時間

表面張力フローティング

① ② ③ ④

水中フローティング

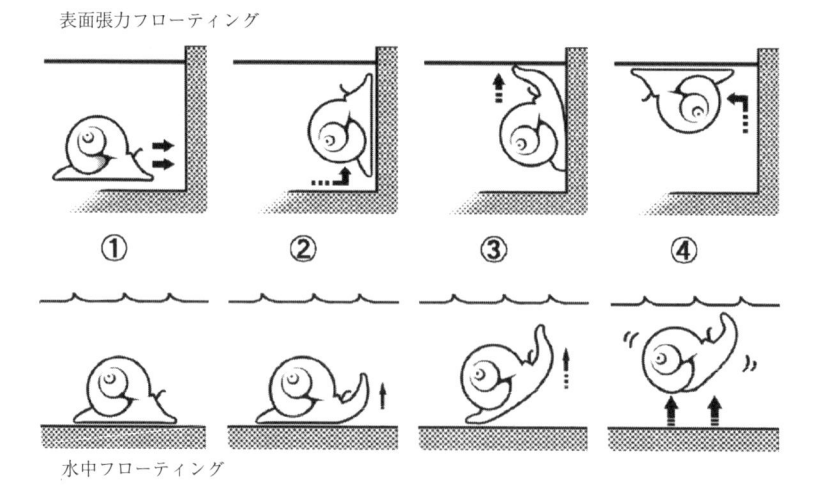

図6-15 サキグロタマツメタの2つのフローティングの模式図．①から④の順に変化し，最後は浮遊する（絵：森 英介）．

に生息域を拡大することが可能であることがわかった．松島湾は鰐ヶ淵水道をはじめ潮の干満によって島と島の間に流れの速いところが出てくる．また，湾内も複雑な流れが存在する．サキグロはその流れに乗って潮干狩り場からあちこちに移動して繁殖することにより短期間に松島湾や万石浦全体に広がっていったものと推定される．

6-4 安定同位体比によるサキグロタマツメタの捕食・被食関係の推定

 サキグロは生きている貝のみを食べる貝食性巻貝であることはすでに述べた．食べられた貝殻には穿孔痕が残り，それがサキグロに食べられたことを示す確実な証拠となるため，食べられた貝の種を特定することは容易である．しかし，サキグロを食べる生物についてはこれまで確実なものはイシガニしか知られていない（第5章参照）．そこで，安定同位体比によるサキグロを中心とした捕食・被食関係を推定した（図6-16，カラー口絵）．

 宮城県万石浦大浜で2003年6月から2008年11月までに採集した184個体の生物を用いた．サキグロタマツメタは2003年6月から2008年3月まで採集したものを用い，他の生物はイシガニ以外は同じ日に採集したものを用いた．定法に従い前処理をし，炭素・窒素安定同位体比は石巻専修大学の同位体比測定用質量分析計(製造会社：SerCon社，型番：ANCA-GSL/20-20)を使用して分析し求めた．

 図6-17は，安定同位体比でみる万石浦のサキグロを中心とした捕食・被食関係である．サキグロはばらつきが大きいが，採集年月にかかわらずほぼすべてがアサリ，オキシジミの斜め右上に位置した．サキグロがアサリ，オキシジミの主要な捕食者であることがわかる．また，サキグロの斜め右上にはヒライソガニを除くイシガニ，ケフサイソガニ，マメコブシガニが位置しているのでサキグロをそれらのカニが捕食している可能性がある．これまでの現場および飼育観察では，イシガニはサキグロを捕食しているのが確認されたが，マメコブシガニはサキグロをハサミでつかんでいる状態の確認に留まり（第5章参照），ケフサイソガニは不明であった．両者が

生きたサキグロを襲うのかそれとも，ムシロガイ類やヤドカリ類のように，死んだあるいは弱ったサキグロを襲うのかは今後の検討課題である．一方，ヒライソガニは他のカニ類とは異なっており，サキグロを餌としては利用していないと思われる．

サキグロの幼生と栄養卵とは卵塊の卵室に入っており，幼生は同じ卵室内の栄養卵を食べて成長する（第4章参照）．栄養卵は値にはらつきがあるが，栄養卵だけを食べる幼生は稚貝や成貝のサキグロと $\delta^{13}N$ がほぼ同じで，$\delta^{13}C$ が低い点に位置していた（図6-16，カラー口絵）．

文　献

1) 渡邊和郎：サキグロタマツメタの捕食・被食の関係，石巻専修大学卒業論文, 2008, 27pp.
2) 大越健嗣・大宮 聡・杉林慶明・森 英介・伊藤 希：サキグロタマツメタは浮遊する―動画撮影による行動観察,（日本貝類学会創立80周年記念大会研究発表要旨）Venus, 67, 107 (2008).
3) Sato-Okoshi, W., Okoshi, K., Sasaki, H. and Akiha, F. : Shell structure characteristics of pelagic and benthic molluscs from Antarctic waters, *Polar Science*, 4, 257–261 (2010).
4) Sato-Okoshi, W., Okoshi, K., Sasaki, H. and Akiha, F. : Shell structure of two polar pelagic molluscs, Arctic *Limacina helicina* and Antarctic *Limacina helicina antarctica* forma *antarctica*, *Polar Biology*, 33, 1577-1583 (2010).
5) 菊地泰徳：ナノで観るサキグロタマツメタの貝殻・歯舌の形態と構造，石巻専修大学卒業論文, 2007, 26pp.
6) 森 英介：サキグロタマツメタの生活史―稚貝編― 〜ハッチアウトとその後〜，石巻専修大学卒業論文, 2007, 19pp.
7) 山田祥朗・岡村明浩：プランクトンはいかにしてプランクトンたり得るか―海洋生物の浮力調節機構―, うみうし通信, 58, 8-9 (2008).
8) Highsmith, R.C. : Floating and algal rafting as potential dispersal mechanisms in brooding invertebrates, *Marine Ecology Progress Series*, 25, 169-179 (1985).
9) Gosselin, L. A. and Chia, F-S. : Distribution and dispersal of early juvenile snails: effectiveness of intertidal microhabitats as refuges and food sources, *Marine Ecology Progress Series*, 128, 213–223 (1995).
10) Adachi, N. and Wada, K.: Distribution in relation to life history in the direct-developing gastropod *Batillaria cumingi* (Batillariidae) on two shores of contrasting substrata, *Journal of Molluscan Studies*, 65, 275-287 (1999).
11) 伊藤 希：鯨骨付着二枚貝の形態及び行動特性，石巻専修大学大学院理工学研究科生命科学専攻修士論文, 2010, 100pp.

第3編
サキグロタマツメタの水産学と環境学

7章

食害防除・駆除対策

須藤篤史

　宮城県におけるサキグロタマツメタの被害は，シーズン半ばにして潮干狩りが中止に追い込まれるというショッキングな形で表面化し，マスコミに何度となく取り上げられたためご存じの方が多いと思う．宮城県ではそれ以降，新たな被害拡大を防ぐためアサリ移入種苗に対する注意喚起を行うとともに，サキグロタマツメタによる被害対策として漁業者主体の駆除活動の推進，試験研究機関を中心とした駆除方法・食害防除方法の開発に努めてきた．しかし一度侵入・定着してしまった外来生物を人為的に制御するのは難しく，宮城県における本種の対策についても顕著な成果が出ているとは言い難い．しかしこれまでの取り組みから多くの知見が得られてきているのも事実である．それらをこの場で紹介することで，他地区におけるサキグロタマツメタ対策並びに移入種全般に対する今後の対応の参考となることを期待したい．

7-1　宮城県のアサリ漁業

　宮城県のアサリ漁業の中心は松島湾と万石浦である（図7-1）．漁獲量は1992年までは1,160～1,550トンと高水準を維持していたが，1993年以降急減して2007年は257トンと最盛期の6分の1以下となった（図7-2）．これまでサキグロタマツメタの生息が未確認の漁場では1985年から1995年の

間に漁獲量が大きく減少してその後の変化が少ないのに対し，本種が生息している漁場では1993年頃から減少が始まりそれは現在も続いている．アサリ漁獲量の減少には複数の要因が考えられ，一概にサキグロタマツメタの食害の影響であるとはいえない．しかし食害が確認された時期と照らし合わせると，侵入漁場におけるアサリ漁獲量の減少に本種が関与していた可能性は否定できない．

遊漁者を対象とした潮干狩りは松島湾，万石浦を中心に2003年までは8漁場で開催されていた．しかし後述のようにサキグロタマ

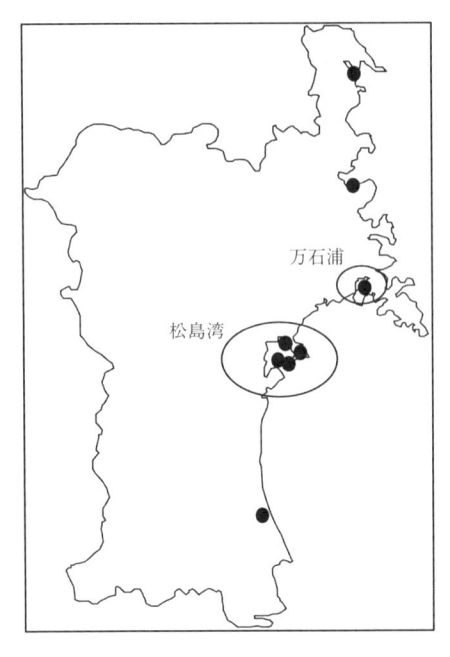

図7-1 宮城県における主要なアサリ漁場と潮干狩り場（●）．

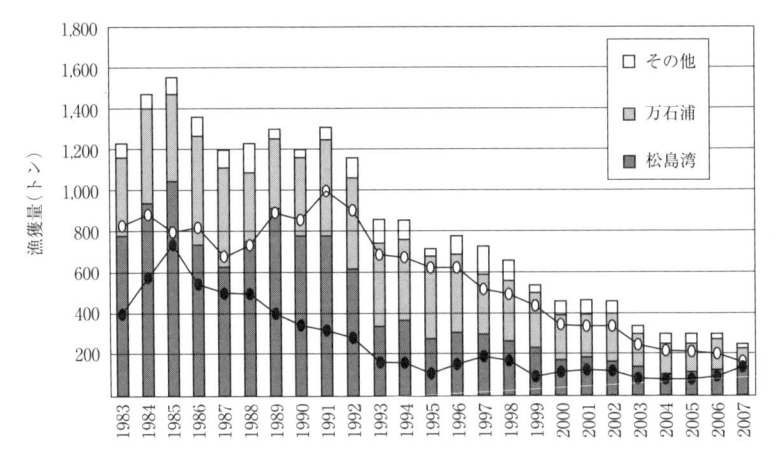

図7-2 宮城県におけるアサリ漁獲量の推移．折れ線はサキグロタマツメタの生息が確認されている漁場（○）と未確認の漁場（●）の漁獲量を示した（宮城農林水産統計年報，宮城県漁業の動き）．

ツメタの食害の影響を受けて次々に中止になり，2010年現在も継続しているのはそのうち4漁場である．

7-2 サキグロタマツメタの最初の報告

1999年の4月19日，女川町漁業協同組合（現，宮城県漁協女川町支所）の職員が宮城県水産研究開発センター（現，宮城県水産技術総合センター）を訪れた．「万石浦のアサリ漁場に見慣れない巻貝が大量に発生し，アサリの死殻が散乱している」．漁協職員はそう言いながら，サキグロタマツメタを取り出した．これが宮城県における本種の最初の記録である[1, 2]．

水産研究開発センターでは即刻，漁場における実態調査を実施し，平均密度は3.1個体/m^2で汀線付近では12個体/m^2に及ぶことを確認した[1]．また採集された個体のサイズ組成から複数の年級群の存在が示唆され，生息数の多さからもこの漁場に侵入してから少なくとも数年が経過していたことがうかがわれた．同時に，サキグロタマツメタの捕食能力を確認するためアサリとオキシジミを餌として用いた飼育実験を行い，オキシジミよりもアサリを好むこと，1個体当たりのアサリに対する捕食速度が0.12個体/日程度であることを明らかとした．これらの結果を受け，ただちに県内の他のアサリ漁場についても聞き取りによる生息調査を行ったところ，松島湾でも一部の水域で本種の生息が確認された．

宮城県ではこのことを重大視し，漁業者向け情報誌「みやぎ・シー・メール」でサキグロタマツメタの食害問題，駆除の重要性，移入アサリ導入に伴う危険性について情報を発信するなど，全県を対象として注意喚起を行った．

7-3 潮干狩り場の閉鎖

最初の発見から5年が経過した2004年4月，松島湾に面する鳴瀬町（現東松島市）の東名浜潮干狩り場で，解禁直後から「アサリがいない」といったクレームが殺到したため，わずか6日間で潮干狩りの中止を余儀なくさ

れるという事態が生じた．アサリの斃死状況から原因はサキグロタマツメタの食害によるものであることは明らかであり，大きな社会問題となった．

翌年の2005年には松島湾口に位置する桂島の潮干狩り場で本種の食害により潮干狩りが中止になった．またその翌年2006年には別の離島，寒風沢島の潮干狩り場，2007年には万石浦の潮干狩り場で潮干狩りが中止に追い込まれた．こうして牡鹿半島以南の潮干狩り場の大部分が営業休止という事態となった．いずれの潮干狩り場でも2010年現在で潮干狩りは再開されていない．

これら潮干狩り場は，全てアサリを県外から購入し漁場に放流していた．放流種苗の大部分は宮城県漁業協同組合連合会（現宮城県漁業協同組合）を通じて国内の主要アサリ生産県から，あるいは国産とされる種苗を流通業者から購入したものであり，公式には外国産種苗導入の記録はない．しかし1980年代後半から国産種苗が全国的に減少する中，産地が偽装されて外国産種苗が国産として流通されていたことは周知の事実である．輸入アサリ中にサキグロタマツメタをはじめとする外来生物が混入している実態が確認されており[3]，これら放流種苗に混入してサキグロタマツメタが潮干狩り場に侵入したことが容易にうかがわれた．

7-4 宮城県の対応

宮城県では2004年の東名浜における潮干狩り場の閉鎖を受け，すぐさま「サキグロタマツメタ対策会議」を立ち上げ，行政，普及，試験研究が一体となってこの問題に取り組むこととなった．

この会議の中で当面の対策として，①移入アサリの防疫体制を確立すること，②人海戦術による駆除を推進すること，③効率的な駆除方法を開発することが確認された．そして漁業者に対して移入種苗の取り扱いについて十分な注意を払うよう呼びかけるとともに，定期的に各漁場における種苗放流の有無，放流量，購入先を中心としたアサリ漁業の実態把握に努めた．普及指導員は漁業者とともに放流種苗のチェックに携わり本種の混入を監視した．この活動の中，2006年には県北部のサキグロタマツメタ未侵入の

漁場で，購入した種苗中に本種の混入を確認しまさに瀬戸際で侵入を阻止している．すでに侵入が確認された漁場では漁業者主体の駆除活動を支援・指導した．また一部の漁協ではアサリ種苗を漁場に放流するにあたり種苗購入から人工種苗生産へ方針転換を図っており，その採苗技術の指導も行った．

水産研究開発センターでは漁業者と普及指導員の協力を得ながら，①初期生態と食性の把握，②生活史を踏まえた効果的な駆除方法の検討，③アサリ防除型漁場造成技術開発に取り組んだ．また漁業者の間でもこの問題に対する関心が高かったため，随時研修会を開催してサキグロタマツメタの生態，効率的な駆除方法などについて情報を発信した．2004年から2005年にかけての研修会開催数は延べ十数回に及んでいる．次項からはこれまでの取り組みの中で得られた知見から特に駆除対策と食害防除について紹介する．

7-5　駆除対策

1）成体の駆除適期と駆除のタイミング

サキグロタマツメタを防除するためにはその生態的特性をよく把握することが肝要であり，効率的な駆除を行うためには生活史の中でどの段階に実施すればよいのかを見極めなければならない．しかしそれまで周年に亘る野外観察は行っておらず，その生態に不明な点が多く残されていた．

年間を通して干潟での観察を行った結果，本種の活動には強い季節性があることが確認された（図 7-3）．基本的には砂中に埋在して生活しているものの，春の日中と秋から冬にかけての夜間には干潟上にも出現し活発に匍匐する．また 6 月以降の高水温期は干潟上ではあまり見られなくなるが，冬季は干潟表面温度が 2℃であっても活発に行動しており，低温を好むことが推察された．

3 月上旬から 5 月中旬にかけては日中に大きく潮位が下がり，漁場を広範囲に探索できるため，人海戦術によって効率的に成体を駆除できる．長靴程度の軽装備であっても，干潟上を注意深く探索すると砂の上で軟体部を

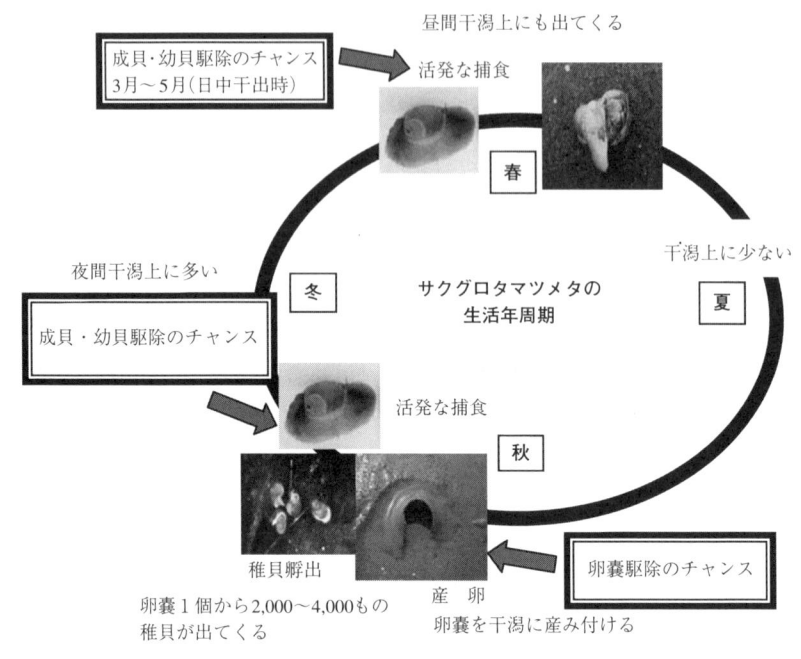

図中のラベル:
- 成貝・幼貝駆除のチャンス 3月〜5月(日中干出時)
- 昼間干潟上にも出てくる
- 活発な捕食
- 春
- 干潟上に少ない
- 夏
- 夜間干潟上に多い
- 成貝・幼貝駆除のチャンス
- 冬
- サクグロタマツメタの生活年周期
- 活発な捕食
- 秋
- 稚貝孵出
- 卵嚢1個から2,000〜4,000もの稚貝が出てくる
- 産卵 卵嚢を干潟に産み付ける
- 卵嚢駆除のチャンス

図7-3 サキグロタマツメタの生活年周期と駆除適期.

広げているサキグロタマツメタが見つかる．またアサリを足で包んで捕食中の個体も採取できる場合がある．大型個体は容易に発見できるが，小型の個体では砂に埋もれて表面に姿が見えないものも多い．この場合は匍匐跡を発見してその跡を追跡し砂が盛り上がっているところを取りあげると，高い確率で小型の個体も採取できる．ウミニナ類が多い漁場ではその匍匐跡の識別が難しいが，慣れると砂の膨らみの形で見極めできるようになる．

　5月上旬まで干潟上で活発に活動しているため容易に採取できたのに対し，6月以降は干潟表面では発見しにくくなり採取が困難になる．初めて夏に調査した際には発見率の著しい低さに春の駆除の効果と思われたが，秋以降には大量の成体と卵嚢が再び出現した．この時期は砂中深くに潜行している個体もあることから，夏季の高温を嫌い干潟表面に現れなくなると推察される．生活史を解明する上ではこの時期の生息場所を明らかにする

ことは重要な課題であるが，少なくとも徒手による駆除に不適な時期であることは判明した．

　秋から冬にかけても干潟上で活発に活動しており容易に採取できるが，この時期は日中干出が少なく，駆除できる期間が極めて限られている．特に 10 月以降，日中にサキグロタマツメタが多くみられる地盤高標高 − 50 cm［標高（TP）：東京湾平均海面基準］以下に潮位が下がることはない．したがって限られた時期を逃さずに駆除を実施することが重要となる．ただし秋から冬にかけては夜間の干潮時に潮位が大きく下がる．9 月下旬から 12 月下旬まで，夜間の砂上で活発な活動をしていることを確認した．夜間であっても水深が 10 cm 以下で風波がない条件であれば，懐中電灯の明かりで十分探索が可能である．特に 11 月中旬以降，潮位が − 80 cm 以下になる日もあり，このような日時を選べば効率的な駆除ができる．

　潮汐条件としては当然，満潮時よりも干潮時付近で採取しやすいが，日中の場合，潮位の変化に連れて干潟上への出現数が変化することを確認した．干潮に向かっている途中で水深が数十センチ程度あるときは干潟表面ではほとんど確認できない．またサキグロタマツメタが活動している地盤よりも水位が大きく下がり干潟表面が完全に干出する時間帯も表面で活発に活動する個体は少ない．潮が引いてきて水深が数 cm になり，サキグロタマツメタの体が空気中に露出するかどうかといった潮位の際に，干潟表面

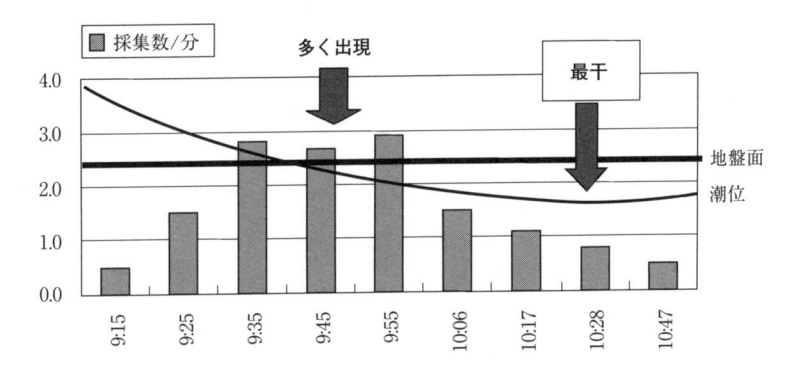

図 7-4　潮位の変化とサキグロタマツメタ採取数の関係（2005 年 7 月 6 日調査）．
　　　　最干に向かい水位が下がり，地盤面と同等のレベルになる時間帯に多くの個体が干潟表面に出現し，採集数が増加した．

に出てきて活発に移動する（図7-4）．基本的には底質中に潜行していることが多いが，水平移動する際は当然干潟表面に出た方が速くなる．殻高3 cm程度の大型個体であれば干潟上で毎分50 cmもの速度で移動可能である．ただし，干潟表面は外敵が多い．被食の実態は把握していないが，満潮時には魚類や甲殻類，干潮時には鳥類が捕食者になる可能性がある．したがって，これら外敵に襲われにくい時間帯（潮位）を選んで表面に上がってくるのではないかと考えられる．その生態的な意義については今後検討の余地があるが，駆除時間を決定する上では非常に価値のある情報である．最干時を狙って駆除を始めるのではなく干潮時刻前から駆除を開始することで，引き際と再度満ちてきた際の2回のチャンスに効率的に採取できる．ちなみに，夜間では完全に干出している時間帯でも比較的多くの個体が干潟表面で活動しているのを確認している．夜間は鳥類による捕食のリスクが日中より低いためかもしれない．

2）初期発生と卵嚢駆除

秋以降は本種の産卵期に相当する．酒井・須藤[4]は卵嚢内での発生や幼生の行動を観察し，卵嚢駆除の重要性を指摘した．産卵は9月中旬から始まり，孵出までに要する日数は30日～40日である．孵出する稚貝の数は卵嚢サイズに依存しており，卵嚢の直径が120 mmでは3,900個体もの稚貝が孵出する（図7-5）．孵出稚貝の殻径は1.2～1.6 mmで，直後から足で活発に匍匐することが可能であり，その速度は水槽中では毎秒1 mm以上となる．

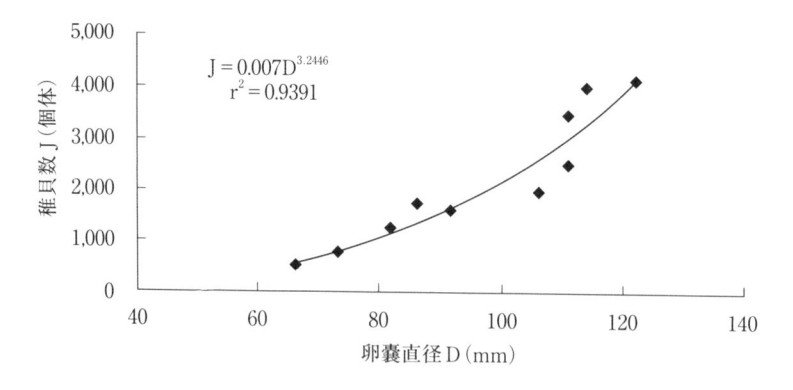

$$J = 0.007D^{3.2446}$$
$$r^2 = 0.9391$$

図7-5 卵嚢サイズと孵出稚貝数の関係．

孵出直後の稚貝によるアサリ稚貝への影響を把握するため，サキグロタマツメタ孵出稚貝とアサリの人工種苗を水槽中に同居させ捕食の状況を観察したところ，サキグロタマツメタの孵出稚貝はほぼ同サイズから10％ほど小型のアサリ稚貝を捕食した（図7-6）．捕食は成貝と同様にアサリの殻を穿孔して行なっており，これらの事実から本種は直達発生（直接発生）により生き残りやすく逸散しにくい大型の匍匐性幼稚体（稚貝）を孵出させ，孵出直後からアサリの稚貝を捕食しているものと推察された．

サキグロタマツメタの定着した水域ではアサリは稚貝から成貝に至るまで食害の対象となっていることが容易に想像される．本種が蔓延した漁場

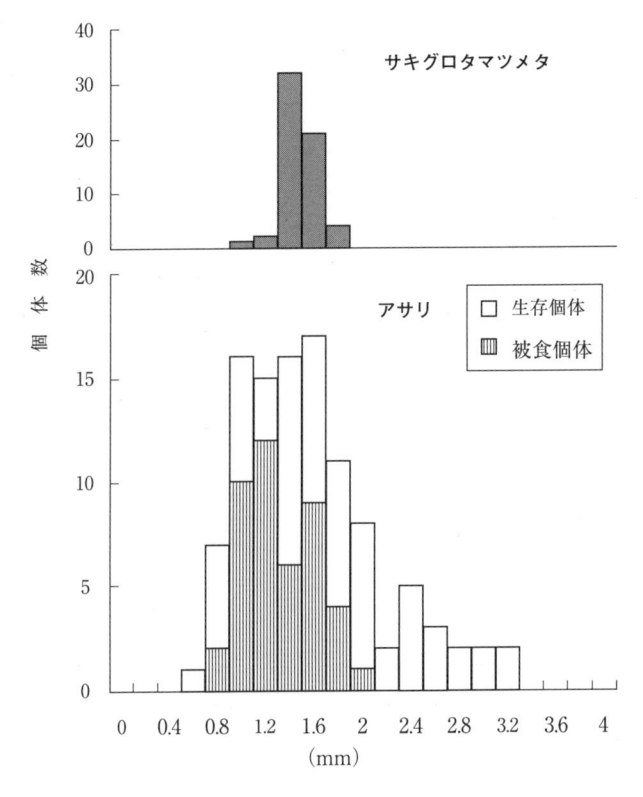

図7-6 サキグロタマツメタ稚貝の捕食能力．捕食実験に供したサキグロタマツメタ稚貝とアサリ稚貝のサイズ組成（サキグロタマツメタは殻径，アサリは殻長）．アサリ（下）で▦の部分が捕食された個体を示す．

では1日の駆除で数十kgから数百kgの卵嚢が駆除できる．卵嚢1個当たりの平均が20g（直径10cm）だとすると，1つの卵嚢から2,000個体の稚貝が孵出するので，卵嚢10kgでおよそ100万個体の稚貝が干潟へ供給されることになる．卵嚢を駆除しなかった場合のアサリ稚貝へのダメージは計り知れない．

孵出した稚貝を採取することは不可能である．したがって卵嚢駆除は産卵が始まる9月中旬から孵出の始まる10月中旬までに行わなければならない．ただし10月に入ると日中の干潮位が小さくなるため，9月下旬の日中

平成18年10月10日

サキグロタマツメタの卵嚢に関する情報（第2報）

『まもなく稚貝が出てきます！（桂島）』

水産研究開発センター
仙台地方振興事務所水産漁港部

本日，松島湾の桂島と東名でサキグロ卵嚢調査を実施しました．卵嚢内の観察結果から，東名では受精卵のみが確認され，近日中に産卵されたとみられる卵嚢がほとんどでしたが，桂島では，孵出直前の後期幼生が多く見られました．

一刻も早い駆除が必要です．

卵嚢1個からは数百から数千個の稚貝が孵出し，直後からアサリの稚貝を捕食します．また，放置すればサキグロの温床となり，周辺のアサリ漁場へも深刻な被害を与えますので，**孵出が始まる10月中旬明けまでには必ず駆除を実施して下さい．**

干潟が干出していなくても，胴長を履き，玉網やヤスを用いれば，効率的に採集できます．また，透明度の良い時は船上からも採集が可能です．

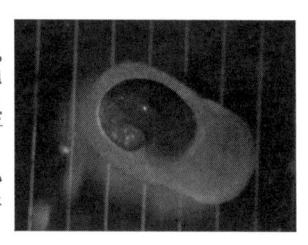

▲ 匍匐する後期稚貝

採取場所	採取数	幼生のステージ（割合%）					孵出済み
		受精卵	前期幼生		中期幼生	後期幼生	
桂島	82	0	2.6	7.9	26.3	52.6	10.5	0
東名浜	11	100	0	0	0	0	0

図7-7 卵嚢情報による駆除の呼びかけ．宮城県では毎年サキグロタマツメタの産卵期に卵嚢を採取してその発生段階を調べ，漁業者へFAXとHPで情報提供して駆除を促している．

に干潮位が大きい時期と11月までの夜間に大きな干潮位となる時期に実施することになる．卵嚢の干潟での分布はほぼ成体と一致しているが，時化た後では流れの溜まりやすいところに卵嚢が集中している場合もある．また卵嚢は成体に比べ発見が容易なので透明度が大きければ，満潮時であっても小型船で捜索しながら採捕することも可能である．藻場が散在しない干潟であれば地曳き網による採捕も効率的であると考えられる．なお宮城県では2005年から卵嚢駆除のタイミングについてFAXおよびHPで「サキグロタマツメタ卵嚢情報」を発信し，漁業者に積極的な駆除を呼びかけている（図7-7）．

3）松島湾におけるサキグロタマツメタの分布

松島湾内における本種の生息域拡大の現況を把握し駆除対象範囲を特定するため，2005年4月にサキグロタマツメタの分布調査を実施した．その結果，概ね松島湾内の北から東側に多く分布しており西側および離島の湾

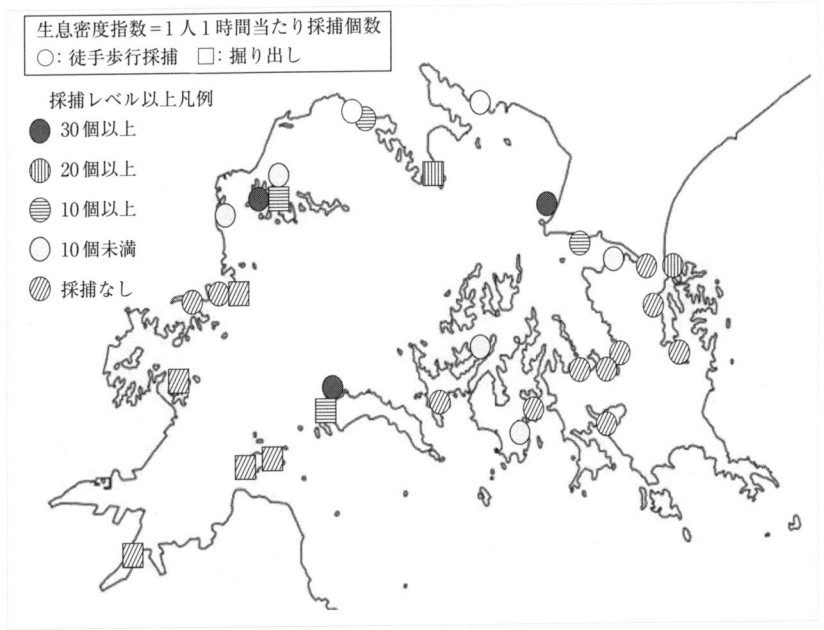

図7-8 松島湾におけるサキグロタマツメタ分布調査結果（2005年4月）．松島湾内の北部から東部にかけて多く生息しており，西部および外面に面する漁場ではほとんど採捕されていない．

外に面する砂質漁場では生息が確認されなかった（図7-8）．生息数が多い漁場は，現在もしくは最近まで大量の移入アサリを撒いている砂質干潟，あるいはその近傍に位置する砂質干潟であった．西側に少ない要因は，近年アサリ漁業がほとんど営まれていないため種苗の移入がないこと，軟泥質の干潟が多く本種の好む砂質干潟が少ないことが考えられる．このような分布の偏りは，本種の分布が比較的緩やかに拡大していることを示唆している．

しかし本種は浮遊幼生期を持たないものの[4]，孵出直後の稚貝は軽いため水面に浮きやすい．また波打ち際では容易に巻き上げられるため，流れに乗って別の干潟へ移動可能であると想像される．したがって産卵が行われている全干潟が湾内への稚貝の供給源となる怖れがある．つまり卵嚢駆除は被害の大きい特定の浜だけでなく，分布が確認された全ての漁場を対象として一斉に実施する必要がある．また卵嚢は成体に比べ発見しやすいため，卵嚢駆除活動は本種の分布実態を把握するのにも有効である．

4）省力的駆除方法の検討

アサリ漁場では漁業者が人海戦術で駆除に当たり，潮干狩り場では遊漁者に採捕の協力を求めて生息密度の低下に努めている．しかし，漁繁期に

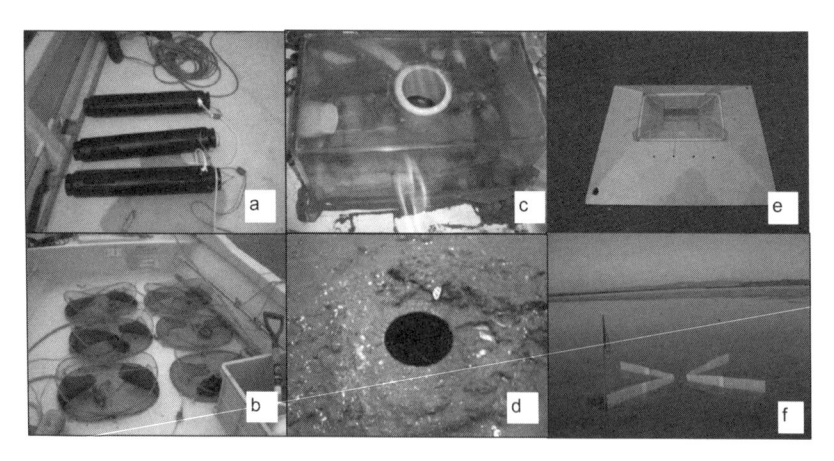

図7-9 省力的駆除を目的としたサキグロトラップの試作品．a：ハモ胴を応用，b：つぶカゴを応用，c, d：落とし穴形式のトラップ，e, f：定置網方式のトラップ．いずれも採捕効率が低く埋没しやすいなどの問題点があるため，実用化されていない．

は漁業者は駆除に専念できず，潮干狩り場も一定の時期しか協力を得られない．したがって本県のアサリの生産性を復元させるためには，人の手による駆除の他に省力的かつ効果的な駆除方法の開発が急務となっている．そこでさまざまなトラップについて検討してきた（図7-9）．

はじめに既存の漁具（ハモ胴，つぶカゴ）を用いての捕獲試験を試みた．この中にアサリや魚などを収容したが，全く採捕されなかった．そこで落とし穴式のトラップを作成し，それを砂中に埋設，さらに誘導するための垣根を設置するタイプのトラップを作成して捕獲試験を行った．その結果，捕獲数は1日当たり1個程度であった．これでは徒手採捕より極端に効率が劣る．トラップ内への誘導方法としてアサリやサキグロタマツメタ自身も用いたが，その効果は見られなかった．またいずれも波浪の影響で埋没しやすいなどの問題点があり，実用には至っていない．

次に，漁業者から「干潟上に生きたアサリを大量に袋に詰めて置くとサキグロタマツメタが集まってくる」との情報を得て，干潟上に敷き網を砂中数cmに埋め，その上にアサリ20 kgを置いて集まったサキグロタマツメ

図7-10　アサリ袋に集まるサキグロタマツメタ．活アサリ20 kgを入れた袋を漁場に48時間設置したところ．その周りにサキグロタマツメタが集まる様子が観察された．

タを捕獲する方法を検討した．その結果，アサリ袋周辺にサキグロタマツメタが蝟集し，特に殻高20 mm以上の個体では敷き網での採取数は周辺での枠取り採取に比べ2倍以上になった（図7-10）．ただし，この方法で採取するためには，2.8 m四方の網を砂中に埋め，20 kgのアサリ袋をセットするのに4人がかりで30分を要し，48時間後に回収する際にも4人で15分の労力を要した．その成果としての全採取量は77個体であった．同じ漁場で春，あるいは秋の夜の干潮時には1人当たり10分間で40個体程度採取できる．設置の労力，アサリの盗難のリスクなどを考慮すると効率的であるとは言い難い．なお水槽実験ではサキグロタマツメタが活アサリに誘引されるという現象は確認できなかった．漁場での現象は，ランダムに移動するサキグロタマツメタがアサリ袋に遭遇し，捕食を試みてその場にとどまっているものと考えられる．このため離れた場所の個体を誘引できる可能性は低い．小規模な敷き網とアサリ袋のセットを高密度に多数設置することで広範囲の個体の捕獲につながると思われるが，その労力・経費を考慮すると省力的とは言いがたい．省力的駆除方法については今後の検討が待たれるところである．

7-6 食害防除対策

サキグロタマツメタの捕食能力，増殖速度を考えると，アサリ資源を守るためには人の手による駆除だけでは限界がある．駆除よりも食害の速度が上回れば，アサリ資源の消滅につながる．駆除を進めると同時にアサリを食害から守る方策が必要である．「アサリを守る手はないか？」，そのような観点から干潟での観察を続けていたところ，サキグロタマツメタが蔓延した干潟でも底質条件によってはアサリが高い生息密度を維持しているのを発見した．そこで，酒井・須藤[5]はその要因を究明し干潟の改良による防除手法を検討した．

1）底質条件とアサリおよびサキグロタマツメタの分布

サキグロタマツメタが蔓延した万石浦内の干潟において，アサリとサキグロタマツメタの生息密度を調査した．その結果，それぞれがごく近傍で

あるにもかかわらず，①アサリ漁場として生産のあった所であるが食害によりアサリがほとんど見られずサキグロタマツメタも周囲の調査点より少ない，②アサリの生息密度は他の調査点より著しく高く，サキグロタマツメタも少数生息する，③アサリの生息密度は高いがサキグロタマツメタは見つかっていない点が存在した．アサリの生息密度が 100 個／m^2 を超えた調査点の底質は，いずれも砂にカキやアサリの貝殻片もしくは砂利が混入していたのに対し，砂質の調査点ではすべて生息密度が 30 個／m^2 以下となっており，貝殻や砂利が混入した干潟でアサリの生息密度が高くなることがわかった．

そこで，そのような干潟の底質構造を定量的に把握するために粒径組成を調査したところ，アサリ，サキグロタマツメタともに生息数が少なかっ

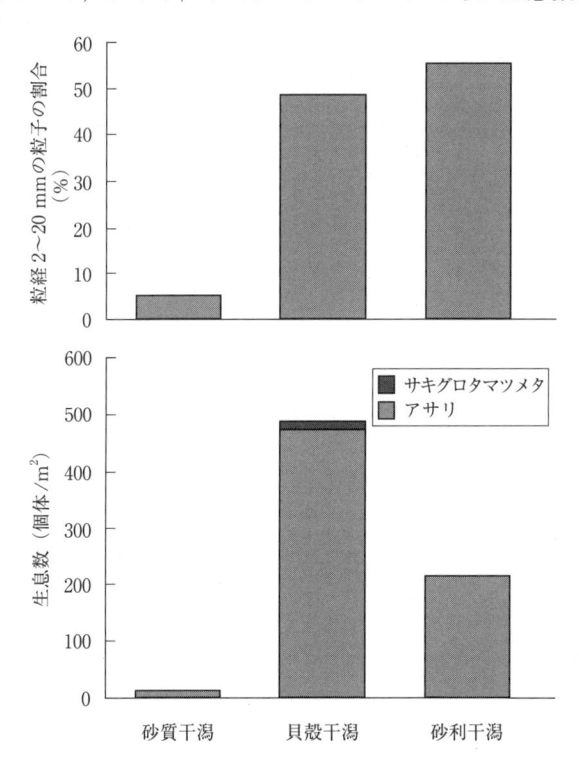

図 7-11 底質の粒度組成とアサリおよびサキグロタマツメタの生息数の関係．粒径 2 〜 20 mm の粒子の割合が高い干渉ではアサリ生息数が多くなっていた．

た砂質干潟においては 2 mm メッシュを通過するものが体積で 95% を占めるのに対し、アサリが非常に多くサキグロタマツメタが少ない砂利干潟では 45%、アサリが多くサキグロタマツメタがいない貝殻干潟では 50% であった（図 7-11）。また、砂利・貝殻干潟ともに 2 mm メッシュ以上で回収された固形物は、そのほとんどが 20 mm メッシュを通過していた。つまりサキグロタマツメタは砂だけの干潟に比べ 2〜20 mm の砂利や貝殻が半量程度混合している干潟ではアサリの捕食を行いにくく、またこのような条件でもアサリは生息可能であることが示された。

2) 水槽内における貝殻混合砂床による捕食実験

砂利や貝殻の存在がアサリの食害を抑制する可能性が示唆されたことから、粉砕カキ殻を用いた水槽内混合砂床による捕食実験を実施した。実験水槽内に砂を敷き、砂床の中央を横に仕切って、一方に 2〜20 mm の粉砕カキ殻を混合させた。カキ殻の混合率は 50%、75%、100% の 3 種類として、各水槽にはサキグロタマツメタ 20 個を収容し、砂・カキ殻混合域それぞれにアサリを 25 個ずつ埋在させた。

その結果、各水槽とも砂域のアサリは 20 日目には 15〜22 個（60〜80%）、30 日目には 19〜25 個（75〜100%）が捕食されたのに対し、カキ殻混合域では被食個数の増加速度が遅くなる傾向が認められた。特にカキ殻 100% 区

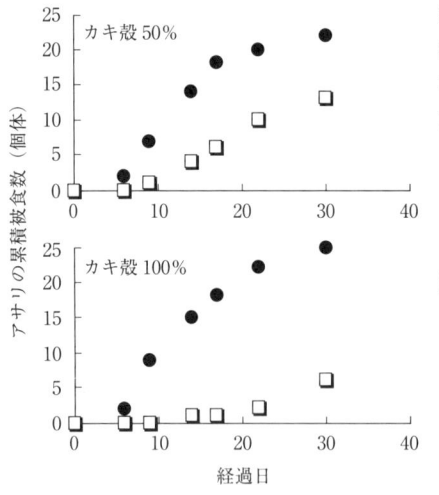

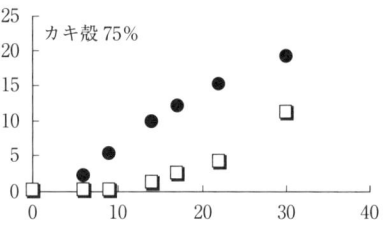

図 7-12 水槽実験におけるカキ殻による食害抑制効果（●：砂 100%、□：カキ殻混入区）。各実験区にはサキグロタマツメタを 20 個体収容。実験区内の砂域とカキ殻混合域にはそれぞれアサリを 25 個体ずつ収容した。いずれの混入率でも、カキ殻混入区でアサリの被食が遅れることが確認された。

では 30 日目でもアサリの被食数は 6 個（24％）であり，貝殻域での捕食速度が速まったのは砂域のアサリがほとんどなくなって以降であった（図7-12）．これらのことから，カキ殻の混合比率が高いほどアサリの食害が抑制されることが示された．

3）野外における貝殻混合漁場造成実験

生息状況調査と室内実験の結果を受け，万石浦のアサリ漁場において漁業者と共同でカキ殻混合漁場造成実験を行った．3 m 四方の実験区を 3 区設置して，それぞれ粉砕カキ殻の混合割合を 0％（対照区），50％，100％として，約 300 日後にアサリの生息状況を調査した．その結果，各実験区のアサリの生息密度は対照区で 3 個／m^2 であったが，50％カキ殻混区では 24 個／m^2，100％区では 50 個／m^2 でカキ殻の増加につれてアサリの生息密度も増加した．実験区内で採集されたアサリは，すべてが設置後に着定した当歳貝であった．ただし，対照区では死殻も少ないのに対して，50％・100％区では生きたアサリの 3.4～4.2 倍の当歳貝の死殻が存在した．つまり，当歳貝に関してはカキ殻の混合が生残率の向上より着定の促進に効果があったものと考えられる．実験区内には実験期間中漂砂が薄く堆積しており，これが同サイズのアサリを捕食するサキグロタマツメタ当歳貝の侵入を容易にし，食害につながったと考えられた．

酒井・須藤[5]の結果を受け，2005 年には実験規模を拡大して 2 回目の漁場実験を行った．7 月にローラーを用いて粉砕したカキ殻約 150 kg を船上から約 10 m 四方に投入して，漁場造成や干潟改良の過去の知見[6, 7]を参考として，干潮時に周囲よりやや高くなるよう直径約 3 m のマウンド状に整地した．なお底質は粒径 2～20 mm のカキ殻が半量程度混合することを目処に調整した．翌年 6 月に効果を判定したところ，カキ殻は漁場内に広く分散しており試験造成した漁場範囲内のほとんどで粒径 2～20 mm の割合は 2～18％と低く，粒径 2 mm 以下の割合が 80％以上となっていた．サキグロタマツメタはすべての調査点から採集され，その密度は 4～12 個体／m^2 であった．アサリの生存率は 18.5～61.7％となっており，死因の 85％以上がサキグロタマツメタによる食害であった．

この実験では漁場に投入した粉砕カキ殻は造成当初の位置・形状を維持

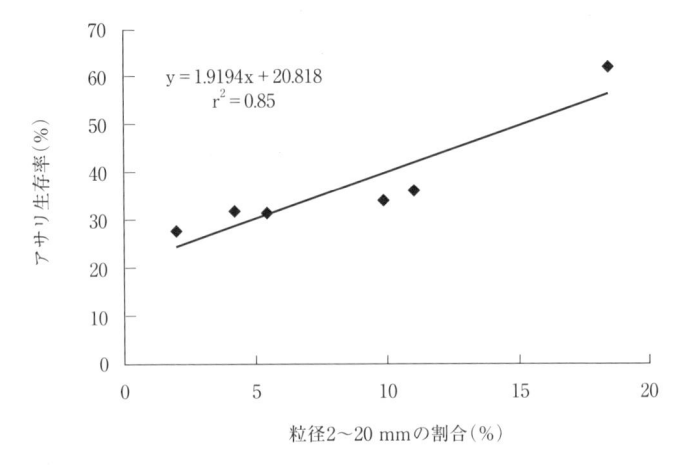

図7-13 造成漁業の底質における粒径2〜20 mmの割合とアサリ生存率の関係.

しておらず，サキグロタマツメタ侵入阻止に有効と考えられる粒径2〜20 mmの割合が半量程度という条件を満たしていなかった．そのため食害を完全には防げなかったと考えられる．ただし粒径2〜20 mmの割合とアサリ生存率の関係には正の相関が認められており，粒径2〜20 mmの割合が高いほどアサリの生存率も高かった（図7-13）．当初の条件が維持されていれば，アサリの生存率はさらに向上したと予想される．粒径2〜20 mmの割合が41％と他の調査点よりも高い点もあったが，ここは粒径30 mm以上のカキ殻が14％混入しており，アサリの生息数，生存率ともに低かった．底土から硫化水素臭がしており，大きなカキ殻片が底泥中への酸素の供給を遮断し，底質が還元状態となったことがアサリ生存率の低下につながったと思われる．このことからカキ殻を粉砕する際には，粒径を2〜20 mmの範囲に揃えることが重要であると確認された．

　一連の結果から，サイズを選別したカキ殻混合による漁場造成は，サキグロタマツメタによるアサリの食害抑制と稚貝着定促進に有効であることはほぼ間違いない．問題はその構造をいかに維持するかである．カキ殻が漂砂に覆われれば，サキグロタマツメタも侵入しやすくなり，アサリも砂の表面に上がってくるので捕食されやすくなる．またカキ殻は軽いため波浪により容易に流出してしまうという問題もある．これらの解決策として，

カキ殻と砕石を組み合わせた漁場造成試験を実施したところ，漁場の構造維持とアサリの着底促進について，一定の効果が認められた[8]．今後は，食害防止効果の判定と規模を拡大しての評価が必要である．

7-7 現状と反省点

　これまでにサキグロタマツメタが侵入した漁場でその後駆除が成功した，あるいは顕著な生息数の減少が認められた漁場は残念ながら存在しない．潮干狩りが中止となりアサリの種苗放流がなくなり，アサリの生息がほとんど確認できない漁場でも，サキグロタマツメタはオキシジミやカガミガイなどのアサリ以外の二枚貝さらにはその他巻貝の捕食や共食いなどを繰り返して個体群を維持している．また分布拡大も止まっていない．2005年4月に未侵入であると判断できた松島湾の漁場でも現在生息が確認されているところがある．この漁場では2007年秋には卵嚢が数十kg単位で駆除されており，成体の生息数もかなり多いと思われる．宮城県ではこの漁場を管理する漁協に対して移入アサリの危険性を周知させ，漁業者も可能な限り混入の監視をしてきたはずであった．もちろん2005年当時にごく少数の個体が生息していた可能性は否定できない．しかしわずか2年でここまで状況が激変するとは想像できなかった．

　今振り返ってみると，1999年に初めて侵入を確認した際に，もっと厳しい対応をすべきであったと思われる．さらに言えば1999年にアサリの食害が確認される前に本種の侵入を確認してすぐさま分布調査を行い，徹底して駆除に取り組んでいたら被害が生じなかったのではないか．しかし漁業対象種以外の生物に対する調査は少なく，アサリの食害が表面化するまでサキグロタマツメタの生息は確認できなかった．またアサリの食害が確認された1999年当時であっても，わずか数年でここまで増殖し，アサリ資源に影響が生じるとは予想できなかったのが実状だと思う．外来種対策には予防と可能な限り早い段階での対応がいかに重要であるかが示された好例ではないだろうか．

　被害が顕在化した2004年以降も，対応は不十分であったと言わざるを得

ない．漁場を管理すべき漁業者の中にアサリ漁専業者はいないことから，駆除は片手間にしか実施されていない．特に成体と卵嚢の有効な駆除時期である秋～冬にかけては，カキやノリの養殖作業の盛期に当たることから，駆除に十分な対応ができているとは言いがたいのが現状である．

7-8　今後の対応

これまでの対応が後手に回った点は否めないが，今後もサキグロタマツメタ対策を放棄するわけにはいかない．宮城県では栽培漁業センター（現，水産技術総合センター養殖生産部）でアサリの種苗生産を実施しており，宮城県の在来アサリを母貝として資源の添加を図っている（2010年現在休止中）．また，南三陸町でも地元のアサリを母貝として種苗生産を行い，潮干狩り場への放流種苗を確保している．アサリの放流種苗を自県で生産し，県外からの移入アサリの購入をなくすことで，サキグロタマツメタをはじめとする新たな外来種の侵入を阻止できると期待される．特に県北部では本種の侵入は未確認であり，これからの取り組みが重要である．今後，漁業者段階における中間育成技術を含めた種苗の大量生産システムを確立させ，全県的に移入に頼らないアサリ増殖体制の構築を進めるべきである．

またアサリを守る取り組みとして，防除型漁場が期待されている．これまでに漁場に粉砕カキ殻を混ぜることでサキグロタマツメタの食害抑制効果が確認できた．これをすぐに漁場全体に導入するというのは現実的ではないが，各漁場の一部に「アサリ保護区」として造成することで，そこのアサリを母貝集団としてサキグロタマツメタから守り，また稚貝の着底場としての機能も期待できる．今後，砕石を混合するなどの持続性の高い漁場造成技術を開発し，各地のアサリ漁場へ普及を図ることが必要である．

駆除は現在，漁業者が自主的に実施している状況であるが，個人的にはどこまで減らせばアサリ漁業が成り立つか資源管理的な取り組みも必要であると考える．現在潮干狩り場で実施されている駆除量では，下手をしたら「まびき効果」をもたらしているだけでサキグロタマツメタ資源の維持・増大に貢献してしまっている危険性もある．ただ，漁場の管理を区域分け

して個々の組合員が実施している場合など，漁場によっては駆除を続けながらアサリ漁を継続できているところもある．完全駆除は難しいとしても，サキグロタマツメタの資源特性値を明らかにして，それぞれの漁場において効果が得られる駆除量（生息密度）を算出する必要があろう．

現在考えられる最も有効な駆除方法は産卵期の卵嚢駆除である．卵嚢は成体に比べ発見しやすく，仮にすべての卵嚢を駆除できれば十年以内に漁場から撲滅できるはずである．したがって今後も徹底した卵嚢駆除が求められる．ただし本種は潮間帯に多いものの，水深3m程度の潮下帯にも生息しており卵嚢も存在する．そこから数千個体の稚貝が孵出し湾内に拡散することを考えると見逃すことはできない．潜水で駆除している漁業者もいるが，対象は一部漁場にすぎない．省力的駆除方法の開発とともに，潮下帯の個体に対しても何らかの対策が必要である．

宮城のアサリ資源復活のためには，サキグロタマツメタの侵入阻止，食害防除，駆除対策を同時並行的に進めていくことが大切である．また，これを機に第2のサキグロ問題が生じぬよう移入種苗に頼る現在の増養殖体制を見直す必要もあろう．多くの増養殖種の種苗が現在，国内あるいは国際間で移動している．移入の際に十分な注意を払うことは最低限必要なことであるが，それでも混入を完全に防ぐのは難しく，特に感染症の原因となる微生物などについては漁場での阻止は不可能である．移入先でどの生物に影響が生じるかも予測できない．良永[9]は二枚貝の移入に伴う病気の侵入例を紹介し，「安全であることが証明された場合にのみ移入する」必要性を指摘している．しかし，野外における安全性の証明は非常に難しい．現在の生態系を維持し，永続的に漁場を利用するためには，移入に頼らず地場の生物（種苗）を利用する増養殖体制を築く必要があると考えられる．

文献

1) 酒井敬一：万石浦アサリ漁場におけるサキグロタマツメタガイの食害について，宮城県水産研究開発センター研究報告，16, 109-110 (2000).
2) 大越健嗣：サキグロタマツメタ－絶滅危惧種は食害生物，うみうし通信，39, 2-4 (2003).
3) 浜口昌巳・大越健嗣：輸入アサリの放流によって生じる問題について，水環境学会誌，28, 12-17 (2004).

4) 酒井敬一・須藤篤史：サキグロタマツメタの初期生態について，宮城県水産研究報告, 5, 55-58（2005）.
5) 酒井敬一・須藤篤史：サキグロタマツメタ防除のためのアサリ漁場の改良，宮城県水産研究報告, 6, 83-86（2006）.
6) 酒井敬一・高橋清孝：松島湾におけるアサリ増殖場の造成，水産工学, 29, 41-46（1992）.
7) 宮城県水産研究開発センター：漁場改善技術開発，宮城県水産研究開発センター事業報告，平成9年度, 111-115（1999）.
8) 田邉 徹・須藤篤史：アサリの増殖を目的とした改良型カキ殻漁場の検討，宮城県水産研究報告, 9, 41-45（2009）.
9) 良永知義:二枚貝の病気, 日本水産学会誌, 71, 654-657（2005）.

8章 水産物の移動に紛れて分布を拡大する生物たち

―――― 大越和加

　日本は世界有数の水産国である．自国での漁獲，生産，消費に留まらず，海産生物を盛んに輸入する輸入大国であり，かつ，輸出国でもある．その結果，魚はもちろんのこと，貝，エビ・カニ，ナマコ，ホヤなど多くの海産生物が世界を移動している．日本へ持ち込まれた外来海産生物として報告されている種の半数以上は，水産的営為による移入と分析されている．それらは親，稚仔，種苗など生活史の様々な成長段階のものが水産資源として価値をもち，生きた状態で，大量に，自然の速度の何倍もの速さで，絶え間なく繰り返し移動している．この現状は，地球に生命が誕生して数十億年をかけてゆっくりと現生の生物へと進化し，現在の生態系や地理分布を築いてきた生物の時間軸を無視し，本来は分布しない海域に人為的に生物を大量に繰り返し移動させるという，生物群集や生態系を混乱させる可能性をもつ，異常な現象ともいえる．このような，生物学的，生態学的観点を軽視した「もの扱い」の海産生物の輸出入は，今世紀の最大の課題といわれる「地球環境に与える人為的な影響」の一端を担っていると考えられる．

　陸に住むわれわれは，海の中で起こっていることは見えにくく，気づきにくく，また取り扱いが困難である．昨今，ようやく生態系や生物多様性に影響を与え得る外来生物に対する国際的な取り締まりが行われ始めているが，陸上での生物に関する種々の法規制が先に進む中，海洋はまだまだ無防備といわざるを得ない．少なくともわが国では，異変が発覚した後にその場しのぎの対策を講じているように見える．そして，その被った害を低減するために相当のエネルギーを費やしているように思える．

　人間社会とあらゆる観点から接点の多い沿岸域は，海洋の中で最も種の

多様性が高く，単位面積当たりの生産が大きい．そのような海域で繰り広げられる人為的な海産生物の大量移動が，海洋の生態系にも徐々に影響を与え得る可能性は否定できない．本来の海洋の生態系を利用しつつ，持続可能な水産業を目指すのであれば，つまり，健全な生態系を保持し続けようとするならば，今現在最も身近なところで起こっている，幸運にもわれわれが認知することができた，現場の異常な事例のひとつひとつについて，もっと敏感にそれらが示唆することを真剣に考えるべきである．海産移入生物の輸出入大国との異名をもち，世界中に水産資源を移動させる駆動力をもつ日本が主導で対策を早急に打ち出すことが望まれる．

さて，輸出入は対象となる水産資源を移動させることが目的だが，水産資源に伴い付随的に対象としないほかの生物も混入，移動している．目的とする生物の移入は「意図的移入」となるが，目的としない生物の移入は「非意図的移入」となる．この非意図的移入の場合，水産資源の本体に共生・寄生したり本体基質に付着・固着・穿孔して移入するものと，同所に生息する生物が間接的に紛れて混入して移入するものがある．前者はホストと広義の共生関係にあり，ホストとともに移動するのはある意味必然的である一方で，後者はいわばアクシデンタルな移動であり，同所に生息する生物であればあらゆる生物が対象となり得る．意図的であろうと非意図的であろうとそれらは外来生物に変わりはないが，意図的移入種はその存在が明らかである一方，非意図的移入種は認知が遅れ，とても厄介な存在となることは言うまでもない．特に偶発的に移入してきた生物は最も認知が難しい．以下に，非意図的移入種について，意図的移入種に直接伴って必然的に移入してきた事例と，意図的移入種に紛れて偶発的に移入してきた事例に分けて紹介する．

サキグロタマツメタはその中の後者の一例であり，現在日本で目に見える形で発覚し，かつ，被害が拡大し続けている．ことはサキグロタマツメタでは終わらない．サキグロタマツメタから見えてくる水産物の移動の問題を，周辺で起こっている移入の問題へと拡大し，見ていくことにする．

8-1 ホストと共生あるいは寄生関係をもつ非意図的移入種

1) 貝類と穿孔性多毛類

　貝類の貝殻などの石灰基質に外側から孔を掘り，貝殻内部を住処として利用する生物がいる．最も代表的な生物として，穿孔性海綿 *Cliona* 属，穿孔性多毛類スピオ科の Polydorids の仲間，ミズヒキゴカイ科の *Dodecaceria* 属，そして最近ではケヤリ科の仲間が知られる．これらは，ホストを捕食する天敵ではなく，あくまでホストを住処として利用しているので，ホスト側の積極的な防御機構がない，もしくはほとんどないと考えられている．これに対し，同じ穿孔性の生物でも，肉食性のサキグロタマツメタなどのタマガイ科，レイシガイ *Thais bronni*，イボニシ *Thais clavigera*，ホネガイ *Murex pecten*，アカニシ *Rapana venosa* などのアクキガイ科の貝類に対しては，防御機構が存在する．

　さて，そのような，ホスト側による積極的な防御がなく住み込んだ海綿や多毛類は，ホストとは運命共同体である．ホストの状態が悪くなり，仮に死亡した場合，貝殻は海底を転がり，生息に適さない海域に流され，埋まってしまうかもしれない．穿孔性の多毛類にとって生きた貝類の貝殻を住処として利用することは，貝類が自ら生息に適する海域に移動したり定位するので，懸濁物食者，堆積物食者である多毛類にとっても生息に有利であるという利点がある．

　昨今，これら穿孔性多毛類は増えていると推測される．増えた理由として，貝類の増養殖が盛んになり穿孔性多毛類の生息基盤となる貝殻が増えたこと，同時に漁場が整備され増養殖貝類の外敵が存在しない，対象となる貝類のみが生息するようなより単純な系の海洋の環境が増えたことがあげられる．この近年の増養殖の規模拡大は，ややもすると，貝類自体の活性の低下を招くことが知られている．増養殖は経済活動であるためどうしても効率が優先され，貝類は人為的に管理され，遺伝的にも生理的にも貝類の活性を低下させ，そして物理的にも貝殻が薄くなる傾向が認められる．元来，肉食ではない多毛類が貝類の貝殻に穿孔して住処として利用しても，ホスト側の貝類にはほとんど影響がなかったと考えられるが，活性の低い貝類

に穿孔した結果として，貝類は，自らの薄い貝殻を，内表面側に貫通され易くなった．実際に，貝殻の薄い放流ホタテガイに，貝殻一枚当たり数百個体の多毛類が穿孔している漁場が確認されている．それらの貝殻は非常に脆く，手で容易に破砕することができた．寿命が長く大型になる多毛類が薄い貝殻に穿孔した場合，貫通した多毛類の刺激により，ホタテガイ *Patinopecten yessoensis* が有機物質や貝殻物質を分泌して修復した痕跡が貝殻内表面に観察されている．また，新規に貝殻物質を分泌することのできない閉殻筋の部位に多毛類が貫通した場合，貝類は貝殻の修復が不可能なので，多毛類と外界からの刺激をダイレクトに常に受けることになる．ホタテガイの閉殻筋の部位へと貫通することにより，疲弊し，死亡したと考えられる個体も観察されている．このように，本来は外敵ではない生物が，人為的な環境下で新たな相互関係が作り出され，外敵になったと推察される．

　穿孔性多毛類は，貝殻外表面からは出入り口の一対の穴があいている程度で目立たなく，穿孔数が少数であれば気付きにくい．穿孔数が増えると，外表面の穴と同時にそこから突出する泥管が目立ってくる（図8-1A，C）．孔道が拡大すると，貝殻表面が剥がれ，中の孔道が露出し発見しやすくなる．一方，貝殻内表面には，孔道が浅いうちはわからないが，孔道が深くまで拡大・伸長すると，貝類が分泌する黒や茶褐色の有機物質や貝殻物質の隆起が目立つので，内表面を確認することができれば発見は比較的容易である（図8-1B）．穿孔数が多く，かつ，多毛類が大きくなり孔道が拡大した場合は，内表面は異常な貝殻形成による独特な様相を呈する（図8-1D）．しかし，生きている状態では内表面を確認することは難しく，調査もしくは貝類が死亡してみつかることが多い．

　穿孔性の多毛類が貝殻に穴を開けたとしても，即，ホストの貝類に対して悪い影響を与えるというわけではない．少なくとも，貝類との濾過摂食の競合という観点から影響が出る可能性はあるが，人間が認知できるような成長阻害，斃死などの形で現れることは概して少ない．しかし，長い時間をかけて，じわじわと孔道が拡大し，ホスト側に余分なエネルギーを消費させ続け貝殻修復などを行わせるということは，その寿命が尽きるまで

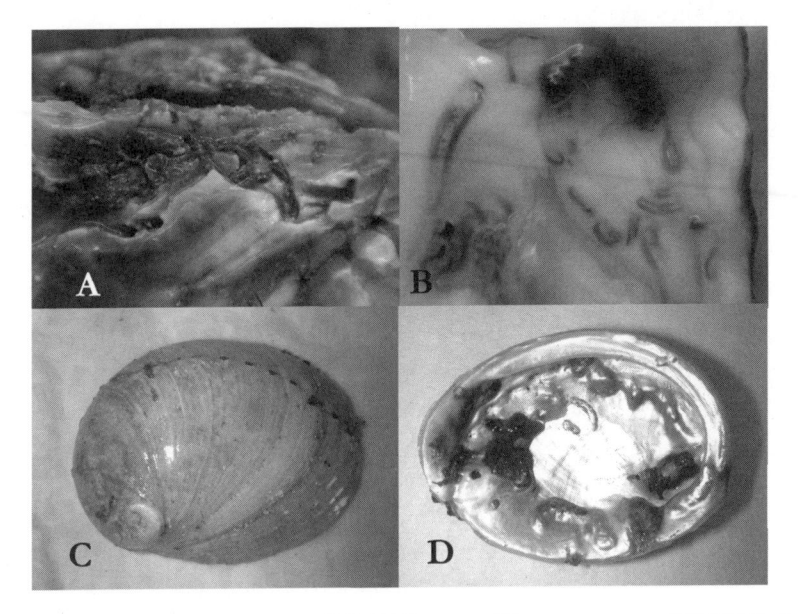

図 8-1 貝殻穿孔性多毛類に侵蝕された増養殖貝類．A：マガキ Crassostrea gigas 貝殻外表面，B：マガキ Crassostrea gigas 貝殻内表面，C：アワビ Haliotis laevigata 貝殻外表面，D：アワビ Haliotis laevigata 貝殻内表面．

多毛類は潜在的な外敵として存在し続け，ホストへ負担をかけ続けるということを意味する．健全な状態にある貝類・環境であれば問題はないが，活性が低下しやすい増養殖貝や，予期しない環境条件が重なった場合は，負の相乗効果で貝類に致命的なダメージを与える可能性は大いに考えられる．実際，ホタテガイの放流事業が行われているオホーツク海沿岸の網走海域では，過去にホタテガイの斃死が起こった．その海域では，水塊が不安定で，短時間に水温が著しく変動することが解析され，その水温変動が，ホタテガイの成長阻害を引き起こす主原因と考えられた[1]．また，その海域では，ホタテガイ貝殻におびただしい数の多毛類の穿孔が確認された．ホタテガイの大量の斃死が起こった原因として，もともと環境が不安定で，遺伝的にも負荷がかかり，成長が悪く貝殻も薄いホタテガイが，多毛類による潜在的負荷を連続，かつ，次第に増大する形で受け続け，貝殻それも修復不可能な閉殻筋付着部位に多毛類が貫通し，相乗効果で斃死に至ったと推測されている．

近年，スピオ科の Polydorids の仲間が増養殖貝類の輸出入を通して世界中を移動している現象が各地で報告されている．また，Polydorids の造った孔道に，ちゃっかり二次的に入り込み，さらに孔道を拡大しながら成長するミズヒキゴカイ科の *Dodecaceria* 属も目立ち始めている．同時に，発症例は今のところ南アフリカや北アメリカのカリフォルニア海域に限定されてはいるが，ケヤリムシ科の *Terebrasabella heterouncinata* が突然アワビの貝殻に大量に出現し，話題となった[2,3]．

以下，世界中へ移動し，最も頻繁に見られ，かつ，最もホストへの影響が懸念される，つまりは水産上問題になると推察されるスピオ科多毛類の現況について紹介する．

日本の現況　日本の穿孔性多毛類については，1980 年代中期から，貝類の貝殻を中心にサンゴ，石灰藻など，数々の石灰基質に穿孔する種を調べ続けている[4-6]．天然の貝類と増養殖の貝類の双方を調べた結果，日本の海域では 13 種の穿孔性 Polydorids が確認された[6]．北海道オホーツク海沿岸，東北地方太平洋沿岸，関東以西の太平洋沿岸，日本海沿岸と，海域による種の分布には特徴が見られた．同時に，人為的な増養殖漁場では，特定の種の穿孔が目立った．

水産資源として価値をもつ貝類の貝殻に穿孔する多毛類の中で，ホストに与えるダメージが大きいと推察される種は，*Polydora brevipalpa*, *Polydora* cf. *neocaeca*, *P. uncinata* の 3 種である（図 8-2，カラー口絵）．*Polydora brevipalpa* は，オホーツク海沿岸から東北地方太平洋沿岸，陸奥湾に分布し，ホタテガイ貝殻に穿孔する大型の種である．かつて 1980 年代のホタテガイ斃死を引き起こす一因となった．近年，その分布や穿孔状況が目立つのは *Polydora* cf. *neocaeca* と *P. uncinata* の 2 種である．*Polydora* cf. *neocaeca* は中型～大型の種で，東北以西の増養殖が行われている海域から最も多く摘出されている．天然貝からも確認されており，現在では広く分布していると考えられる．大型になる *P. uncinata* については，養殖場を中心に，あるとき突然出現し，存在が確認されたときには深刻な状況になっている．

本来は北方に生息するエゾアワビ *Haliotis discus hannai* が，今ではあちこちの海域で増養殖されるようになった．そのエゾアワビには，東北地方太

平洋沿岸の養殖垂下マガキから発見され新種として記載された P. uncinata が確認されている．1999 年には，熊本県の陸上施設で養殖されたエゾアワビに[7]，そして，2006 年には千葉県の陸上施設内で養殖されたエゾアワビとメガイアワビ Haliotis gigantea に同種が確認された[8]．千葉県の P. uncinata については，長崎県から導入されたアワビ類の貝殻から侵入してきたのではないかと推測される．貝殻内表面には，Polydorids が原因と思われる特徴のある貝殻形成が観察された．現在では，長崎県，鳥取県のクロアワビ Haliotis discus discus，メガイアワビ，トコブシ Haliotis diversicolor から同種が確認され，調査中である．

また，2007 年には陸奥湾の増殖ホタテガイの貝殻から，それまで生息が確認されていなかった Polydora limicola によるおびただしい侵蝕が確認された[8,9]．この海域には，増殖を開始した当初から P. brevipalpa が穿孔しており，2004 年から 2005 年にかけても筆者により調査が行われた．2007 年になって突然 P. limicola が出現した原因は不明だが，別の海域から海産生物が持ち込まれていることから，外から侵入した可能性を含め因果関係を調べる必要がある．陸奥湾のホタテガイは，2007 年 12 月から諫早湾へと空輸され，そこで垂下養殖が開始されている．ホタテガイに伴って Polydorids も南へ移動ということになる．このように，国内での増養殖貝類の移動に伴い，Polydorids も北へ南へ，西へ東へと移動していることは明らかである．

韓国の現況　1999 年以降，垂下養殖マガキ・アコヤガイの貝殻に穿孔している多毛類について調べている．2010 年には，西から南にかけての沿岸域で天然や養殖貝類に生息する多毛類を調べた．これまで 7 種が記録され，Polydora cf. neocaeca, P. aura の 2 種の穿孔が多く確認されている．2004 年には，それ以前には確認されなかった Polydora uncinata が，突然，マガキの貝殻から高頻度でかなりの数が摘出された．同海域では多毛類のモニタリングが行われていないため，本来そこに生息していた種なのか，それとも貝類とともに外から持ち込まれたのかは依然不明瞭であるが，外から持ち込まれた可能性は否定できない[10,11]．日本西部に分布する種と共通する結果が出ており，今後も調査を継続する．

南米・チリ・ウルグアイの現況　チリ中央やや南部に位置するプエル

トモント，そしてチロエ島沿岸域の天然貝類，もしくは垂下養殖マガキの貝殻に穿孔している多毛類を1997年に調査した結果，7種が確認され，そのうち1種が新種であった[12]．養殖マガキから摘出された多毛類は，自然海にも生息が確認されたもので，本来そこに生息していなかった種がマガキ種苗や親貝とともに移入された形跡は特に認められなかった．しかし，陸上では，エゾアワビの完全閉鎖系のタンク養殖が行われており，その貝殻からは，本来そこには生息していなかったと推測される種 Polydora uncinata が摘出された．この種は，元来日本の太平洋沿岸から採集されて記載された経緯があることから[13]，日本から輸出されたアワビの母貝に穿孔した形でチリへと移動したのではないかとの論文が公表された[14]．しかし，その後の調査で，オーストラリアの陸上養殖アワビにも同種が穿孔していることがわかり[15]，詳細については未だ明らかになっていない．2010年，ウルグアイの天然カキ Ostrea 属から穿孔性多毛類が確認され，その種はチリに分布する種と同じである可能性が高い．

オーストラリアの現況　オーストラリア東部では増養殖が盛んで，穿孔性多毛類についての報告もある[16]．タスマニアを中心に水産上問題となる種も知られている[17]．2005年，東部ほど増養殖が盛んではない，西オーストラリア州南西部インド洋沿岸の天然・養殖貝類を調べたところ，8種が確認された[15]．陸上で閉鎖系のタンク養殖を行っていたアワビ類2種 Haliotis laevigata, H. roei から，多数の P. uncinata が摘出された．また，浅海の垂下養殖カキ Saccostrea commercialis から多数の Boccardia knoxi が観察された．この2種は，ともにこの海域では初記録であることから，外から持ち込まれた可能性が示唆された．

タイの現況　シャム湾で垂下養殖されていたマガキ，マガキとともに養殖施設に付着していたミドリイガイ Perna viridis，岩礁域の天然のカキ Saccostrea 属の貝殻に穿孔していた多毛類について現在調査中である．複数種が確認され，中には水産上，気になる種もいるが，詳細は今後に待ちたい．今のところ，これまで他の海域で問題となっている Polydorids の種は確認されていない．

南アフリカ共和国の現況　上述のアワビ類の貝殻に穿孔するケヤリム

シ科の多毛類のほか，養殖アワビには，*Boccardia* 属をはじめ大量の Polydorids が確認されており，現在，それらの遺伝学的解析により起源を明らかにする試みが行われている[18]．最近，南アフリカより輸入され，陸で畜養されていたアワビ類の貝殻から，日本にも広く分布する，生きた *Boccardia proboscidea* を多数確認している[8]．

USAの現況　上述の南アフリカ共和国からカリフォルニアへと持ち込まれたアワビ類貝殻に穿孔するケヤリムシ科の多毛類のほか，Polydorids の報告は多い．太平洋沿岸北部のウィラパ湾は，外から持ち込まれて定着した海洋生物が多いことで知られる．今後，移入種であるマガキとともに多毛類について調査する必要がある．

ハワイでは，*Polydora nuchalis* が養殖エビか食用カキとともに移動し，*P. websteri* が食用カキとともに移動したという報告がある[19,20]．

最近では世界のあちこちで，陸上の養殖施設で行われている養殖貝類を中心に，*Polydora uncinata* による穿孔が確認されている．Polydorids の種類は，無性生殖や，卵嚢を孔道の中に産みつけその卵嚢の中で幼生が発生し，その後泳出してプランクトン栄養性幼生となるか（浮遊発生），もしくは卵嚢の中で発生が進み，卵嚢から出た後すぐに着底・変態する（直達発生）ことが知られている．*Polydora uncinata* は浮遊幼生期をもたず，幼生は卵嚢の中で栄養卵という発生しない卵を食べながら成長し，卵嚢から出るとすぐに着底し，変態する．閉鎖環境下で飼育される陸上のタンク養殖では，幼生から親へと減耗なしで着底する確立は高いと推察される．また，雌は貯精嚢をもち，精子を蓄え，繰り返し産卵することが知られているので，親貝の数が少なくても，タンク養殖下では短期間に繁殖する可能性は高い．同時に，タンクの外へと抜け出した場合は，限られた海域での個体群維持は可能だろう．

1980年代以前に日本からヨーロッパを中心にマガキが盛んに種苗や親貝として移入された．比較的最近になって移入された貝類については，既に述べたように明確に認知し追跡や推察可能だが，在来種の調査がなく移入が問題にもされなかった時期に移入された貝類については，時間を経た

今となっては外来種が定着したものなのか，在来種なのかの推察は難しい．長期に渡ってのモニタリングの重要性を感じる．

このように，増養殖を行っている海域については早急に現状を把握し，今後，外から運び込まれる移入種について，またはすでに定着している移入種について，さらには移出させる生物についての問題認識と対策について考える必要がある．この問題は，今後も水産資源が世界中を移動すると考えられる以上，ある海域，もしくはある国だけで解決できる問題ではなく，広域に渡る国際的な課題であり，グローバルな対策が求められる．同時に，基礎的な生物調査が絶対的に不足しているために解析が困難な海域が多く，広範囲にわたる全体像がつかみにくい．現在そして今後の状況を正確に把握するためには，「生物や生態系を理解するためには生物の時間を基準とし，時間軸の長い調査が不可欠」ということをまず認識することである．そして，そのための調査を開始することが肝要と思われる．同時に，遺伝学的手法を積極的に取り入れて，問題の解決を図る有効な手段とすることが期待される．

2）貝類と管棲多毛類

カンザシゴカイ科やカンムリゴカイ科の管棲多毛類は，貝類の貝殻の表面に棲管を固着して生息する．カンザシゴカイ科は，貝類に限らず，広く岩石や岸壁，船底・魚網などの人工物に固着するため，駆除対象生物としてもよく知られる．石灰質の棲管で基質に固着し，濾過摂食を行う．日本への移入種として報告されているのはカサネカンザシ *Hydroides elegans*[21, 22]と汽水域に生息するカニヤドリカンザシ *Ficopomatus enigmaticus*[23, 24]である．瀬戸内海の養殖マガキの貝殻に大量に固着し，マガキとの餌の競合や，マガキの殻の開閉を妨げて斃死させたとの報告がある[21]．一方，エゾカサネカンザシ *H. ezoensis* は，日本から養殖マガキに伴い地中海へと移動したとの報告がある[25]．カンムリゴカイ科については，これまであまり報告例がないが，国内ではサザエの貝殻から見つかっており[26]，今後報告が増えると予想される．

3）貝類とその他の生物

他にも，イガイ科の貝類，フジツボ類，海藻などが貝類の付着，固着生

物としてよく知られるが，水産業にともない，ホストと共に必然的に移入してきたと推察される報告はあまり見られない．同じ非意図的移入でも，輸入水産物への混入ではなく，船体付着もしくは船舶のバラスト水経由の移入と考えられている．

貝殻表面に付着・固着している生物は，移入されるまでの様々な過程で物理的に剥離，破壊される機会が多く，また乾燥などが原因となり，生きたまま移入されることは多くはないと考えられる．貝殻の隙間に生息する生物も同様である．それに対し，貝殻の内部に穿孔したり生息している場合は，より高い確率で損傷なく生き残り，移入に成功すると予想される．

4) アサリとカクレガニ，ウミグモ

カクレガニ類　貝類の貝殻の内部には様々な生物が入っていることがある．寄生とみなされるものにはホタテガイのエラに吸着する甲殻類のホタテエラカザリ[27,28]や深海に生息するシロウリガイ類やシンカイヒバリガイ類に生息する多毛類[29]など様々なものが知られているが，アサリの人為的な移動に関連して非意図的に移動したと考えられるものにカクレガニ類があげられる．カクレガニ類とは節足動物甲殻綱十脚目短尾亜目カクレガニ科に属する小さなカニで，雌は甲長1～2 cmほどで一生を二枚貝の中で生活しており甲が柔らかい．また脚が非常に細くなっている．雄は雌の2分の1から4分の1ほどの大きさで甲は硬く自由生活を行なっているが二枚貝の中にも出入りする．図8-3はアサリの貝殻からたまたま雌雄一緒に見つかったものであるが，図8-3のように雌雄の色や大きさが異なる．日本国内ではオオシロピンノ *Pinnotheres sinensis*，マルピンノ *Pinnotheres cyclinus*，カギツメピンノ *Pinnotheres pholadi* などが知られているが，何れも東京湾以南や九州から中国・朝鮮半島沿岸に分布する種で東北以北では知られていなかった．ところが近年，宮城県では，アサリの味噌汁の中から白い小さなカニが出てきたなどカクレガニ類の目撃例が増加したことから調査を行った．2002年6月から12月にかけて，宮城県の万石浦でアサリを採集しカクレガニの寄生率を調べたところ，表8-1のように調べたすべての場合でカクレガニ類の寄生が見つかった[30]．一方，潮干狩り場や養殖場に蒔く前の外国産アサリについて同様の調査を行ったところ，表8-2のように，4回

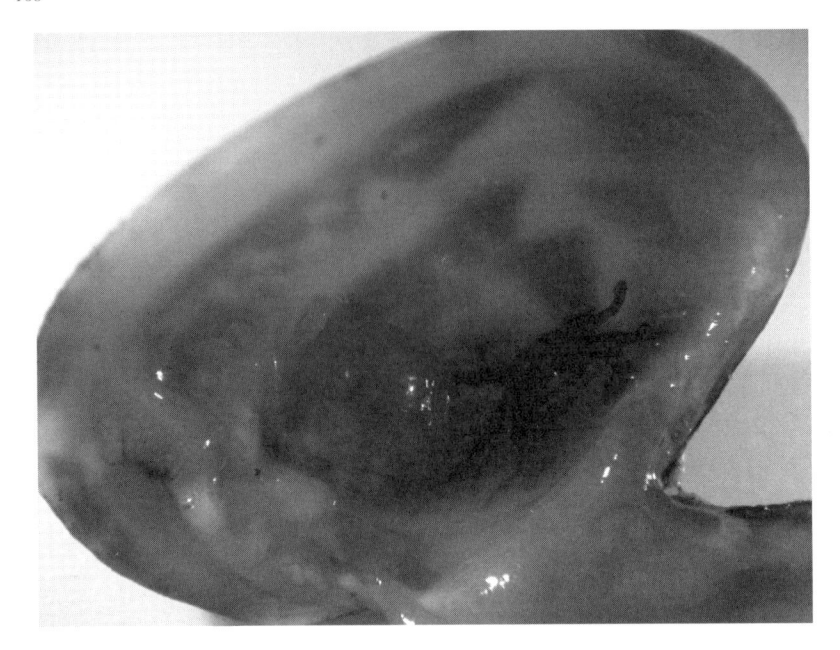

図 8-3 アサリの外套腔に生息するカクレガニの仲間 (左：雌、右：雄). 雌雄同時に見つかるのは珍しい.

中 1 回，輸入アサリからカクレガニ類が発見された．保存状態がよく種同定ができたものでは，1 個体のみがマルピンノであり，他はすべてオオシロピンノで，日本特産種といわれるカギツメピンノは発見されなかった．万石浦産アサリと輸入アサリは殻の外形が異なり，輸入アサリの方が殻長が長く殻幅が薄い傾向がある．万石浦産アサリ，輸入アサリ，カクレガニの寄生が見つかったアサリそれぞれの殻長と殻幅の関係を図 8-4（カラー口絵）に示した．カクレガニが見つかったアサリの殻長と殻幅の割合は中国産アサリと近いことがわ

表 8-1 万石浦採集アサリにおけるカクレガニの寄生率.

調査日時 （2002 年）	アサリ （個体数）	カクレガニ （個体数）	寄生率 （％）
6 月 25 日	104	7	6.7
7 月 24 日	107	1	0.9
9 月 5 日	245	10	4.1
10 月 5 日	126	4	3.2

表 8-2 中国産輸入アサリにおけるカクレガニの寄生率.

調査日時 （2002 年）	アサリ （個体数）	カクレガニ （個体数）	寄生率 （％）
3 月 10 日	67	2	3
4 月 12 日	62	0	0
5 月 1 日	58	0	0
5 月 9 日	30	0	0

かる．外国産アサリが導入されていたこの時期，外国産アサリにまぎれて，カクレガニ類も非意図的に移入していたことが示唆される．その後，宮城県では潮干狩り場の閉鎖が相次ぎ，外国産アサリの導入も中止した．2010年現在，中国産アサリと同様の形態的特徴をもつアサリは旧潮干狩り場からはほとんど見られなくなり，カクレガニ類の発見事例もほとんどなくなった．2002年には抱卵しているものも3個体確認したが，繁殖は確認されず，越冬できなかったのかも知れない．このように，もともとこれらのカクレ

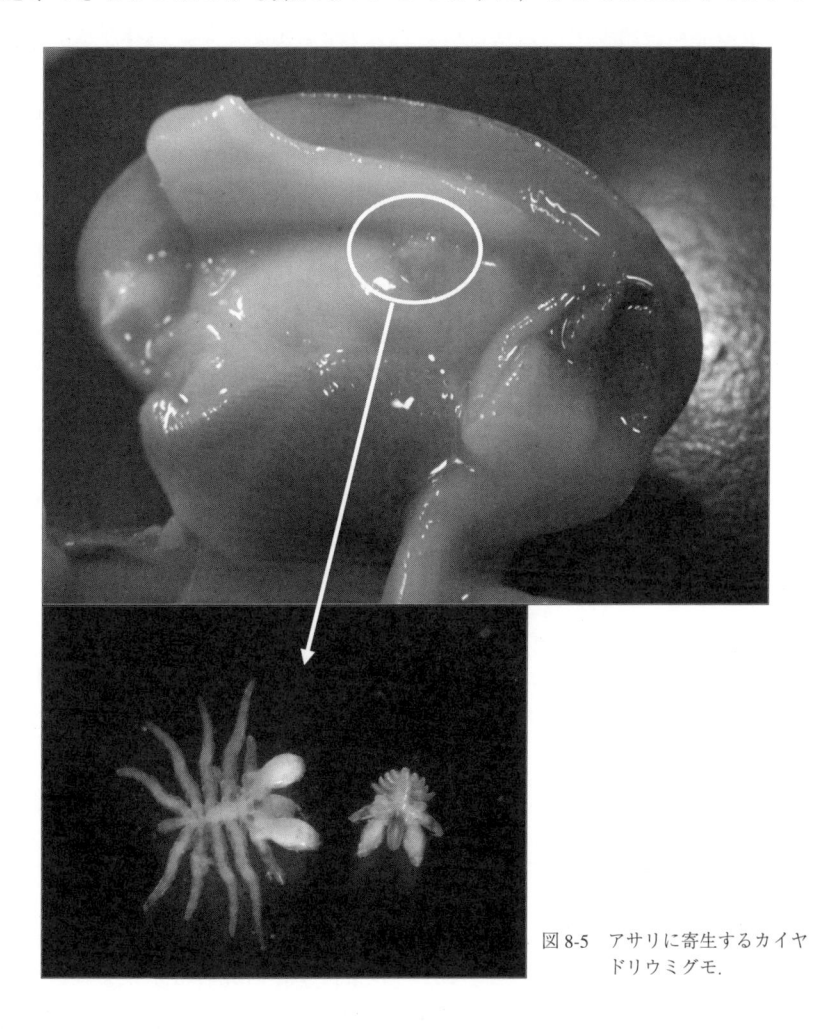

図8-5 アサリに寄生するカイヤドリウミグモ．

ガニ類が生息していない東北地方以北では，カクレガニは移入種と考えられ，またその後の繁殖も難しいなど定着には至っていない可能性が高い．しかし，関東以西のアサリ漁場や潮干狩り場では，中国や朝鮮半島からアサリにまぎれてやってきた個体群が生存し，さらに在来個体群と交雑している可能性がある．この点については今後の課題である．

カイヤドリウミグモ アサリに関連して近年問題になっているのがカイヤドリウミグモ *Nymphonella tapetis*（図 8-5）である．2007 年に千葉県木更津市の盤州干潟で突然発見され，アサリやシオフキなどへの寄生が明らかになった[31,32]．小櫃川河口では寄生確認後，アサリ，シオフキ個体群の減少が示唆されていること，一部の地域でアサリの生産量が激減していることなどから，アサリそのものに対する影響が懸念されている．2008 年には愛知県でも発見され，宮城県では，両県からのアサリの種苗の購入をストップする措置をとっている．カイヤドリウミグモはどこから来たのか．その答えはまだ出ていない．しかし，千葉，愛知という離れた県で時期をほぼ同じくして出現していることから，アサリの人為的な移動との関連性が取り沙汰されている．今後他の地域への拡散の可能性もあり，注意が必要である．

8-2 輸入水産物への混入—偶発的に移入した非意図的移入種

1）輸入アサリに混入するサイレント・エイリアン

第 1 章で述べたように，輸入アサリに混入して日本に移入している生物は二十数種類に達する[33]．それらの多くは生きたままアサリとともに日本の海に蒔かれるが，その後どうなっているのはほとんど知られていない．その理由には以下のことが関わっている．

サキグロタマツメタは 1999 年に宮城県で「発見」され，外来移入種と認知された．それは，宮城県にはもともとサキグロタマツメタは分布しておらず，漁業者も見たことのない貝と認識できたことによる．有明海には 1990 年ごろまで在来のサキグロタマツメタが生息していたと考えられるので，有明海の漁業者や，そこをフィールドにする研究者はサキグロタマツ

メタを発見しても「外来の個体」との認識ができない．宮城県にはサキグロタマツメタは生息せず，しかも漁業被害が起こったことから，「発見」されたといえるだろう．

輸入アサリの袋から発見されたサキグロタマツメタ以外の非意図的移入種のうち，同じタマガイ科のハナツメタ *Glossaulax reiniana* やウネハナムシロ *Varicinassa varicifera* など，元々宮城県に生息していない生物については，その後の追跡がある程度できる．これまで，万石浦ではハナツメタとウネハナムシロの生貝は発見されておらず，アサリと一緒に蒔かれた個体の多くは死滅し，再生産も行われていないものと考えられる．シナハマグリ *Meretrix pethechialis* も元々万石浦には生息していないが，輸入アサリを蒔いていた時期は時々干潟で生貝が見つかっていた．また，潮干狩り客によって採集されることもあり，大型の貝を採集して喜ぶ姿が見られたこともあった．しかし，潮干狩りが中止になった2007年以降の調査では，サルボウとともに生貝はほとんど発見されていない．したがって，アサリとともに蒔

図8-6　甲の右側または左側が膨れているマメコブシガニ．

かれた個体の一部が生き残っている可能性はまだあるが，再生産はほとんど行われていないものと考えられる．

一方，やっかいなのが，在来種と同種の移入種である．これらには，ツメタガイ Glossaulax didyma やマメコブシガニ Philyra pisum などが含まれる．万石浦には元々ツメタガイやマメコブシガニが生息している．そこに，輸入アサリとともに外国産のツメタガイやマメコブシガニが蒔かれ続けた．現在，万石浦で採集されるこれらの生物は在来個体か外来個体か，もしくは両者が交雑したものか外見上は区別ができない．これら「サイレント・エイリアン」[33,34]の干潟生態系への影響についてはこれまでほとんどわかっていない．万石浦では近年，マメコブシガニの甲の奇形個体（図8-6）がしばしば見られる．その原因は不明だ．今後遺伝子解析も含めて，サイレント・エイリアンの移入実態の検討が求められる．

2）国内産アサリ種苗に混入して移動する生物

国内産アサリ種苗の移動に伴って非意図的に移動する生物も多い．筆者らは国内産アサリ種苗の「中身」を検討し，そのうちの1％から数％がアサリ以外の生物であることを明らかにした．図8-7は1つのアサリ袋（10 kg）から取り出したアサリ以外の生物である．海水を張ったバットに入れると左上のカガミガイ Dosinorbis japonicus は水管を伸長させ，右下のウミニナ Batillaria multiformis も触覚を出して動きだす．アサリとは大きさも形態も異なるホトトギスガイ Musculista senhousia やシマメノウフネガイ Crepidula onyx などの貝類はもとより貝殻もないイソギンチャク類が多数アサリ種苗に混入していることは調査しての驚きであり，ずさんな選別が行われていることは明らかである．これらもアサリとともに日本各地の干潟に蒔かれ続けている．このうちシオフキ Mactra veneriformis だけは宮城県の万石浦には生息していないので，発見されれば外から来たことがわかるが，それ以外の生物については移入かどうかの判断ができなくなっており，これらもサイレント・エイリアンと言える．ホソウミニナ Batillaria cumingi が多く，ウミニナがあまりみられない万石浦に人為的にウミニナが継続的に蒔かれているのは明らかであり，その影響については今のところまったくわかっていない．

図 8-7 国産アサリ種苗(写真上)の袋から取り出したアサリ以外の生物(写真下).
海水を入れたバットに収容したところほとんどが生きていた.
A：カガミガイ，B：シオフキ，C：ウミニナと付着するマガキ，D：イソギンチャクの仲間，
E：シマメノウフネガイ，F：ウミニナ，G：ホトトギスガイ.

8-3 外国に移出した生物－マガキとオウウヨウラク

　東京湾や有明海は日本を代表する内湾として世界的にも知られている．一方，本章にたびたび登場する「万石浦」は一地方の内湾であり，国内的にもほとんど知られていない．しかし，「Mangoku-ura」は特定の外国人や外国のカキ養殖地域では非常に有名であることを知る人は少ない．実は万石浦は種ガキ生産日本一の場所であり，1970年代まで，世界各地にマガキ *Crassostrea gigas* の種苗（種ガキ）を輸出していた．その経緯については別報[35,36)]に譲るが，種ガキと一緒に非意図的に北米西海岸に移入した貝類は10種を超え，サキグロタマツメタとアサリの場合と同様に，その中の1種オウウヨウラク *Ceratostoma inornatus* がカキを食害し問題になった[35)]．同様な過程で黒海へはアカニシ *Rapana venosa* が移入し，定着しているという．当時はこのような大規模な種苗の移動にはあまり制限がなく，非意図的移入種による水産重要種の食害などの問題がおこればニュースになることもあったが，移入先の生態系や生物多様性への影響についてはあまり関心が払われてこなかった．上記のアカニシも貝を食害する貝だが，移入初期には現地の切手のデザインにも取り上げられている．新しい生物の定着を歓迎する傾向さえあったことを忘れてはいけない．タマハハキモク *Sargassum muticum* などの海藻類が日本やアジアから世界各地に広がっていったことの一因にも種ガキの移動に伴う非意図的移入が示唆されている．詳細に関しては川合[37)]を参照されたい．

文　献

1) Fujita, N. and Mori, K.: Effects of environmental instability on the growth of the Japanese scallop *Patinipecten yessoensis* in Abashiri sowing culture grounds. Sparks, A. K. (ed.), Marine Farming and Enhancement, *NOAA Tech. Rep. NMFS*, 85, 81-89 (1990).

2) Oakes, F. R. and Fields, R. C.: Infestation of *Haliotis rufescens* shells by a sabellid polychaete, *Aquaculture*, 140, 139-143 (1996).

3) Ruck, K. R. and Cook, A.: Sabellid infestations in the shells of South African mollusks, implications for abalone mariculture, *Journal of Shellfish Research*, 17, 693-699 (1998).

4) Imajima, M. and Sato, W.: A new species of *Polydora* (Polychaeta, Spionidae) collected from Abashiri Bay, Hokkaido, *Bulletin of the National Science Museum.Series.* A, 10, 57-62 (1984).

5) 大越和加・野村 正：穿孔性多毛類 Polydora 属による北海道，東北地方沿岸のホタテガイの侵蝕状況，日本水産学会誌, 56, 1593-1598（1990）.
6) Sato-Okoshi, W. : Polydorid species (Polychaeta: Spionidae) in Japan, with descriptions of morphology, ecology, and burrow structure. 1. Boring species, Journal of the Marine Biological Association of the United Kingdom, 79, 831-848（1999）.
7) 大越和加：漁業生物学から見た貝殻穿孔生物, ベントスと漁業（林 勇夫・中尾 繁編），恒星社厚生閣，2005, pp. 71-86.
8) 大越和加・大越健嗣・小坂善信・石黒宏昭・山川 紘：水産有用貝類の貝殻に穿孔する多毛類の侵蝕状況―その新たな特徴が意味するもの, 2009年度日本水産学会春季大会講演要旨集, 2009, p. 28.
9) 大越和加・山内弘子・小坂善信：陸奥湾ホタテガイに出現した新規のスピオ科多毛類個体群，日本水産学会東北支部会報, 59, 26（2008）.
10) Sato-Okoshi, W. and Okoshi, K. : Noticeable shell borer, Polydora uncinata, inhabiting cultured molluscs. Conference programme, information and abstracts of the 4th International Conference on Marine Bioinvasions, 2005, p. 160.
11) 大越和加：貝殻に穿孔する生物による貝類の漁獲地域推定. 水産物の原料・産地判別（福田裕・渡部終五・中村弘二編）. 恒星社厚生閣, 2006, pp. 139-146.
12) Sato-Okoshi, W. and Takatsuka, M. : Polydora and related genera (Polychaeta: Spionidae) around Puerto Montt and Chiloe Island (Chile), with description of a new species of Dipolydora., Bulletin of Marine Science, 68, 485-503（2001）.
13) Sato-Okoshi, W. : Three new species of polydorids (Polychaeta: Spionidae) from Japan, Species Diversity, 3, 277-288（1998）.
14) Radashevsky, V. I. and Olivares, C. : Polydora uncinata (Polychaeta: Spionidae) in Chile: an accidental transportation across the Pacific, Biological Invasions, 7, 489-496（2005）.
15) Sato-Okoshi, W., Okoshi, K. and Shaw, J. : Polydorid species (Polychaeta: Spionidae) in south-western Australian waters with special reference to Polydora uncinata and Boccardia knoxi, Journal of the Marine Biological Association of the United Kingdom, 88, 491-502（2008）.
16) Smith, I. R. : Diseases important in the culture of the Sydney rock oyster, Report of the Brackish Water Fish Culture Research Station, NSW Department of Agriculture, Occasional Publications, 1984, 10 pp.
17) Lleonart, M. Handlinger, J. and Powell, M. : Spionid mudworm infestation of farmed abalone (Haliotis spp.), Aquaculture, 221, 85-96（2003）.
18) Simon, C.A., Thornhill, D.J., Oyarzun, F. and Halanych, K.M. : Genetic similarity between Boccardia proboscidea from Western North America and cultured abalone, Haliotis midae, in South Africa, Aquaculture, 294, 18-24（2009）.
19) Bailey-Brock, J. H. and Ringwood, A. : Methods for control of the mud blister worm, Polydora websteri, in Hawaiian oyster culture, Sea Grant Quarterly , 4, 1-6（1982）.
20) Bailey-Brock, J. H. : Polydora nuchalis (Polychaeta: Spionidae), a new Hawaiian record from aquaculture ponds, Pacific Science, 44, 81-87（1990）.
21) 荒川好満：日本近海における海産付着動物の移入について. 付着生物研究, 2, 29-37（1980）.
22) Carlton, J. T. : Patterns of transoceanic marine biological invasions in the Pacific Ocean, Bulletin of Marine Science, 41, 452-465（1987）.
23) Kajihara, T. , Hirano, R. and Chiba, K. :

Marine fouling animals in the Bay of Hamanako, Japan, *Veliger*, 18, 361-366 (1976).

24) 西栄二郎：カサネカンザシーカキ養殖関係者の大敵，カニヤドリカンザシー石灰質の管に棲む河口の汚損生物．外来種ハンドブック（日本生態学会編，村上興正・鷲谷いづみ監修），地人書館，2002, pp. 180-181.

25) Zibrowius, H. and Thorp, C.H.：A review of the alien serpulid and spirorbid polychaetes in the British Isles, *Cahiers de Biologie Marine*, 30, 271-285 (1989).

26) 西栄二郎・加藤哲哉：環形動物多毛類の移入と移出の現状．日本ベントス学会誌，59, 83-95 (2004).

27) Nagasawa, K., Bresciani, J. and Lützen, J.：Morphology of *Pectenophilus ornatus*, new genus, new species, a copepod parasite of the Japanese scallop *Patinopecten yessoensis*, *Journal of Crustacian Biology*, 8, 31-42 (1988).

28) 鈴木英勝・松谷武成：ホタテガイ稚貝におけるカイアシ類，ホタテエラカザリの寄生状況．水産増殖，57, 513-514 (2009).

29) 大越和加・大越健嗣・藤倉克則・藤原義弘：南西諸島海域・日本海溝における深海性二枚貝の外套腔に生息する多毛類（予報），日本ベントス学会誌，58, 70-76 (2003).

30) 山本隆：万石浦におけるカクレガニの研究．石巻専修大学卒業論文，2003, 14pp.

31) 多留聖典，中山聖子，高崎隆志,, 井智幸：カイヤドリウミグモ *Nymphonella tapetis* の東京湾盤洲干潟における二枚貝類への寄生状況について．うみうし通信，56, 4-5 (2007).

32) 鈴木竜太郎・風呂田利夫・多留聖典：東京湾盤州干潟におけるカイヤドリウミグモの出現．2009年日本ベントス学会・日本プランクトン学会合同大会講演要旨集，2009, p. 158.

33) 大越健嗣：輸入アサリに混入して移入する生物―食害生物サキグロタマツメタと非意図的移入種．日本ベントス学会誌，59, 74-82 (2004).

34) 大越健嗣：サキグロタマツメタ―絶滅危惧種は食害生物．うみうし通信，39, 2-4 (2003).

35) 荒川好満：食用カキ―移植にともなう付着動物の侵入．日本の海洋生物―侵略と撹乱の生態学（沖山宗雄・鈴木克美編），東海大学出版会，1985, pp. 69-78.

36) 大越健嗣：15章　水産物による導入の特徴―水産物移動に伴う外来種の移入．海の外来生物（日本プランクトン学会・日本ベントス学会編），東海大学出版会，2009, pp. 217-227.

37) 川井浩史　：10章　海藻類：世界に広がった日本の海藻．海の外来生物（日本プランクトン学会・日本ベントス学会編），東海大学出版会，2009, pp. 137-150.

コラム

サキグロタマツメタの成分と料理法

　サキグロタマツメタは原産地の中国では「香螺」と呼ばれ食用になっている[1]．漢字から連想すると香りのいい巻貝という意味だ．韓国スンチョン市の市場でも売っていた（第1章参照）．食料事情がよくないと考えられる北朝鮮でも食用になっている可能性が高い．

　それなら，食べて見よう！　ということで研究を始めた頃何度か料理にも挑戦した．しかし，煮すぎると縮んで硬くなり，生に近いと触感が気持ち悪いし，何より味があまりしないなど，なかなかうまくいかなかった．サキグロタマツメタの研究仲間である宮城県水産技術総合センターの酒井敬一さんは料理上手だ．アサリをたっぷり食べて大きくなったサキグロタマツメタをそのまま捨てるのはもったいないと，「サキグロ対策会議」の後に自ら腕を振るってサキグロ料理を参加者に振舞ったこともある．酒，醤油，みりんのバランスが絶妙でけっこういけると思った．

　一方，サキグロタマツメタによるアサリの食害で潮干狩りが中止に追い込まれた塩釜市では，女性有志が立ち上がった．様々な料理を試し，なんとレシピまでつくってしまった．しかもレシピは塩釜市のホームページで紹介されている（下記のウエッブサイトを参照）．味噌汁はもとより，酢豚風さらにはエスカルゴ風まで和洋中幅広く紹介されているのでぜひ一度のぞいてみてほしい．

　食べられることはわかったが，さらに消費を拡大するにはもうひとつ仕掛けが必要だ．そこで研究室の長谷川優君は卒業研究でサキグロタマツメタの成分分析を行った[2]．表1はサキグロタマツメタと他の食用貝の一般成分の比較だ．脂肪ははかっていないが，水分は少なく，タンパク質も他の貝と比べ遜色ない．

　必須アミノ酸の含有量も他の貝に負けていない（図2）。さらに，

表1 サキグロタマツメタと他の貝類との一般成分の比較(%).

種類	水分	粗タンパク質	灰分	炭水化物
サキグロ	76.78	12.07	2.35	1.70
アサリ※	90.3	6.0	3.0	0.4
ツブ※	78.2	17.8	1.5	2.3
カキ※	85.0	6.6	2.3	4.7
シジミ※	88.3	5.6	0.8	4.3
ホタテガイ※	82.3	13.5	1.8	1.5
ハマグリ※	88.8	6.1	2.8	1.8

※五訂食品成分表2003[3]より引用

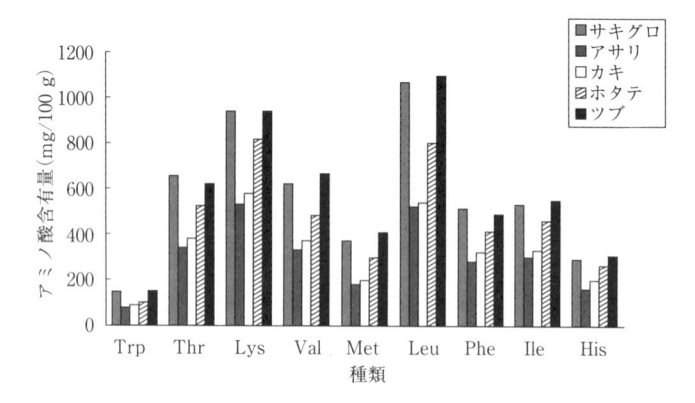

図2 サキグロタマツメタと他の貝の必須アミノ酸含有量.

うま味・酸味,あま味成分をもったアミノ酸の含有量を比較してみた(図3,4).

結果を見て驚くのは,調べたすべてのアミノ酸がアサリよりも含有量が上回っていたことである.サキグロタマツメタのそれぞれのアミノ酸含有量は同じ巻貝のツブとほぼ同等で,アサリの約2倍であった.グリコーゲン含量はカキと同様に年変動する傾向がみられた.グリコーゲンが多い時期の値を他の貝類と比較してみると,やはりカキにはまったくかなわないが,他の貝類とは同程度であることがわかった(図5).

最後にドリンク剤の成分として有名なタウリンを調べてみた.その結果,カキには及ばないものの,ツブの約2倍,アサリの約4倍の量を含んでいた(図6).一見するとタウリン含有量が高そうで,

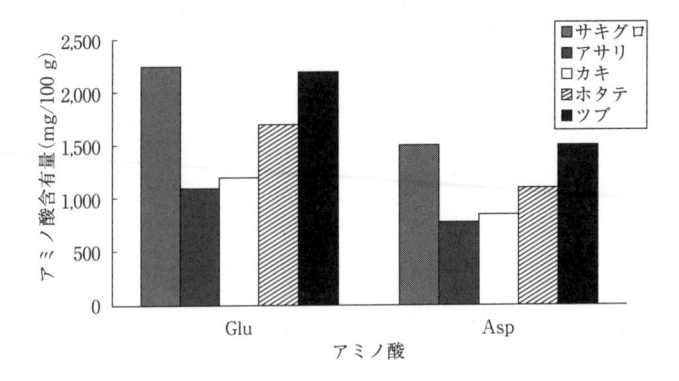

図3 各貝のアミノ酸含有量（うま味・酸味）.

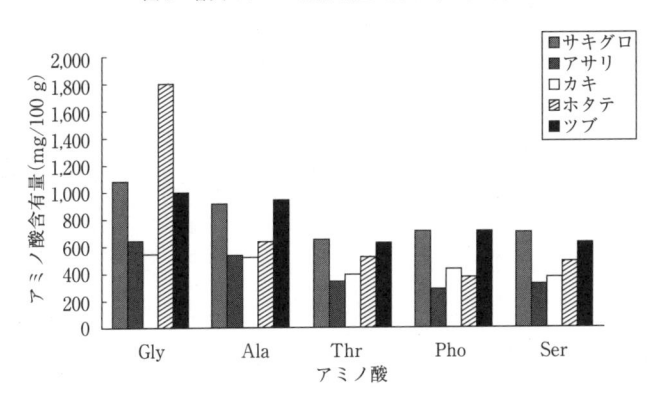

図4 各貝のアミノ酸含有量（あま味）.

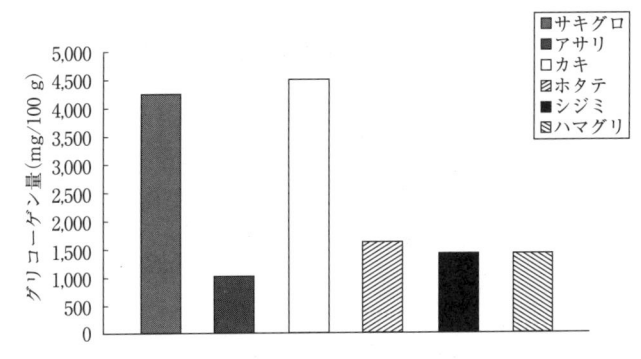

図5 各貝のグリコーゲン含有量. サキグロ以外は五訂食品成分表2003より.

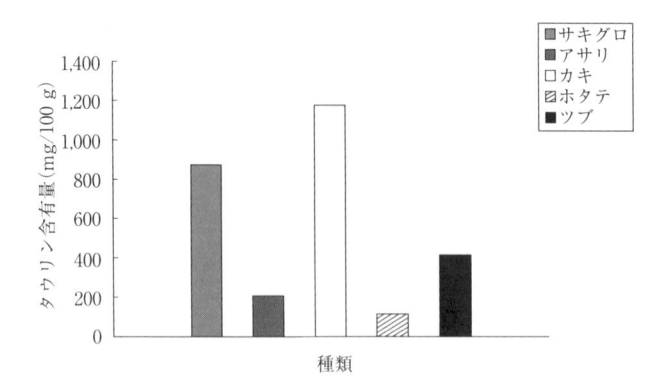

図6 各貝のタウリン含有量．サキグロタマツメタ以外は小沢・辻[4,5]他より．

このまま食べればドリンク剤のかわりになりそうな気がするが，大きさ（殻高）30 mm のサキグロタマツメタの軟体部重量は約 3.5g なので，仮に某ドリンク剤と同様に 1,000 mg 摂取しようとした場合には，この大きさのサキグロタマツメタを約 33 個体，合計で 100 g 以上食べる必要がある．

このように，特筆する成分はいまのところは見つけるには至っていないが，他の有用貝類と比べても勝るとも劣らない成分が含まれていると考えられる．

さらに，長谷川君は面白いことを見つけた．バターとニンニクで炒めたサキグロパスタは，アサリを使ったボンゴレとは違い，サキグロタマツメタ独特のあま味が出ていたという．サキグロタマツメタはアサリに足りない成分を補っていることもわかる．したがって，サキグロもアサリも単品ではなく共に食べることで味も栄養もバランスがよくなるのかも知れない．スパゲティ「サキグロボンゴレ」のメニューが有名店に並ぶ日を夢見ている．

（大越健嗣）

文　献

1) 大越健嗣：輸入アサリに混入して移入する生物―食害生物サキグロタマツメタと非意図的移入種, 日本ベントス学会誌, 59, 74-82 (2004).
2) 長谷川優：サキグロタマツメタの成分の季節変化～資源としての有用性の検討～, 石巻専修大学卒業論文, 2009, 50pp.
3) 香川芳子：五訂食品成分表 2003. 女子栄養大学出版部, 2003, pp. 166-169, p. 284.
4) 小沢昭夫・青木　滋・鈴木香那子・杉本昌明・藤田孝夫・辻　啓介：魚介類のタウリン含量, 日本栄養食糧学会誌, 37, 561-567 (1984).
5) 辻　啓介・矢野誠二：市販動物性食品の Taurine／Cholesterol 含量比, 含硫アミノ酸, 7, 249-255 (1984).

あさりの天敵「サキグロタマツメタ」の料理
http://www.city.shiogama.miyagi.jp/html/kankou/urato/kaisan/cooking/pdf/recipe.pdf

第4編
外来生物問題の深層

9章 サキグロタマツメタをめぐる法律と国際問題

岩崎敬二

9-1 サキグロタマツメタは「特定外来生物」ではない

　2005年6月1日，日本でもようやく外来生物法が施行された．正式な名前は「特定外来生物による生態系等に係る被害の防止に関する法律」という．環境省と農林水産省が担当する法律で，日本の在来生態系や農林水産業に深刻な被害を与える可能性のある外来生物を「特定外来生物」と名付けて指定し，輸入や移動，飼育，養殖，販売を禁止することを骨子としている．違反をすれば，個人には300万円以下の罰金か1年以下の懲役，法人には1億円以下の罰金か3年以下の懲役が科されることになる．なかなかに厳しい罰則が定められている．また，可能であれば，その特定外来生物を対象とした防除事業がこの法律に基づいて行なわれることになっている．2010年10月現在，1科・15属・80種の合計96種（タクサ）もの外来生物が特定外来生物に指定されている．

　しかし，その中に，サキグロタマツメタは含まれていない．それどころか，外来の海洋生物が全く含まれていない．つまり，この外来生物法では，海岸で大きな被害を発生させる外来生物の輸入も移動も飼育も，禁止したり規制することができないわけである．

　大きな被害を発生させ，マスコミにも大きく取り上げられて世間の注目度も高いサキグロタマツメタが，なぜ，外来生物法の対象にならないのだ

ろうか？　外来の海洋生物はなぜ1種も特定外来生物に指定されていないのだろうか？　その答えは，この法律には大きな問題と限界があるからであり，外来の海洋生物は他とは異なるやや特殊な事情を抱えているからである．この章は，それを理解していただくために，まず日本で発見された外来の海洋生物の概要を説明し，次に，外来生物問題に関する海外の条約や法律を解説し，最後に日本の外来生物法の問題点や限界を指摘していくこととする．

9-2　外来海洋生物がもたらす様々な被害や損害

20世紀以降，外来の海洋生物の種数は，世界各地でも，日本でも激増している．北米大陸や地中海，北海といった海域では指数関数的に増加しており[1]（図9-1），日本でも，1910年代以後，新たに発見された種の数は30年ごとに1.5～2倍ずつ増えている[2]．もちろん，船舶や飛行機の大型化と高速化によって，生きた状態の海洋生物を大量に移動・運搬できるようになったからであり，外来生物を必要とする社会ができあがってしまったか

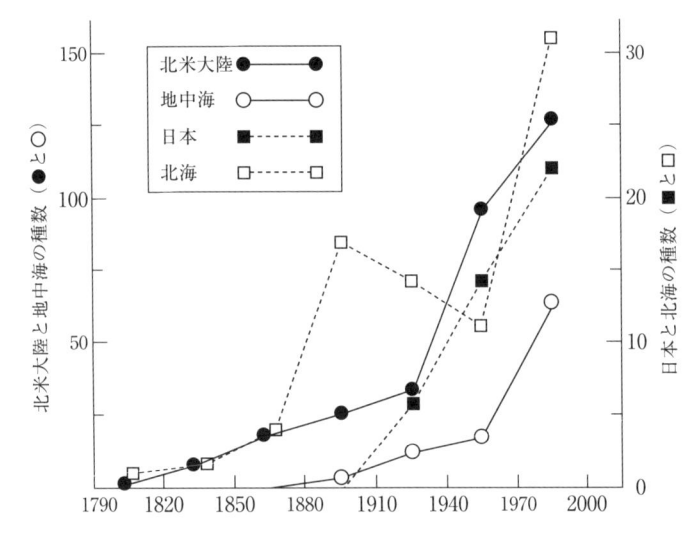

図9-1　1790年以降30年ごとに，各海域で新たに発見された外来海洋生物（国外起源の外来種）の種数（岩崎[3]より）．

らでもある．

　こういった外来海洋生物がもたらす被害も世界各地で急増している．陸上の外来生物による被害は，ヒトへの危害や健康への影響，在来種や在来生態系への被害と農業に対する損害がもっぱらだが，外来海洋生物の場合には，それだけでなく水産業や工業，エネルギー産業，運輸業など広範な産業に及んでいる．さらに，外来海洋生物の存在は，後述するように貿易摩擦などの国際問題を引き起こす可能性もはらんでいる．外来生物法の問題点を理解していただくためには，外来の海洋生物がもたらすこういった広範な被害や影響を知っていただく必要がある．この節では，サキグロタマツメタ以外の外来海洋生物が発生させる被害や損害を簡単にまとめておこう．

　サキグロタマツメタは，干潟の上を活発に移動することのできる巻貝だが，外来の海洋生物には，岩やコンクリート，鉄板，プラスチック製品，貝殻などの硬い基盤に固着してほとんど動かない付着生物が多い．足糸という糸を分泌して付着するムラサキイガイ *Mytilus galloprovincialis* やコウロエンカワヒバリガイ *Xenostrobus securis* などの二枚貝，石灰の管を分泌してその中に棲むカサネカンザシ *Hydroides elegans* といった環形動物多毛類などである．こういった外来の付着動物は，大発生すると海岸の石や岩礁，コンクリート護岸，大型の生物体の表面などの平面的な空間を覆い尽くして，他の生物の住み場所を奪ったり，摂食活動や呼吸を阻害して殺してしまう．カサネカンザシが1970年に広島湾で大発生した時には，養殖されていたマガキの殻を覆い尽くし，当時の金額で約30億円もの汚損被害を発生させたという．同じ広島湾では，1973年にムラサキイガイが大発生して養殖マガキの殻を覆い，36.8％の減収を引き起こしたとされている．ムラサキイガイによる漁船・漁網・漁具への汚損被害も日常的に発生しており，防除に要した金額は算出されていないが，全国的には莫大な額にのぼるはずである．

　ムラサキイガイやミドリイガイ *Perna viridis* などの外来二枚貝は，海水を冷却水として取水する工場や火力・原子力発電所などの導水管，ゴミ避けのスクリーンなどに大量に付着し，取水量を低下させることで，エネルギー

産業や各種の工業に対して恒常的に汚損被害を発生させている．こういった二枚貝や外来フジツボ類には，漁船だけでなく貨物船や旅客船の船体に付着して船の速度を著しく遅くする種もおり，定期的にドックに入港して船体の清掃をする必要があるため，運輸業への経済的な損害もばかにならない[3]．

アメリカ合衆国では，外来の海洋生物と淡水生物が様々な産業に与えた経済的損害と防除に要した費用の総額が年間24億ドルにもなると見積もられている[4]．しかし，日本では，このような損害額が算出された例は，上に記した広島湾の養殖カキ産業の場合しかない．

9-3　4種類の外来生物

人間が恣意的に引いた国境と，生物の自然分布の境界線とは，もちろん異なる．したがって，外来生物は，外国からやって来た生物だけとは限らない．また，同じ種であっても，交流のない離れた場所に住んでいる個体の間には，遺伝的な組成や生理生態的な特性に大きな違いがあることが多い．そのため，外来生物は必ず種という単位だけで扱われるとは限らない．こういった視点で見ると，以下のような4種類もの外来生物が存在することになる．この問題が，後述するように外来生物の管理と対策を非常にやっかいなものとしている．

日本全国のどこにもいなかった種（日本全体にとっての非在来種）が国外から移入されれば，もちろん，外来種といえる．これを「国外起源の外来種」と呼ぼう．2007年の時点で，海外から日本に移入されたことがほぼ確実な国外起源の海産外来種は49種にのぼる[5]．1960年代以降，10年間に7～8種の割合で新たな種が発見されており[2]，2000年以降でもほぼ毎年新たな種が発見または認知されているため，今後も増え続けることは確実である．

サキグロタマツメタやアサリのように，在来種ではあっても国外にも分布している種があり，その種の国外に棲んでいた個体が国内に移入されれば，それも外来生物である．それを「国外起源の外来個体」と呼ぶことに

しよう．先に述べたように，このような場合，同じ種であっても国内の個体と国外の個体の間には遺伝的な組成や形態・生理・生態・行動などに違いがあることが多い．サキグロタマツメタのように移入先で大発生して国ごとに成り立っている生物多様性を攪乱するような事態も発生するため，国外起源の外来個体の移入規制や防除などの対策を講ずることも，極めて重要である．国外起源の海産外来個体については，岩崎ら[2]や大越[6]などから，日本には少なくとも30種程度は存在するものと思われる．

外来生物は，国外だけでなく国内からもやってくる．国内のある海域に限って棲んでいる種が，同じ国内の別の地域に導入されれば，後者の海域にとってその種は外来種となる．これを「国内起源の外来種」と呼ぼう．また，遺伝的な組成や生態などの特徴が互いに異なる2つの個体群（系統群）が国内の離れた海域に存在し，一方の海域の個体がもう一方の海域に移入されればそれも外来生物となる．これを「国内起源の外来個体」と呼んでおこう．日本の場合，養殖や放流という水産活動が盛んなため，水産生物の国内移動が大変に激しく，国内の各地に放流された在来の海産魚介類は，1980年には51種，1995年には90種にも達しているとの報告がある[7]．この数値が国内起源の海産外来種と海産外来個体の種数を合わせたものと考えてよいだろう．しかも，養殖・放流用の種苗の生産を行う場所が種類ごとに限られる傾向にあるため，特定の地域個体群が全国へと放流されていると思われる[7]．国内でのこういった外来生物の移入も，海域ごとに成り立っている生物多様性への脅威と位置付ける視点が必要である．

9-4　外来海洋生物の移入手段

海洋生物の人為的な移入手段は26もあるが，その中の主要な4つが，船体への付着による非意図的な移入と，船舶のバラスト水に混入した非意図的な移入，そして8章で説明されている，水産物の輸入という意図的な移入とそれに混入した非意図的な移入である[8]．

船体への付着による非意図的移入とは，木製や鋼鉄製の船腹や船底に海洋生物が付着または穿孔して新たな海域へと運ばれてしまうこと．付着生

物だけでなく，巻貝やカニや多毛類なども船体付着によって運ばれることがある．鋼鉄製の船であっても船体の各所にシーチェストと呼ばれる凹みがある（図9-2）．エンジンの冷却水やすぐ次に説明するバラスト水の取り込み口である．そこにはカキやムラサキイガイやフジツボなどの付着生物が密集しており，そのすき間には砂や泥が溜まっていて，その中で巻貝やカニや多毛類も数多く発見されているからである．

　バラスト水とは，空荷の時でも喫水を確保して船体の安定性と航行速度を増すために大型船に積み込まれる「重し」のための水のこと．現在，世界で年間約60～100億トンものバラスト水が運搬，廃棄されていると推定されている．バラスト水を貯めるタンクの底には，細かい泥が30 cmも積もっていることもあり，合計で100トンもの泥を貯めた大型船もあるという．こういったバラスト水とタンクの底の泥からは，莫大な数のプランクトン，ネクトン，ベントスが，成体，幼体，幼生，卵や胞子，海藻の葉片などの形で発見されている．門のレベルでは海綿動物を除くほぼ全ての分類群が見つかっており，1日に3,000種以上，年間の積算で数万種以上の水生生物がバラスト水によって運ばれているとの推定もある[9]．

　日本で発見されている国外起源の外来種49種のうち，船舶を介した非意

図9・2　貨物船のシーチェストの蓋に付着したフジツボ類とイタボガキ *Ostrea denselamellosa*
　　　　（撮影：岩崎敬二）．

図的移入と考えられる種が24種（49.0％：個々の外来種が，船体付着とバラスト水のどちらの手段によって移入されたのかを確定することは非常に難しいため，ここでは両者を区別していない），水産物または水産研究の目的で意図的に輸入されたものが21種（42.9％），輸入された水産物に混入して非意図的に移入されたと推定されたものが3種（6.1％），水槽での観賞用として意図的に移入されたものが1種（2.0％）であった[5]．日本の場合，船舶による移入と水産的な営みによる移入とがほぼ半数を占めている．こういった数値が算出された国々や海域の中では，水産的な理由による移入の割合がニュージーランドと並んで非常に高い[8]．その原因は，日本やニュージーランドは，他の国々に比べて輸出量よりも輸入量の方が多いためにバラスト水の排出量が少なく，バラスト水に混入して移入された生物が少ないことと，水産業が盛んであるために海外から外来の水産種苗が輸入される傾向が強いためと考えられている．

9-5　外来生物問題に関する条約と海外での法的規制

1）条　約

外来生物が侵入・定着してしまった場合，その駆除は大変に難しく，莫大な経費と労力がかかる．そのため，移入を未然に阻止するための予防的対策を進めることが最も効果的であり，それには，多国間の条約や国内法によって輸出入や移動を規制することが重要である．

1992年に制定され，日本も同年に締結した生物多様性条約の第8条h項には，「生態系，生息地もしくは種を脅かす外来種の導入を防止し，またはそのような外来種を制御しもしくは撲滅すること」とあり，条約締結国で導入の制限や駆除を積極的に進めるように定められている．ヨーロッパでは，地域または水域ごとに，あるいは生物の分類群ごとに，外来生物の移動や導入の規制を定めた幾つもの条約があり，EU加盟国に対して何らかの対策を取るよう義務づけている．さらに，EU諸国を対象とした国際的な組織による勧告なども活発に行われている．

外来水生生物の主要な移入手段である船舶のバラスト水については，そ

れを適切に処理して混入生物を極力減らすための条約(船舶のバラスト水及び沈殿物の規制及び管理のための条約)が国際海事機関(IMO: International Maritime Organization)によって2004年に採択されている。しかし,この条約で求められているバラスト水の処理基準がかなり厳しいため(例えば,最小サイズが50 μm以上の生物(主に動物プランクトン)は10個体／m^3未満に,最小サイズが10 μm～50 μmの生物(主に植物プランクトン)は10個体／ml未満にするなど),現在,それを満たしつつ船舶に登載することが可能な装置の技術開発が進められている段階にある。そのため,批准国がまだ規定の数に達しておらず,この条約はまだ発効されていない。条約はできたが,実効的な規制はまだ全く行われていない,ということである。日本では国土交通省と環境省がこの条約を担当しているが,日本もまだ批准していない。なお,船体付着や水産物の輸出入に関する条約は,まだない。

2) 各国の法的規制

島国であり,固有の生物を数多くかかえているニュージーランドやオーストラリアでは,外来生物に対する法的な規制の整備が進んでいる。

外来生物の輸入や持ち込みを規制するには,2つの方法がある。1つは,いわゆる「ダーティリスト」方式と呼ばれるもので,被害の発生が懸念される外来生物のみを対象としてその輸入や移動,利用を制限するもの。もう1つが「クリーンリスト」方式で,被害を発生させないと推定された外来生物の輸入や移動だけを許可するものである。未知の外来生物に対する備えという点で,後者のクリーンリスト方式の方がより厳しい規制方法であり,外来生物による被害の発生を未然に防ぐ方法としても優れたものである。しかし,この方式を採用しているのは,今のところニュージーランドだけで,外来生物の法的規制が最も進んでいる国といってよいだろう。ニュージーランドでは,公衆の参加も規定された「有害物質・新生物法」が制定されており,環境リスク管理委員会によるリスク評価(外来生物を持ち込んだ場合の被害の発生予想や危険性などの評価)を経て承認された外来生物だけが輸入できるようになっている。また,国内に定着してしまった外来生物や害虫に対しては,ダーティリスト方式の「生物安全法」でそ

の新たな輸入や国内での流通，野外への放出を禁止し，駆除対象としている．

オーストラリアでは，環境保護・生物多様性保全法で，ダーティリスト方式の規制が行われており，入国する人間や物資に関してかなり厳しい検疫体制が取られている．また，国立公園・野生生物保全法や絶滅危惧種保護法でも，特定地域を対象として外来生物の持ち込みや野外への放出を禁止し，駆除を行うことが定められている．

アメリカ合衆国では，州によっては法令で有害生物を含む鳥獣や魚類の外来種の流通や放逐を規制しており，非在来水生生物被害防止規制法や侵略的外来種法といった連邦法が，国外からの持ち込みや州と州の間の流通を抑える形でサポートする体制を取っている．

ヨーロッパ諸国では，先に書いたように EU 加盟国間の条約や各種の勧告によって，外来種の取り扱いを各国が規制するよう義務づけられており，ノルウェー，スウェーデン，フランス，スイスといった国々では，国内での移動を規制する法律もある [10, 11]．

9-6　日本の外来生物に対する法的規制

1) 植物防疫法

日本で栽培される農作物を外来生物から守るための「植物防疫法」という法律がある．農林水産省が担当する法律で，輸入される植物や，病虫害が発生した地域から移動される植物を検疫し，有害な動植物を「検疫有害動植物」として指定して輸入の禁止や駆除などを行うことで，農業生産の安全と助長を図るという目的をもっている．具体的には，検疫有害動植物が生息またはまん延している国や地域からの植物の輸入は禁止され，それ以外の国や地域から輸入された植物も，原則として空港や港湾の近くに設置された植物防疫所で検査され，検疫有害動植物が発見された場合には，消毒・廃棄・積み戻しなどの対策が取られている．農業害虫の多くがこの法律で「検疫有害動植物」として指定されており，日本への侵入が水際で阻止されているため，陸上の外来生物の移入規制という点では歴史的にそれなりの成果をおさめている．

外来の海洋生物がこの法律の対象となったことはもちろんないが，後述するように，輸入される水産種苗やそれに混入して移入される外来海洋生物に対する何らかの法的措置を検討する際には，大変に参考になる法律である．

2) 外来生物法

この章の冒頭に書いたように，この法律は，多種多様な外来生物の全てを対象にして制定されたものではない．現在，日本には，2000種以上の外来生物がいるとされるが，特定外来生物に指定されてこの法律の規制の対象になっているのは，表9-1に示した96種にすぎない．海洋生物は1種も

表9-1 外来生物法で特定外来生物に指定された生物（2010年10月現在）．太字で書かれた生物は淡水産，それ以外の生物は陸生または湿地性の生物であることを示す．

哺　乳　類	フクロギツネ，タイワンザル，カニクイザル，アカゲザル，**ヌートリア**，ハリネズミ属，クリハラリス（タイワンリス），トウブハイイロリス，キタリス，タイリクモモンガ，シカ亜科（アキシスジカ属，シカ属，ダマシカ属，シフゾウ，キョン），マスクラット，アメリカミンク，アライグマ，カニクイアライグマ，ジャワマングース，シママングース
鳥　　　類	ガビチョウ，カオジロガビチョウ，カオグロガビチョウ，ソウシチョウ
爬　虫　類	**カミツキガメ**，グリーンアノール，ブラウンアノール，ミナミオオガシラ，タイワンスジオ，タイワンハブ，ナイトアノール，ガーマンアノール，ミドリオオガシラ，イヌバオオガシラ，マングローブヘビ，ボウシオオガシラ
両　生　類	**オオヒキガエル，コキーコヤスガエル，キューバズツキガエル，ウシガエル，シロアゴガエル，ブレーンズヒキガエル，キンイロヒキガエル，アカボシヒキガエル，オークヒキガエル，テキサスヒキガエル，コノハヒキガエル**
魚　　　類	**チャネルキャットフィッシュ，ノーザンパイク，マスキーパイク，カダヤシ，ブルーギル，コクチバス，オオクチバス，ストライプトバス，ホワイトバス，ケツギョ，コウライケツギョ，パイクパーチ，ヨーロピアンパーチ**
クモ，サソリ類	キョクトウサソリ科の全種，*Atrax*属の全種，*Hadronyche*属の全種，*Loxoscheles reclusa, L. laeta, L. gaucho*，ハイイロゴケグモ，セアカゴケグモ，クロゴケグモ，ジュウサンボシゴケグモ，クモテナガコガネ属，ヒメテナガコガネ属
昆　虫　類	テナガコガネ属，ヒアリ，アカカミアリ，アルゼンチンアリ，コカミアリ，セイヨウオオマルハナバチ
無脊椎動物	
（甲殻類）	**ザリガニ類（アスタクス属，ウチダザリガニ，ラスティークレイフィッシュ，ケラクス属），モクズガニ属（上海ガニ）**
（軟体動物）	ヤマヒタチオビ，**カワヒバリガイ属，カワホトトギスガイ，クワッガガイ**，
（扁形動物）	ニューギニアヤリガタリクウズムシ
植　　　物	アレチウリ，オオキンケイギク，オオハンゴンソウ，ナルトサワギク，オオカワヂシャ，**ミズヒマワリ**，ナガエツルノゲイトウ，ブラジルチドメグサ，**オオフサモ（パロットフェザー），アゾラ・クリスタタ（アカウキクサの一種）**，ボタンウキクサ（ウォーターレタス），スパルティナ・アングリカ

指定されておらず，もちろんサキグロタマツメタも特定外来生物になっていない．その理由は，この法律が以下のような基本方針に基づいて運用されているからである．

外来生物法の基本方針

　この法律が制定されると同時に公表された「特定外来生物被害防止基本方針」[12]には，この法律の対象を国外起源の外来種に限ることが書かれている．サキグロタマツメタのような国外起源の外来個体も，国内起源の外来種・外来個体も，この法律の対象外なのである．環境省と農林水産省はその理由を明確にしてはいないが，おそらく，対象とする種を絞って，この法律の効果が確実にあげられるように，との意図があるものと思われる．国外起源の外来種は，税関を通過する際に検疫などの調査をして輸入を禁止することが比較的容易にできるが，国内起源の外来種・外来個体の場合，国内での移動を規制することが非常に難しいからだろう．また，日本の水産業には，先に書いたように100種近い国内起源の外来種・外来個体を放流してきたという実績があり，アサリなどの国外起源の外来個体の導入に頼らざるを得ないという事情もあるため，水産業を保護する立場からもこのような基本方針が必要であったと思われる．

　次に，この法律は「我が国の生態系，人の身体又は農林水産業に係る被害を防止することを目的として」[13]制定されているため，それ以外の産業，例えば，エネルギー産業や運輸業に対して汚損被害を引き起こすような外来の海洋生物は，対象とはならない．なぜ，被害の対象を在来生態系や人の身体，農林水産業に限ったかについても，両省は明らかにしていない．おそらく，エネルギー産業などの指導にあたるのは経済産業省，船舶の運航に関する問題を管理指導するのは国土交通省であるため，環境省や農林水産省がそこに関わることは難しいのだろう．「縦割り行政の弊害」といわれている問題である．

　さらに，基本方針には「人体や物資に付着あるいは物資に混入するなどして持ち込まれる特定外来生物のうち，輸入，飼養その他の取扱いの意志なくなされる導入については，本法の直接的な規制の対象とはならない」と書かれている．つまり，外来海洋生物の主要な移入手段である船体への

付着やバラスト水への混入，水産種苗への混入といった非意図的な移入手段については，この法律の規制対象とはならないということである．したがって，仮にサキグロタマツメタが国外起源の外来種であったとしても，水産種苗への混入という移入手段については法的規制がかけられず，この種の水際での侵入を防ぐ事はできない．

ただし，非意図的に移入される種であっても，「生態系等への被害が生じるおそれがあれば…（略）…必要に応じ防除等の措置を採る」とも基本方針には書かれている．非意図的な移入は規制しないが，非意図的に移入された国外起源の外来種が国内で大発生して生態系や農林水産業に大きな被害を発生させるおそれが出てくれば，その種を「特定外来生物」に指定して意図的な移動を禁止し，駆除などの措置も講ずることはある，というわけである．そのため，例えば，中国や韓国などから輸入されて各地で放流されているタイワンシジミ *Corbicula fluminea* の種苗に混入して移入されたと考えられている淡水産の二枚貝カワヒバリガイ *Limnoperna fortunei* は，特定外来生物に指定されている．環境省と農林水産省が，より多くの外来生物をこの法律の対象とすることができるよう，それなりに配慮をしたことはわかる．

以上のように，この法律には幾つもの問題点と限界があり，多様な外来生物問題の全てに対処できるわけではない．サキグロタマツメタをはじめとする外来海洋生物にも何らかの対策を講ずるには，後述するように他の省庁の積極的な対応や他の新たな法的措置が不可欠であることを皆が知っておく必要がある．

要注意外来生物について

このような基本方針があるため，生態系や農林水産業への大きな被害を発生させていても，特定外来生物に指定されなかった外来生物は大変に多い．2004年6月にこの法律が制定された後，分類群ごとに専門家の会合が開かれて，特定外来生物を選ぶ作業がはじまったが，外来の無脊椎動物（昆虫を除く）を対象とした会合では，①非意図的な移入を規制することができない，②大きな被害を発生させているが全国に拡大してしまって防除が困難となった外来種に対して無策である，③特定外来生物に指定された種

だけが大きな被害を発生させているかのような誤解を与える，などの批判が強かった．

例えば，アメリカザリガニ *Procambarus clarckii* である．アメリカ合衆国南部を原産地とし，1920〜30年代に日本に導入された後，水田を中心とした水系で爆発的に増加し，水稲への加害をはじめとする様々な被害を発生させた，代表的な外来の淡水産無脊椎動物である．現在では被害の報告は少なくなったものの，北海道から沖縄まで，ほぼ全国に分布しているために，国内での運搬や飼育を法律で禁止してももはや手遅れに近い．広い範囲に分布しているため，薬物や捕獲によってアメリカザリガニだけを効果的に駆除することも難しい．さらに，身近な生物教材として学校教育などで広く利用されているため，教育的な配慮という点からも，駆除を進める事が難しい．こういった理由で，この種を特定外来生物とすることに環境省は大きな難色を示し，結局，指定されなかった．このような事情を抱えた外来生物は，ミドリガメとして親しまれているミシシッピアカミミガメやセイヨウタンポポなど数多くある．外来海洋生物では，ムラサキイガイがその代表的存在で，ほぼ全国の海岸に分布し，基礎と応用の両面から生物学的な研究に頻繁に利用され，西洋料理の「ムール貝」という食材として養殖されてもいる．漁具や漁船や様々な船舶に付着して非意図的に運搬されているため，移動の禁止も困難で，海岸からこの種だけを駆除することも容易ではない．特定外来生物に指定しても，法的規制の効果が十分に得られないというわけである．

また，研究の遅れや科学的な知見が不足しているといった事情で，被害を発生させている可能性は高いが，それを国内外で確認できない種も多い．特定外来生物に選ばれた種が非常に少なかった外来の無脊椎動物（昆虫を除く）や植物を対象とした会合では，こういった種をどう扱うかが大きな論点となった．

そこで環境省は，独自のはからいで，こういった種を「要注意外来生物」と名付け，外来生物法とは全く別に，取り扱いに注意が必要な外来種として，啓蒙のために環境省HP（http://www.env.go.jp/nature/intro/1outline/caution/index.html）などで公表することとなった．同時に，将来の「特定外来生物」

の候補となりうる種という位置づけももたせて，さらなる情報の収集と提供を呼びかけている．現在，148種が「要注意外来生物リスト」に掲載されており，外来海洋生物では，ムラサキイガイやミドリイガイ，カサネカンザシなど12種がリストアップされている．

しかし，この要注意外来生物も国外起源の外来種だけを対象としているため，サキグロタマツメタはこの要注意外来生物リストにさえ掲載されていない．繰り返すが，この「要注意外来生物」は外来生物法とは全く関係がなく，環境省が独自に公表しているもので，法的な規制や防除などの措置は何も行なわれていない．なお，以上のような特定外来生物選定作業での議論と配布資料は，環境省ホームページの以下のURLで公開されている（http://www.env.go.jp/nature/intro/4document/sentei/inverte01/index.html）．

9-7　外来海洋生物問題と国際問題

国外起源の外来種には，それを移出する国と移入される国が必ずある．また，必ず原産国からやって来るとは限らず，幾つもの海域や中継国を経て移入される場合もある．その複数の国々で被害が発生する可能性もあるわけで，国際的に対処しなければ効果的な規制が難しい．また，貿易摩擦や特定の国への排外感情を引き起こす可能性がある国際問題でもある．

1）貿易摩擦

何らかの利用目的があって意図的に輸入される外来生物は，輸出する側にとっては，外貨を獲得するために重要な輸出品である．そのため，日本がその輸入を独断で禁止した場合，輸出国との間に貿易摩擦が生ずる可能性がある．

世界貿易機関（WTO: World Trade Organization）という国際機関をご存知だろうか？　関税の低減や輸出入品の数量制限の禁止など，自由貿易の促進を目的として設立された国際的な組織である．この機関には，貿易摩擦をめぐる紛争を処理する能力がある．例えば，WTOに加盟しているA国が，別の加盟国であるB国へとある産品を輸出していたとする．しかし，B国が一方的にこの産品の輸入を制限した場合，A国はWTOに提訴して，他の

加盟国の反対がなければ採択されてB国への対抗措置を取ることができる．これまでに，外来生物問題でこのような貿易摩擦が生じたことはないが，その可能性をはらんだ外来生物がいる．チュウゴクモクズガニ *Eriocheir sinensis* である．

　この種は，「上海ガニ」という名で知られる中華料理の高級食材でもある．もっぱら中国で養殖されて世界各地に輸出されており，中国では大変に重要な輸出水産物の1つになっている．しかし，移入先のヨーロッパでは，1910年代以降，数十年ごとに大発生を繰り返して在来の生態系や水産業に大きな影響を与えている．その「上海ガニ」を日本が一方的に輸入禁止とした場合，排日感情が後押しとなって，中国がその措置を不服としてWTOに提訴するという事態が起こる可能性もある．

　このような事情があったのか，環境省と農林水産省は，この種を特定外来生物に指定するにあたり，両省の許可を得た業者に限って輸入できるような管理体制を取った．原則として輸入を禁止するが，輸入された個体が野外に逃げ出さないようにしっかりと管理できる設備や体制を整えた業者に対してだけ輸入の許可を与えるという方針である．貿易摩擦などの国際問題の発生を避けるための賢明な措置の1つといっていいだろう．

　黄海や渤海産のサキグロタマツメタが混入したまま輸入されているアサリの種苗は，朝鮮民主主義人民共和国（北朝鮮）や中国で漁獲されたものが多い．特に北朝鮮からの輸入は，日本のアサリ輸入量全体の6割を占めるほどの年もあった．また，2004年には北朝鮮から輸入される全ての産品のうち，アサリは輸入額で換算するとその22.4％を占めており，第1位となっていた．しかし，2006年10月に，日本政府は，拉致問題などに対する経済制裁として北朝鮮の産品の全ての輸入を禁止する措置を発動し，北朝鮮産のアサリ種苗も輸入禁止となった．北朝鮮がWTOに加盟していないため，こういった強硬措置が可能なわけである．しかし，新聞やテレビなどの報道によれば，北朝鮮産のアサリが中国の業者にわたって中国産として日本に輸入されており，その不正が何度も摘発されている．

　これまで，輸出入産品に対する検疫は，ヒトへの安全性や農産物の保護を目的として行われてきた．しかし，外来種問題は，水産物や環境への影

響にも配慮した貿易のあり方と検疫体制の必要性をあぶりだしている．2国間の外交関係が良好であれば，両国の協議の上で相互の利益と環境への影響も考慮した輸出入産品の管理，つまり，外来種の管理が可能となる．ただし，そうでない場合には，政治・経済問題もからんで，外来種管理を進めるにも一筋縄では行かない事態となる．国際的な取り組みが必要な外来種問題の解決にとっても，各国との健全な外交関係の発展が不可欠である．

2) 極東アジア海域は外来海洋生物の一大供給地？

かつて，水産大国である日本からはマガキ，アサリ，コンブなどの水産種苗が，世界各国へ輸出されていた．海外で水産物や生態系に大きな被害を発生させている外来生物には，そういった水産種苗に混じって海外へ運ばれた日本の在来種も多いと考えられている．また，日本や韓国，中国などの極東アジア諸国は，輸出量よりも輸入量の方が多く，それを運ぶ船舶のバラスト水が他の海域へと大量に運ばれ，廃棄されている．そのため，極東アジアは，外来海洋生物の主要な供給海域の1つとなっているという指摘が欧米諸国の研究者から何度もあがっている．

例えば，アメリカ合衆国北部の太平洋岸の各所で，2002年頃からホソウミニナという日本在来の巻貝が干潟を覆い尽くすほど大発生するようになった．そのDNAを調べたところ，宮城県産のものと一致したため，宮城県から輸出された養殖用のマガキの種苗に混じって海を渡ったものと考えられている．日本在来のワカメやアナアオサなどの海藻（緑藻類）も，アメリカ合衆国やカナダ，オーストラリア，ニュージーランドで外来種として繁茂しており，一部の海域では枯れて腐敗した藻体が，海岸の水質を大きく悪化させている．その遺伝子を分析したところ，日本の各所の遺伝子の型とほぼ一致したため，日本から船舶によって運ばれたか，養殖用のマガキの種苗に付着して運ばれたものと考えられている．アサリも，日本またはその近海からイギリスに輸出され，蓄養されていたものが，イタリアのアドリア海沿岸に放流されて，干潟の生態系を大きく変えるほどに大発生し，着実に分布域を拡大させている．

このような例は，枚挙にいとまがないほどある．日本では，海外から移入された「侵略的外来種」がマスコミの話題となっているが，日本は外来

海洋生物の一大輸出国でもあることを知っておく必要がある．そうでなければ，国際的な協調が必要な外来種問題への国内での対応や対策が，自国の利益だけを求める偏ったものになり，世界的規模での解決の障害となってしまう可能性がある．

9-8 外来海洋生物の移入の阻止と防除に向けて

1) 特定水域でのモニタリング

国内に侵入した外来生物を早期に発見することは，効果的な防除を進めるための方策の1つとなる．オーストラリアとアメリカ合衆国では，外来海洋生物の侵入・定着・分布拡大の実態を把握するために，それぞれ全国約30もの港湾で，大学，研究機関，港湾管理機関が協力して定量的な調査によるモニタリングを実施している[13]．

日本では，船舶によって移入されたと推定される国外起源の外来種の初発見地は，東京湾や瀬戸内海の東部海域に多い．外来種が初めて発見された場所が，初めて移入された場所とは限らないが，分布拡大の起点となった場所である可能性は高い[14]．また，水産増養殖の研究のために導入された外来種は，もちろん，水産研究施設や大学の研究機関とその近辺の海域に導入される場合が多い[14]．水産種苗に混入して非意図的に移入される外来生物も，それぞれの水産種苗の主要な養殖・蓄養・放流海域に移入されているはずである．したがって，外来海洋生物が日本に移入される海域は，全国に広く分布しているわけではなく，ある程度絞り込む事が可能である．日本には，各都道府県に水産研究施設や水産研究所があるため，大学の研究機関や港湾機関なども協力して，そういった海域でモニタリングを行い，新たな侵入種の早期発見システムや侵入・定着・分布拡大の実態を把握するためのネットワークを作ることも，決して不可能ではないだろう．

2) 沿岸環境の保全

良好な水域・沿岸環境を保全し，場合によって復元することは，外来生物の定着と分布拡大の阻止，被害の防止のためにも重要な方策だと考えられている．日本では，干拓，埋め立て，水質悪化，砂利採取などのために

干潟や清浄な砂底・内湾水域が著しく減少しており，沿岸部には人工的なコンクリート護岸が施されて生物の生息環境が著しく悪化している．そこに多くの外来付着動物が定着しているという現実がある．人為的な影響の少ない健全な自然環境では，在来種の存在が外来生物の定着や密度の増加を阻止している可能性があり，在来種の生物多様性を維持するための方策は，外来種対策にも効果的なものだと思われる．

ただし，予防的な観点からその効果を実証した研究はまだなく，水生の外来生物の全てが人工的環境だけに生息しているわけでもない．さらに，自然復元事業には，他の場所から生物や自然素材を導入する行為が必ず伴うため，それが外来種の新たな移入手段となってしまうという懸念がある．国外起源の外来生物だけでなく，国内起源の外来生物や国外起源の在来種も持ち込まないよう，慎重に行なわれる必要がある．

3) 法的規制

外来生物による被害を未然に防止するには，やはり，移入手段ごとに外来生物の人為的な持ち込みを阻止する方策を講ずることが，何よりも重要だろう．しかし，日本では，外来海洋生物に対する予防的な対応や法的な規制は全く行われていない．サキグロタマツメタ問題に代表されるように，水産生物の輸入と，輸入種苗への混入による非意図的移入についても，何の対策も進められていない．

水産業では意図的に外来生物を導入せざるを得ないこともある．その場合でも，導入候補種に関する表9-2のようなリスク評価とリスク管理を事前に行なって，在来生態系や人間社会への影響の有無を検討しつつ外来生物を管理することが望まれる．この表9-2は，ICES（International Council for the Exploration of the Sea）が公表している海洋生物の導入・運搬・利用の際に遵守すべき規範[15]をまとめたもの．ICESは，EU加盟国に対して，大西洋での漁業資源の管理や海洋環境の利用と保全に関する各種の規範の公表や勧告を積極的に行っている国際的な組織である．

また，歴史的に大きな効果を発揮してきた植物防疫制度にならって，外国産水産生物の輸入を公的に管理し，外来生物の混入した水産種苗の輸入を禁止する「水産物防疫」の制度を立ち上げる必要もある．なお，水産種

表 9-2 外来生物の導入・運搬に関するリスク評価とリスク管理（ICES[16]）の一部を大幅に改変. 岩崎[6] から引用).

1．導入決定以前の手順
 (1) 自然分布域
  1) 導入候補種の繁殖や成長に必要な物理・化学・生物学的環境条件，病原・寄生生物やその他付随して移入される可能性のある生物に関する情報収集と調査
  2) 導入候補種が他種に与えている生態学的・遺伝的・疾病媒介による影響に関する情報収集と調査
  3) 分布拡大に関わる自然要因・人為的要因に関する情報収集と調査
 (2) 導入予定およびその周辺水域
  1) 導入候補種の繁殖や成長に関わる物理・化学・生物学的環境条件と生物相および生物間相互作用に関する情報収集と調査
  2) 導入候補種による在来生態系，水産対象種やその他産業に対する潜在的な影響に関する情報収集と調査
  3) 導入候補種の分布拡大をもたらす自然的・人為的要因に関する情報収集と調査
2．第3者機関による導入の可否の決定
3．導入決定後の手順
 (1) 逸出・逃亡が不可能な隔離施設で導入個体を飼養し，繁殖・種苗生産のためだけに使用する．
 (2) 以下の条件を満たした場合にのみ，導入個体から生産された種苗を野外に放流・蓄養・養殖する．
  1) 遺伝的・生物学的・環境学的に，負の影響が極めて低いとのリスク評価が示された時，かつ，
  2) 病原・寄生生物や非意図的な付随生物が，野外へ放つ種苗で検出されない時，かつ，
  3) 容認できない経済的な損害の発生の可能性がないと認められた時
 (3) 不測の事態が発生した際の除去・駆除等の計画を用意して，試行的に，在来種との相互作用やリスク評価の仮定を検証するために，限られた水域で飼養する．
 (4) 試行段階および事業拡大後のモニタリングの実施と，年間報告書の第3者機関への提出

苗の輸入は，日本での漁獲量が著しく減少したために行われているわけであり，在来水産生物の生息環境を保全あるいは復活させることで，外来の水産資源に強く依存しない水産業が展開されるべきだろう．

前述したように，日本の外来生物法や海外の外来種規制措置のほとんどは，いわゆる「ダーティーリスト」方式と呼ばれるもので，被害の発生が懸念される外来生物のみを対象としてその移動や利用を制限するものである．しかし，予防原則にしたがえば「クリーンリスト」方式に基づいた規制が有効であることは間違いない．将来的にはそういった法的整備を進めつつ，それを受け入れることのできる社会的・経済的環境を醸成していくことが強く望まれる．

文　献

1) 岩崎敬二：外来生物による日本の沿岸海域生態系への影響, 水環境学会誌, 28, 598-602 (2005).
2) 岩崎敬二・木村妙子・木下今日子・山口寿之・西川輝昭・西栄二郎・山西良平・林　育夫・大越健嗣・小菅丈治・鈴木孝男・逸見泰久・風呂田利夫・向井　宏：日本における海産生物の人為的移入と分散：日本ベントス学会自然環境保全委員会によるアンケート調査の結果から, 日本ベントス学会誌, 59, 22-43 (2004).
3) 岩崎敬二：外来付着動物と特定外来生物被害防止法, Sessile Organisms, 23, 13-24 (2006).
4) Pimentel, D., Lach, L., Zuniga, R. and Morrison, D.: Environmental and economic costs of nonindigenous species in the United States, BioScience, 50, 53-65 (2000).
5) 岩崎敬二：日本に移入された外来海洋生物と在来生態系や産業に対する被害について, 日本水産学会誌, 73, 1121-1124 (2007).
6) 大越健嗣：輸入アサリに混入して移入する生物—食害生物サキグロタマツメタと非意図的の移入種, 日本ベントス学会誌, 59, 74-82 (2004).
7) 村上興正：海洋漁業における生物多様性の保全と移入種利用, 月刊海洋号外, 17, 134-140 (1999).
8) 大谷道夫：日本の海洋移入生物とその移入過程について, 日本ベントス学会誌, 59, 45-57 (2004).
9) Carlton, J.T. and Geller, J.B.: Ecological roulette: the global transport of non-indigenous marine organisms, Science, 261, 78-82 (1993).
10) 磯崎博司・高橋満彦：5.6 海外の法的規制, 外来種ハンドブック（日本生態学会編）地人書館, 2002, pp. 30-33.
11) Takahashi, M.A.: A comparison of legal policy against alien species in New Zealand, the United States and Japan: can a better regulatory system be developed? Assessment and Control of Biological Invasion Risks (F. Koike, M. N. Clout, M. Kawamichi, M. De Poorter, K. Iwatsuki), IUCN Gland and Shoukadoh Book Sellers, 2006, pp.45-55.
12) 環境省・農林水産省：特定外来生物被害防止基本方針, 環境省・農林水産省, 2004, 33pp.
13) Ruiz, G. M. and Hewitt, C. L.: Toward understanding patterns of coastal marine invasions: a prospectus, Invasive Aquatic Species of Europe: Distribution, Impacts and Management (E. Leppäkoski, S. Gollasch and S. Olenin), Kluwer Academic Publishers, Dordrecht, 2002, pp. 529-547.
14) 岩崎敬二・木下今日子・日本ベントス学会自然環境保全委員会：日本に人為的に移入された非在来海産動物の分布拡大について, 日本プランクトン学会誌, 42, 132-144 (2004).
15) ICES: ICES code of practice on the introduction and transfers of marine organisms 2005, International Council for the Exploration of the Sea, Copenhagen, 2005, 30pp.

10章 サキグロタマツメタが問いかけるもの

大越健嗣

10-1 トキの絶滅と絶滅寸前のサキグロタマツメタ

　Nippoina nippon の学名をもつ鳥，トキが日本で絶滅したのは2003年のことだ．実際には雄が1995年に死にその後老齢の雌が8年間生存したが，繁殖を考えれば雄が死んだ時点で絶滅は時間の問題だった．日本はトキ復活を目指して中国産のトキを親として1999年から本格的に繁殖にとりかかった．その結果同年にはじめてのヒナが誕生し，現在は野外への放鳥が毎年試みられるまでになっている．

　なぜ，鳥の話かと思われるかも知れない．では，上の文章の「トキ」のところを「サキグロタマツメタ」と入れ替えて読み直してみてほしい．あまり違和感のないことにはっとするだろう．実は時期も含めてトキとサキグロでほとんど同じようなことが起こっていたのである．

　トキ，正確には日本に生息していたトキの個体群は絶滅した．これまで日本周辺に生息する海洋生物では，海獣類などを除いて明らかに絶滅したとされるものはいないらしいが，サキグロは1990年には絶滅寸前とされた．私を含めその後20年たった2010年まで確実に日本産のサキグロだという個体の発見例はない．第3章の浜口氏の遺伝学的研究でも同様だ．トキのように個体識別ができるレベルではないが，日本在来のサキグロはすでに絶滅しているかも知れない．1999年，中国産の個体群を使ったトキの繁殖がはじまったとき，宮城県の万石浦では，サキグロの外国産個体群の生息が確認された．これは自然繁殖のように見えるがそうとは限らない．エサになるアサリを大量に撒いて，サキグロを「養殖」していたとも言えるからだ．各地で「養殖」されていたサキグロは，さらに国産アサリと一緒に

運ばれ（第1章参照），自然の海に放たれた．外国産だけでなく，国産アサリにもサキグロが混じっている[1]．佐渡で放鳥された後に宮城県まで飛来したとの情報があるトキよりは行動範囲は狭まるが，サキグロもフローティング（第6章参照）で松島湾中に分布域を拡大した．そして現在はトキより一足先に野外で繁殖し，日本全国に広がっている．かつてトキも日本全国に生息していた．個体数が増えればトキがそうなることも夢ではない．

　このようにトキとサキグロは，同種の外国産個体群を日本国内に持ち込み繁殖させ野外に放つという点でまったく同じである．しかし，トキの場合は繁殖成功が賞賛され，サキグロは駆除される．ひとつ大きな違いは，トキは意図的に外国から導入した生物（意図的移入種）であり，サキグロは意図的に輸入したアサリに混じって非意図的に入ってきた非意図的移入種である．意図的移入種であるアライグマを繁殖させ野に放てば罰則の対象になるが，非意図的移入種のサキグロがアサリとともに放流されても罪にはならない．トキは…意図的移入種なので放鳥すると罰則が…とはならず，逆に多くの人が野外での繁殖を祈っている．繁殖に成功したトキが，たとえば今の10倍ぐらいに増えたらどうなるか．きっと何らかの問題が起こるだろう．トキが田んぼにいると，思うように農作業ができない人も出てくるかもしれないし，希少種の魚や昆虫などがトキに食べられ絶滅寸前になるかも知れない．あるいは，トキが佐渡から他県に移動・繁殖し，そこにずっと留まるようになったらどうなるか．社会的な問題も起こってくるかも知れない．このようなことにあまり疑問をもたず，比較的何でも受け入れる私たち日本人の特性が表れているように思う．

　青森県下北半島に生息するニホンザルは国の天然記念物で「北限のサル」として知られているが，農作物を荒らすなどの被害（2009年度のむつ市全体での被害額は946,000円という）が出ていることから相当数が捕獲・薬殺されている．トキも増えすぎと判断されたり，農家あたり数万円ぐらいの農業被害が出た時はあぶないかも知れない．そのような曖昧さと危ういバランスの上に私たちのまわりにいる生物はいつもさらされているといっても過言ではない．

　法律の問題についても一言触れたい．トキは「特別天然記念物」であるが，

天然記念物は「文化財保護法」に基づいて文部科学大臣が指定する．所管は文化庁だ．一方，環境省には「絶滅のおそれのある野生動植物の種の保存に関する法律」があって，トキは保護増殖事業の対象種となっている．佐渡トキ保護センターはその役割を果たしている．一方，下北半島のニホンザル（ホンドザル）は，国の「天然記念物」であるが，環境省の保護増殖対象種にはなっておらず，1998 年の環境省の改訂版レッドデータブックでは絶滅のおそれのある地域個体群と評価されていたものが，2007 年の環境省のレッドリストではランク外となっている．数が増えたからだ．このように，1 つの「種」や「個体群」が，生息している状況はまったく同じでも，所管官庁によって扱いが異なる．つまり，国としての対応が一元化されていないのだ．外来種の中国産トキが環境省の外来生物法（特定外来生物による生態系などに係る被害の防止に関する法律）の特定外来生物（アライグマなどがこれにあたる）にも要注意外来生物（アメリカザリガニなど）にも指定されていないのは言うまでもない．

　さて，話をサキグロにもどし，サキグロがなぜ問題になったのかをもう一度考えてみよう．サキグロの日本個体群は絶滅寸前だったが，天然記念物でも増殖対象生物でもなかった．また，サキグロの中国・朝鮮半島個体群は非意図的移入種であり，持ち込まれても罰則規定がない．さらに外来生物法の特定外来生物にも要注意外来生物にも今のところ指定されていないので，法律上も野放し状態にある．しかし，アサリの食害という漁業被害を起こし増えすぎたから問題が顕在化した．もし，移入して繁殖したサキグロが少数で，アサリの食害も 1 つの漁協当たり数万円程度だったら問題は起こらなかったのではないだろうか．むしろ，絶滅寸前だったサキグロの個体数が回復してきたということで，干潟のブラックバスではなく「干潟のトキ」と呼ばれていたかも知れない．いや，これからだってその可能性がある．サキグロは低温には強く 4℃でも死なないが 25℃以上の高温で飼育すると死亡率が高くなる（図 10-1）．地球温暖化が進めば関東地方ぐらいまでに生息しているサキグロも大量死し，宮城や福島の個体群は貴重になるかも知れない．

　後述のように，アサリとともに移入した二十数種の生物（第 1 章参照）

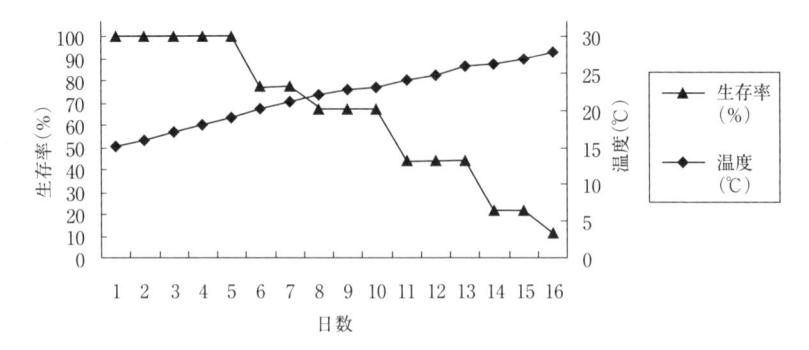

図10-1 サキグロタマツメタの生残率と温度との関係.秋季に採集した大きさがランダムなサキグロを現場海水とともに収容し,少しずつ加温した.水温が20℃を超えたあたりから死亡がはじまり,25℃を超えると一気に生残率が低下した.

の中で,目に見えた漁業被害を起こしたサキグロだけがクローズアップされ,とりあえず問題が起こっていない,あるいは起こっていてもわからないものに関しては,それらがすべて外来種で,日本には生息していない種を含んでいたとしてもほとんど無視され続けるのである.

10-2 輸入アサリの生物多様性への影響

サキグロは水産への影響がクローズアップされているが,輸入アサリを撒くことが干潟の生態に影響を及ぼすことが懸念される.理由は3つある.①1つは後述のように,アサリの外国産個体群が在来個体群に与える影響である.アサリは中国から北朝鮮を含む朝鮮半島沿岸の様々な地域個体群が日本に来ていると考えていい.②2つめはサキグロの食害による干潟に生息する生物の在来個体群への影響である.第1章でみたように,サキグロは干潟にいる様々な貝類を捕食することはすでに明らかになっている.まだ,定量的なデータはないが,サキグロの捕食が干潟生物の多様性に影響することが懸念される.③3つめはサイレント・エイリアンの影響である.第8章で示したように,在来種と同種の生物がアサリ袋には多数混じっている.中国からのマメコブシガニと北朝鮮からの個体,それに宮城在来の個体が干潟で出会う可能性が高い.在来個体がエサの競争に敗れて駆逐さ

れるか，交雑してハーフが生まれることもあるかも知れない．これらについてもまだ具体的なデータはほとんどない．ここ20年で日本の「干潟の国際化」は急速に進んでいる可能性が高い．

10-3　なぜ，移入は続きサキグロタマツメタは減らないのか？

2010年3月の外国産アサリ袋の調査でも，あいかわらずサキグロもハナツメタもサルボウも見つかった（図10-2）．20年以上，サキグロを含め外来種の移入は続いている．漁協では，サキグロやサルボウなど他の貝（雑貝と呼ばれている）や小石が混入していたり，図10-3のように割れたアサリが多く混じっていた場合は流通業者にクレームをつけることがあり，実際私もそのような場所に居合わせたことがある．強い口調の漁業者に対し流通業者は，その分いくらか安くしますからとソフトに対応する．最初から1～2割の死貝が出るのは織り込み済みという．要は利益が出ればいいと非常にあっさり言う業者もいた．アサリ袋の中身がアサリでなかったり，ほとんど死んでいたりというような場合は輸出先の業者にFAXするなどはあるが，それで改善しているかどうかは確かめようがないという．

図10-2　輸入アサリに紛れて移入するサキグロタマツメタ（指で示した1個体）とハナツメタ（他の4個体）．2010年3月．

図 10-3　輸入アサリ袋から取り出された貝殻が破損した個体．2010 年 3 月．

　国はアサリそのものの偽装などがあったときは対応するが，毎年数万トン輸入されてくるアサリの袋をいちいち調べることは到底無理だという．中身が見えないアサリ袋の中身を瞬時に外から調べる方法を開発してくださいという冗談とも本気ともとれないことを言われたこともあった．
　こうして，2010 年現在もサキグロは外国から入り続けている．原産地での「不十分な選別」，外国から日本，さらにその先への「迅速な運搬」，購入した漁業者の「選別なしの放流」[2)]の長年の継続の結果がアサリ輸入に伴って多くの生物が移入した原因と考えられる．そして，カキの出荷時期と卵塊駆除時期の重なり，その他様々な要因で，継続的な駆除が難しいことなどが，移入がストップせず，サキグロもなかなか減少しない要因と考えられる．これを変えていかない限り問題はずっと継続し，事態はさらに悪い方に向かう可能性がある．

10-4　国産アサリという幻想

　毎年，日本で採れる量と同量から 2 倍以上が輸入されるアサリ．食品スー

パーでは，中国産ネギ，ロシア産ケガニ，フィリピン産マンゴーはよく見るのに，なぜか外国産アサリはほとんど見たことがない．サキグロの研究を開始してから「アサリ（韓国産）」と表示しているパックを2度ほど見た記憶しかない．学生や各地で就職している研究室の卒業生には，そのようなものを見つけたら「写メ」して，可能なら買って送ってくださいとお願いしてある．

アサリは輸入され，日本の海に一度浸かると「国産アサリ」として出荷できる．JAS法（農林物資の規格化及び品質表示の適正化に関する法律）上問題はない．水産物と畜産物は，その生育期間の最も長い場所を原産地と表示することができるので，中国で買った稚貝（1年貝）を輸入し，2年間有明海で蓄養して大きくすれば国産として出荷して問題はない．もちろん，適正に行われていればである．しかし，現実には様々な問題が起こっており，私はJAS法そのものの考え方を変える時期に来ているのではないかと考えている．

国産アサリと外国産アサリには価格差がある．通常2倍から3倍国産の方が高い．したがって流通業者も小売業者も国産として売りたい．上記の手続きに従えばそれができる．しかし，どのぐらい日本の海に浸かっていたのかを証明する方法がない．長く浸けたことも証明できないかわりに短くともわからない．小型の貝を輸入すれば安いが，国内で生育させる場所が必要で，その間の歩留まりも気になる．貝が大量に死ねば大損する．できれば，出荷サイズかそれに近い貝を輸入し，短期間で「国産」として出荷した方が効率がいいと考えるのは当然かもしれない．そこで，短期では「1泊2日」や「2泊3日」などということが起こりうる．その上を行くのが「袋の入れ替え」だ．麻袋に入っている輸入アサリを黒や青いメッシュの袋に入れ替えただけで国産として出荷することもあるという．これは明らかに偽装だということで取り締まりの対象になるが，1社で3,000トンもの偽装が発覚したこともあり，組織的に偽装が行われ続けていることは半ば常識という．3,000トンといえば輸入量の5〜10％にもなるが，袋を入れ替えただけで値段が2倍，3倍になるのだから，これはどんな業種だってやりたい誘惑にかられるはずだ．したがって，現在のままでは偽装も，1泊2日など

のグレーな行為もなくならず，摘発と偽装の巧妙化のいたちごっこが続いている．

10-5　JAS法の改正

では，どうすればいいのだろう．JAS法は，近年たびたび改正されているが，2009年の改正では第1条の条文に「消費者の利益の保護」に寄与するという文章が加わり，消費者視点が重要視されることになった．これは前進である．そこで，私はアサリなどの生貝に限っては「生育期間の最も長い場所（地区）を原産地」とするこれまでの考え方を改め，「原産地，養成地二記名表示」を提案する．「原産地：中国（大連），養成地：日本（熊本）」といった表示である．消費者は「原産地：中国，養成地：中国」や「原産地：宮城，養成地：宮城」（天然）というような表示の中から現物を見て，酒蒸しの試食で味を確かめ，価格を見ながら選ぶことができるだろう．

　これは，はたして輸入，流通，小売り業者の痛手になるだろうか．私はそうは思わない．そもそも，外国産アサリと国産アサリにどのぐらい品質の差があるのだろうか．アサリ偽装が顕在化する前，韓国産カキを宮城産と偽装して販売したカキ偽装が問題になった[3]．それが発覚したのは消費者からの指摘ではなく，内部や同業者の告発だった．つまり，我々消費者は，両者の違いに気が付かなかったのである．今は当時のサンプルがないので測定しようがないが，グリコーゲン含量やアミノ酸組成，あるいは味などが明確に宮城県産のカキが優れており，価格も2倍が適当ということが言えたのだろうか．私は疑問に思う．

　近年，果物はスーパーで糖度表示が目立つ．11度だったら少し酸っぱいが15度だったらかなり甘いという具合で消費者はスイカをたたかず，見た目と数字で判断するようになっている．カキでは近年，グリコーゲンや亜鉛の量を食品分析表に掲載されている値と比較してホームページに表示して購入を促すなどの方法が散見される．アサリなら，グリコーゲンや，タウリン（第3編のコラム参照），コハク酸，ビタミンB_{12}などが有望かも知れない．このように有用な成分を数字で表すということが水産物でも試み

られており，これが進めば，消費者はそれが外国産か国産かということよりも，品質がどうかということを重視するようになると考えられ，偽装そのものの意味がなくなる可能性がある．さらに，二記名法にして原産地をわかるようにすれば，たとえば何か問題があったときに，原因をたどることも可能になる．たとえば，千葉県で2007年に突然大発生したカイヤドリウミグモなどもどこから来たのかまったくわかっていない[4]が，原産地や養成地がわかれば，履歴を絞り込むこともできるだろう．このことは消費者のみならず，生産者や流通業者にとってもプラスになるはずだ．

10-6　現実的対応

サキグロ，あるいはアサリ輸入で入ってくる外来生物について国はどのように考えているのか．そのことをうかがい知る資料がある．実はサキグロは国会でも何度か取り上げられている．2005年4月15日の第162回国会内閣委員会第9号の食育基本法案の審議の時に委員の一人がJAS法とサキグロについて質問し政府参考人が答弁するという場面があった（この全文は公開されているのでインターネットで関連情報にアクセスすることができる）．委員がサキグロの対策をやらないと日本のアサリがなくなると言うと，参考人は，国内の一部で大きな被害が出ているということは承知している．サキグロが外国からの輸入アサリにまじって国内に入ったという情報もあるが，「もともとこの巻き貝は日本にも存在する貝でありますので，その由来については現在のところ判明していないというふうに考えております」．水産庁としては，アサリ資源全国協議会の中で対策を考えており「その中でツメタガイ等の食害生物対策も視野に入れて検討しているところでございます」（「」内は原文のまま）と述べている．もちろん両者とも私の2004年の報告[2]を参考にしているのは言うまでもない．アサリ資源全国協議会は水産庁，（独）水産総合研究センター，アサリ生産に関わる各県が2003年に立ち上げた組織で，アサリ復活への提言をまとめている[5]．しかし，この中では輸入アサリ（の国産アサリ生産への影響）についてはほとんど触れていない．つまり，協議会が進める検討事項の中に，アサリの食害生

物としてサキグロは入っているが,「輸入アサリそのものが,国産アサリの減少や今後の生産に関わっているかどうかの検討」は行わないとしているのである.これが私には不思議でならない.あまりいい例えとは言えないが,日本の人口が1億2千万人だとすると,そこに2億4千万人の外国人を入れたらどうなるかを想像してほしい.同じホモ・サピエンス同士だから混血が進む.一部は日本人だけや外国人だけの世代交代も進む.さらに,そこに再び外国人を入れる.アサリとは世代時間が違うので,毎年という訳にはいかないが,ほどなくして,もともとの日本人集団に様々な影響が出るのは必至である.外国人がペットを連れてくれば,ペットの混血も進む.ペットがみなワニやカミツキガメだったらさらにとんでもないことになるだろう.

　サキグロについては,由来がわからないという話が出てくるが,どこから来たサキグロなのかよりも,実際現場でアサリの食害が起こっており,それに早急に対応するのがまず必要なことだ.国内個体群の可能性もあるからと対策を先延ばしにし,毎年大量に日本の海に撒かれる中国や朝鮮半島沿岸のアサリ個体群や近縁種のヒメアサリの国内アサリ個体群への影響[6]はほとんど考慮せず,さらにアサリの原産地を隠すかのようなJAS法には手をつけず流通経路をうやむやにしたままで,高度な研究をすすめても「10年後にアサリ生産量を2倍に！」のスローガンは果たして達成できるのだろうか.有明海などでは外国産アサリと国産アサリの混合率が4割～5割という推定値[6]も示される中,国産アサリだけ生産してきた時代と外国産アサリを導入した後の時代とでは,アサリ減少の要因も違ってくる可能性があるのは自明のことである.

　アサリは外国産でも国産でも,スーパーの店頭にパック詰めで並ぶときはパックの中身はすべてアサリである.そうでないと消費者からクレームがつく.しかし,最初の段階の輸出される袋の中にはアサリとともにさまざまな生物が入っていてもクレームは弱い.そして,それらは日本国内で全部落としてスーパーにはアサリだけが並ぶ.輸入は国際問題であり政治問題でもある.業者だけでは限界があることは前にも述べたが,農林水産省や外務省,それに政治家も関わって,ここ20年も続く,この状態を改め,

まずは，雑物の混じらないアサリの輸入にできるだけ近づけていくことが求められる．サキグロは意図的か非意図的か，国産か外来かも問題ではない．現実に何が起こっているのかを丁寧に見ていくことが大事だ．

外来種と在来種の攻防を描いたアラン・バーディックの「翳りゆく楽園（原題は Out of Eden）」[7)] には，「在来や外来にこだわって定義するより，「実際に何が起こっているか」を，足で歩いて確かめようとする」というくだりがある．解説の養老孟司氏は「日本人がもっと学んでいいことである」と記している．

10-7　新しい潮干狩りの提案

本章では，生産者や流通業者，国などについてサキグロとのかかわりを述べ，問題点を検討してきたが，最後に私たち消費者や潮干狩りを楽しむ側についても考えたい．

これまでの潮干狩りは「元を取る」ことに主眼がおかれていた．たとえば，入漁料 1,000 円を払えば 2 kg まで採れる．石巻では 4 kg まで OK だった．潮の引いた干潟にはカニやゴカイや他の貝もたくさんいるが多くの人はわき目も振らずとにかくアサリを採ることに専念する．採れない潮干狩り場は人が来なくなる．だから安い外国産アサリを撒く．入漁料の多くがその購入費に当てられる．この繰り返しがサキグロの移入を生み，地場のアサリの生産をだめにしてきた一因と言えるだろう．

私たちも考え方を変えよう．潮干狩りは家族でもカップルでも職場のグループでも行ける．潮の引いた干潟は平坦で子供が転んでも大丈夫だ．見る，触る，食べるという自然に親しめ，かつ毎年楽しめる数少ないレジャーである．これを存続するために，新しい潮干狩りを提案したい．1,000 円で採れるアサリを半分の 1 kg にする．1 kg あれば 4 人家族でその日のアサリご飯と味噌汁，次の日のスパゲティボンゴレには十分な量だ．となり近所や親戚にアサリを配って大漁自慢をするのはあきらめよう．漁協は徴収した入漁料のうち 300 円を地場のアサリの種苗生産費にあてる．すでにアサリの稚貝生産技術は開発されているので，ある程度経験を積めば可能だ．そ

れを県も後押しする．全国的にそれを行い，入漁者も関わりながら国産アサリ復活を目指す．アサリ以外の生き物にも目がいくように大学や地元のNGO・NPOと協力して干潟の生き物パンフレットも作って潮干狩り客に配ろう．アサリ汁を無料で振舞っても500円は残るはずだ．毎年1回の潮干狩りは楽しむだけでなく，継続して自然に触れること，そして皆で自然を考えることにつながるはずだ．これこそが「元をとる」ことだと私は思う．日本の主要なアサリ生産地は，イコール日本の主要な干潟である．アサリの生産がダメになること，漁業者も私たちも関心がなくなることは，日本の干潟そのものに関心がなくなり，失われていくことに他ならない．

サキグロタマツメタは身をもってそのことを私たちに伝える「海からの使者」なのである．

文献

1) 大越健嗣：非意図的移入種の水産被害の実例-サキグロタマツメタ，日本水産学会誌, 73, 1129-1132 (2007).
2) 大越健嗣：輸入アサリに混入して移入する生物―食害生物サキグロタマツメタと非意図的移入種，日本ベントス学会誌, 59, 74-82 (2004).
3) 大越健嗣：微量元素を用いたカキの産地判別と新しいカキ生産システムの構築，水産物の原料・産地判別（福田裕・渡部終五・中村弘二編），恒星社厚生閣, 2006, pp. 128-138.
4) 宮崎勝己・小林 豊・鳥羽光晴・土屋 仁：アサリに内部寄生し漁業被害を与えるカイヤドリウミグモの生物学, タクサ (日本動物分類学会誌), 28, 45-54 (2010).
5) 町口裕二：日本のアサリを増やすために，アサリ資源全国協議会の提言, 日本水産学会誌, 72, 766-771 (2006).
6) Vargas, K., Asakura, Y., Ikeda, M., Taniguchi, N., Obata, Y., Hamasaki, K., Tsuchiya, K. and Kitada, S.: Allozyme variation of littleneck clam *Ruditapes philippinarum* and genetic mixture analysis of foreign clams in Ariake Sea and Shiranui Sea off Kyushu Island, Japan, *Fisheries Science*, 74, 533-543 (2008).
7) アラン・バーディック：翳りゆく楽園 外来種 vs. 在来種の攻防をたどる (原題：Out of Eden), 伊藤和子訳, 養老孟司解説, ランダムハウス講談社, 2009, 446pp.

ショートストーリー
「サキグロたまちゃんの大冒険」

この物語は、サキグロタマツメタを主人公に、
サキグロタマツメタ側から見たお話です。
大越健嗣が構成と絵コンテを担当し、
当時研究室の4年生で美術部に所属していた
菊地泰徳（ペンネーム：やす）が作画しました。

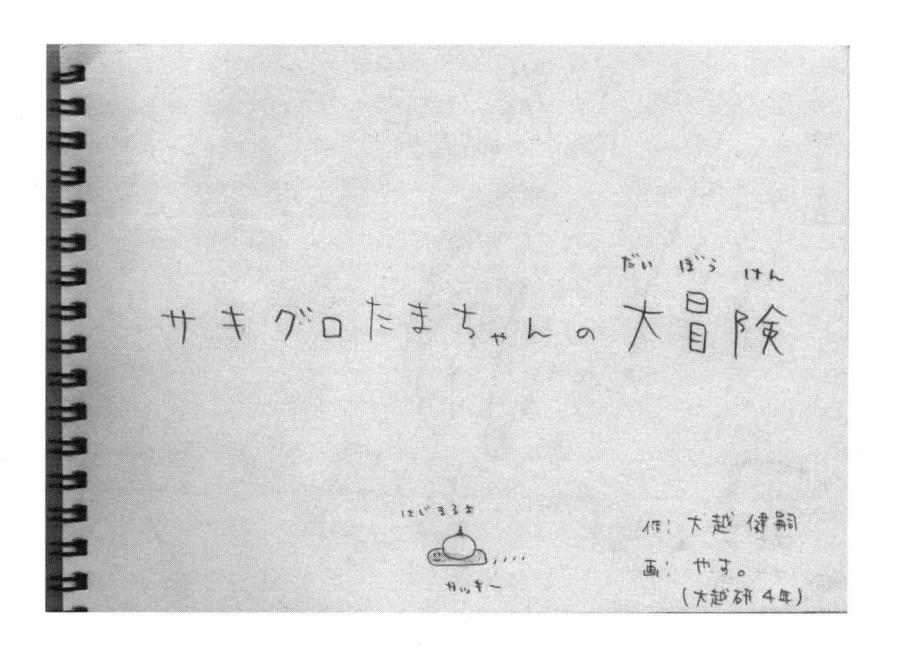

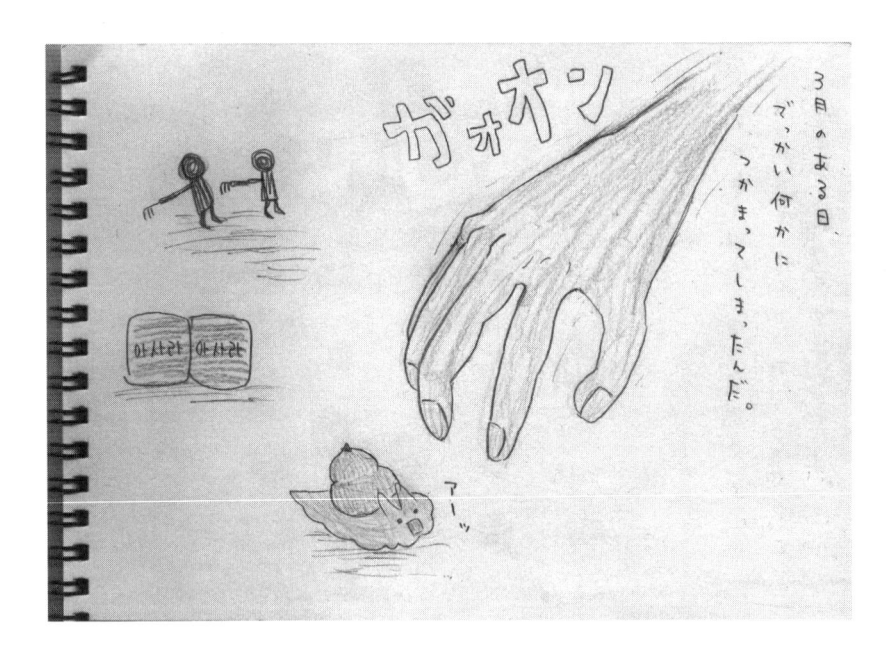

ぼくは、たまちゃん。
北の方にすんでいるんだ。
友達と一緒にね。
エサもたくさんあったんだよ。

今日もいい天気だね。

そうだね、
たまちゃん。

3月のある日、
でっかい何かに
つかまってしまったんだ。

ガォオン

アーッ

そして、暗くてせまい所にとじこめられた、ヘルーブ。
でも、そこはおいしそうなにおいがしたんだよ。

くるしー
アサリ アサリ アサリ
アサリ アサリ
To Japan →

気がつくと海に投げこまれていた。
そして、エサのアサリが降ってきたんだ。
ここは、まさにパラダイス銀河。

アサリ
ウマそー

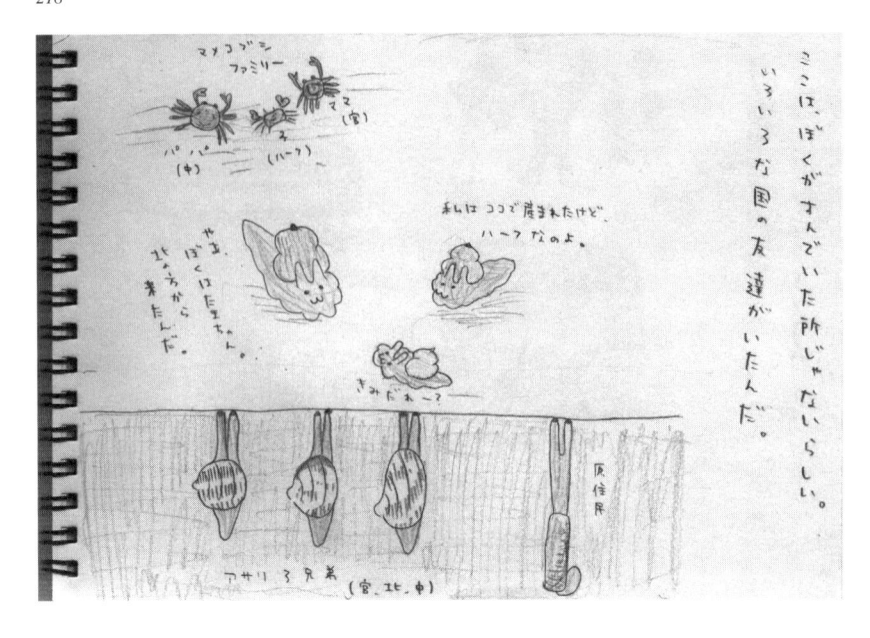

ここは、ぼくが すんでいた所じゃないらしい。
いろいろな国の友達がいたんだ。

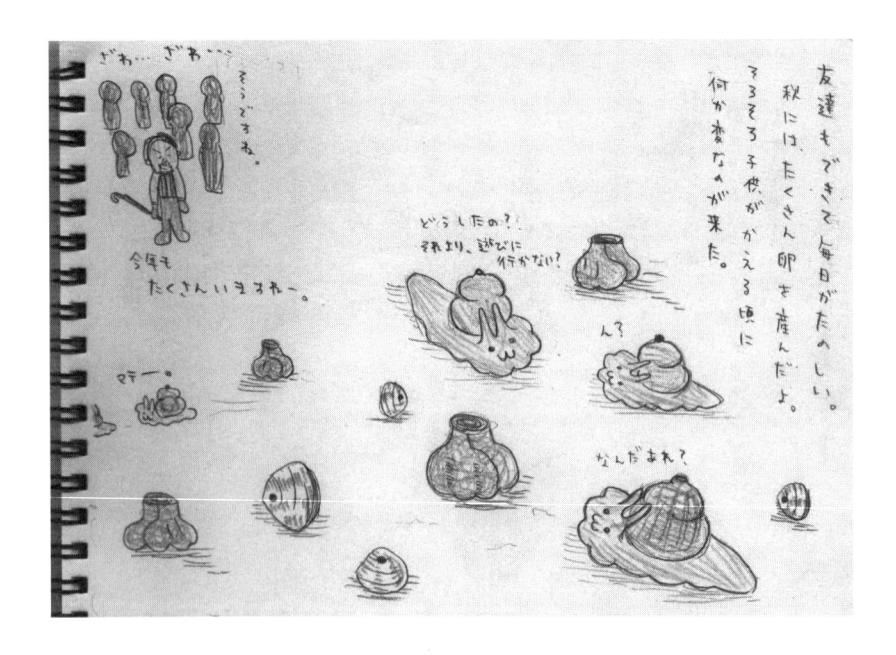

友達もできて毎日がたのしい。
秋には、たくさん卵を産むんだよ。
そろそろ子供がかえる頃に
何か変なのが来た。

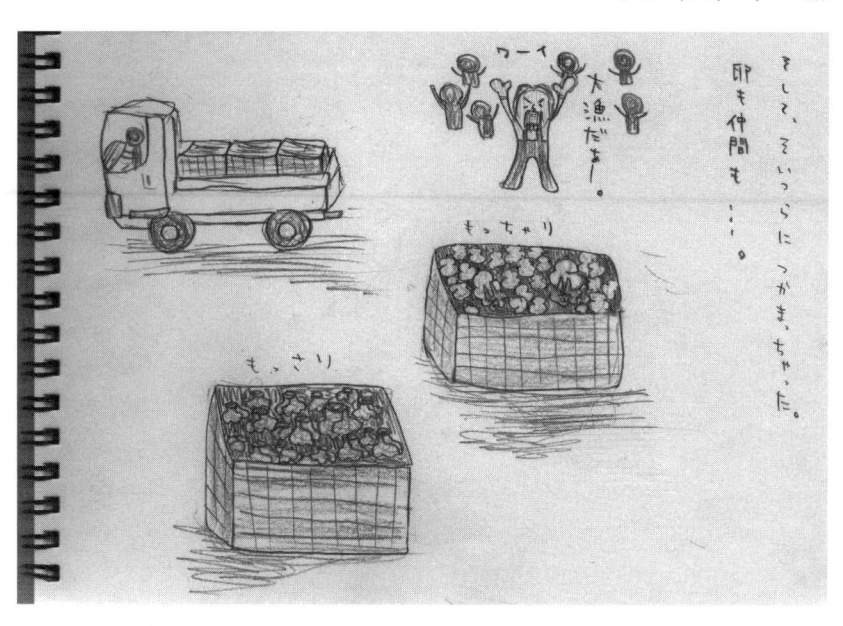

そして、そいつらにつかまっちゃった。卵も仲間も……。

たまたま小島の向こうにピクニックに行っていたぼくたち3人だけが助かった。

そして、エサのたくさんある場所から、
少し離れた小島のそばで
ぼくたちは、なんとか生きている。
仲間もエサも減っちゃったけど、
ここなら誰にもジャマされないよね？

たまちゃん、
ちょっとヤセたね。

元気だしなよ。

おなかへった。

おわり。

またね。

索　引

〈あ行〉

亜鉛　210
アカエイ　111
アカニシ　104, 174
アサリ　1, 74, 186, 197, 198
　——漁獲　136
　——資源全国協議会　211
アマエビ　83
アルブミン腺　41
安定同位体解析　109
安定同位体比　133
胃　39
イシガニ　108
囲心腔　39
イタボガキ　32
一斉駆除　16
遺伝子解析　45
遺伝子型　47
遺伝的差異　47
遺伝的変異　47
移動平均　76
意図的移入　158, 204
イボニシ　89
陰茎　80
インドヒラマキガイ　130
迂回輸出　8
迂回輸入　8
右殻　115
ウネハナムシロ　11, 171
ウミグモ　167
ウミニナ　47, 172
　——類　140
ウメノハナガイモドキ　33
ウリミバエ　50
栄養卵　69
エスカレーション　113
エゾアワビ　73
エゾタマガイ　51
NGO　214

〈か行〉

NPO　214
エラコ　87
塩化ストロンチウム　74
塩基配列　47
塩酸　38
オウウヨウラク　174
オオクチバス　50
オオシロピンノ　167, 168
オオノガイ　104
オカミミガイ　32
オキシジミ　137
斧足　116
小櫃川河口　120

貝殻修復　160
貝殻物質　160
外国産アサリ　2
貝食性　104
　——巻貝　3
外敵　160
外套腔　37
外套楯　36
外套膜　100
　——縁辺部　101
外部生殖器　41
海綿　159
カイヤドリウミグモ　170, 211
外来生物法　183, 192, 193, 201
カガミガイ　153, 172
カキ殻混合漁場造成実験　151
カキ殻の混合比率　151
カギツメピンノ　167, 168
殻口　109
殻軸　109
殻質層　89
殻層　109
顎板　39, 93
殻皮　88

カクレガニ類　167
カクレクマノミ　83
カサネカンザシ　166, 185, 196
ガタザンショウ　32
カニヤドリカンザシ　166
カラムシロ　6, 7
カワヒバリガイ　194
環境保全　28
カンザシゴカイ科　166
桿晶体　39
肝膵臓　109
肝臓　37
陥入型　37
カンムリゴカイ科　166
寄生　158
季節性　139
キセワタ　121
嗅検器　35, 43
共生　158
キレート剤様物質　38
クリオナ属　113
Cliona 属　159
グリコーゲン　178
蛍光色素　74
結節　111
ケヤリ科　159
ケヤリムシ科　162
口球　39
　——神経節　43
交差板構造　128
交接嚢　41
酵素　38
後足　36
硬組織　72
硬タンパク質　88
交尾　40, 79
鉱物化　94
口吻　93
肛門　40
香螺　4
コウロエンカワヒバリガイ　185
国産アサリ　2

個体群　75
固着　158
コホート　75

〈さ行〉

サイレント・エイリアン　170
鰓下腺　37
細砂　55
サイズヒストグラム　28
砕石　153
左殻　115
サキグロタマツメタ　3, 183, 185-187, 193, 194, 196, 197, 200
　——の分布　145
サキグロトレール　18, 121
砂質干潟　146
サルボウ　10
産地偽装　8
三番瀬　120
産卵　82
　——期　142
　——時期　81
潮干狩り　17, 136, 213
シオフキ　11, 72, 172
雌性生殖器　41
歯舌　35, 39, 87, 93
歯舌嚢　39, 93
シナハマグリ　30, 171
シマメノウフネガイ　172
JAS法　209
シャミセンヒキ　32
ジャンボタニシ　50
16s リボソーマル RNA　46
種内変異　47
種苗生産　154
消化管　39
消化器官　37
小卵多産　71
食害生物　16
食害抑制　152
食道　39
　——神経環　42

|　　　――腺　39
食卵　69
ショットガンライブラリー　46
シルト　55
腎臓　39
水管　93, 100, 116
水産資源　157
水産的営為　157
水産被害　105
水産貿易統計　45
水中フローティング　129
水平移動　142
スクミリンゴガイ　50, 67
砂茶碗　19, 51
スピオ科　113, 159
生活史　50, 139
成熟　81
生殖器官　40
生殖腺　40, 81
生殖巣　62, 109
性成熟　81
精巣　41, 62
生息密度　149
成長縞　72
成長線　72
成長速度　72
成長輪　72
生物多様性　28, 206
ゼブラガイ　113
セマングム　30
ゼリー腺　37, 41
穿孔　158
　　――性海綿　159
　　――盤　93
前足　36, 89
前立腺　37, 41
桑実胚　69
増養殖　159
足糸　61
側歯　93
側神経節　42
足神経節　43

粗砂　55
組織切片　81
ソトオリガイ　21, 33

〈た行〉

大卵少産　71
大陸遺存種　3
タウリン　178
唾液腺　39
多回産卵　60
多型　48
タマガイ科　3, 10, 35, 51
タマハハキモク　174
多毛類　159
多様性　105
炭酸カルシウム　88, 89
タンパク質分解酵素　88
稚貝　7, 66
　　――着底促進　152
　　――の捕食能力　143
チトクロームオキシダーゼⅠ　46
チュウゴクモズクガニ　197
中歯　93
中食道　39
中枢神経系　42
中腸腺　39
潮位　141
潮下帯　155
潮汐条件　141
チョウセンキサゴ　32
直接発生　143
直達発生　47, 64, 143
直達発生型　132
直腸　40
地理的変異　49
ツメタガイ　19, 46, 52, 53, 172
底質条件　148
テトラサイクリン　74
テングニシ　69
天然記念物　204
頭触角　36
トキ　203

索　引　223

特定外来生物　183, 192, 193, 194, 195, 197
トラップ　147

〈な行〉

内臓塊　100, 102
ナガニシ　69
ナルトビエイ　111
28s リボソーマル RNA　46
ニホンザル　204
粘液腺　41
粘膜　93
年齢査定　73
脳神経節　42

〈は行〉

ハッチアウト　64, 100
バナジウム　87
ハナツメタ　171
ハプロタイプ　48
繁殖生態　50
播州干潟　120
非意図的移入　158, 204
干潟生態系　105
干潟のブラックバス　205
ヒザラガイ　87
ヒストグラム　75
必須アミノ酸　177
ヒナギヌ　32
ヒメアサリ　212
標識放流　74
表面張力フローティング　125
ヒラタヌマコガキガイ　33
風評被害　16
付加成長　72
副穿孔腺　35, 38, 93
孵出　64
　　――稚貝　142
付着　158
不妊虫放飼方　50
不妊雌　50
浮遊幼生　7, 64
ブラックバス　50

プランクトン幼生期　47
フローティング　119
粉砕カキ殻　150
吻端　36
閉殻筋　100
斃死　161
ベリンジャー幼生　64
防災型漁場　154
捕獲試験　147
捕食　89
　　――痕　113
　　――実験　150
　　――能力　137
ホスト　158
ホソウミニナ　47, 172
ホタテガイ　1
ホトトギスガイ　18, 61, 172
ホネガイ　73
ポンプ漕ぎ　14

〈ま行〉

マイクロハビタット　132
マウンティング　79
マガキ　1
松島　135
マツバガイ　111
マメコブシガニ　10, 110, 172
マルピンノ　167, 168
万石浦　135, 174
マンボウ　71
ミジンウキマイマイ　127
ミズヒキゴカイ科　159, 162
ミトコンドリア DNA　46
ミドリイガイ　185, 196
ミドリシャミセンガイ　32
無機酸　38
ムシロガイ　89
ムラサキイガイ　185, 188, 195, 196
モニタリング　31

〈や行〉

ヤベガワモチ　32

誘引　148
有機物質　160
ユウシオガイ　32
雄性生殖器　41
輸入大国　157
輸卵管　41
輸卵管　83
ヨーロッパハイイロタマガイ　46
翼足　128

〈ら行〉

ラムズホーン　130, 131
卵黄食　69
卵塊　7, 16, 40, 51
　――駆除　22
　――形成　55
　――腺　41
卵室　52, 67
卵巣　41, 62
卵嚢　52, 140, 142
　――駆除　145, 146, 155
粒径組成　149
稜柱構造　128
レッドデータブック　205
レッドリスト　205

〈アルファベット〉

ABO　43
accessory boring organ(ABO)　35, 38
acremboric proboscis　37
arbumen gland　41
bursa copulatoris　41
capsule gland　41
celebral gangrion　42
COI　46
Dodecaceria 属　159, 162
jelly gland　37
mantle shield　36
midoesophagus　39
oesophageal gland　39
oesophageal nerve ring　42
osphradium　35
oviduct　41
pleural ganglion　42
Polydora brevipalpa　162
Polydora cf. *neocaeca*　163
Polydora limicola　163
Polydora uncinata　162
Polydorids　159
prostate gland　37
salivary gland　39
testis　41

| 海のブラックバス　サキグロタマツメタ |
| 外来生物の生物学と水産学 |

2011年2月15日　初版発行

定価はカバーに表示

編　者　　大越健嗣 ©
　　　　　大越和加

発行者　　片岡一成

発行所　　株式会社　恒星社厚生閣
〒160-0008　東京都新宿区三栄町8
Tel 03-3359-7371　Fax 03-3359-7375
http://www.kouseisha.com/

印刷・製本：シナノ

ISBN978-4-7699-1234-7　C3045

JCOPY ＜(社)出版者著作権管理機構　委託出版物＞

本書の無断複写は著作権上での例外を除き禁じられています。複写される場合は，その都度事前に，(社)出版社著作権管理機構（電話 03-3513-6969, FAX03-3513-6979, e-mail:info@jcopy.or.jp）の許諾を得て下さい。

好評既刊書

魚類生態学の基礎

塚本勝巳　編
B5判/336頁/定価4,725円

生態学の各分野の新進気鋭の研究者25名が，これから生態学を学ぶ人たちに向けて書き下ろした魚類生態学ガイドブック。概論，方法論，各論に分けコンパクトに解説。最新の知見・手法をできるだけ取り込み研究現場・授業で活用しやすくした。編者他，田中克，桑村哲生，佐藤克文，幸田正典，中井克樹，山下洋，阪倉良孝，渡邊良朗，益田玲爾，田川正朋の各氏ほかが執筆。

フジツボ類の最新学
知られざる固着性甲殻類と人とのかかわり

日本付着生物学会　編
平野禮次郎・山口寿之　監修
A5判/420頁/定価7,140円

フジツボ類の分類，生態，付着機構に関する最新情報，環境保全を考えたフジツボの付着を防ぐ最新研究，新食材・生理活性物質としての利用，コンクリート耐久性向上への利用などの新規利用研究，自然教育の教材としての有用性など，フジツボ類に関するあらゆる最新情報を掲載。カラー写真多数。

川と湖沼の侵略者　ブラックバス
その生物学と生態系への影響

日本魚類学会自然保護委員会　編
A5判/160頁/定価2,625円

国内の河川・湖沼生態系に大きな影響を与えている外来魚オオクチバスの研究成果を基礎に，生物学的特性と分布の現状を正確に把握し，自然生態系や魚類など在来水生生物にいかなる影響を与えているのかを科学的に究明。生物多様性保全という観点からブラックバス問題解決への道を探る。

黒装束の侵入者
外来付着性二枚貝の最新学

日本付着生物学会　編
A5判/158頁/定価2,625円

異常な繁殖力を有し，奇妙な色をしたイガイは，30年間で我が国沿岸を占有し，船舶・養殖施設などに甚大な被害を与えている汚損生物である。本書はこのイガイの分類法，日本への侵入と定着過程，DNA鑑定による系統解析などを奥谷喬司・栞原康裕，・植田育男・木村妙子・中井克樹・井上広滋・渡部終五氏が論究。

カジメ属の生態学と藻場造成

能登谷正浩　編著
A5判/148頁/定価2,835円

近年アラメ・カジメ藻場の衰退が目立つ。本書ではカジメ属のクロメやツルアラメの形態，分布域などの基礎的知見を含め，その生理生態的特性の最新情報と，その特性にふまえ，当該地域に適した「藻場」の造成，管理，保全，回復技術を検討する。今後の藻場生態系の研究，事業にとって必須の内容。

有明海の生態系再生をめざして

日本海洋学会　編
B5判/224頁/定価3,990円

諫早湾締切り・埋め立ては有明海生態系に如何なる影響を及ぼしたか。日本海洋学会海洋環境問題委員会の4年間にわたる調査・研究そしてシンポジウムを基に，生態系劣化を引き起こした環境要因を究明し，具体的な再生案を提案。環境要因と生態系変化の関連を因果関係並びに疫学的に考察。

株式会社 恒星社厚生閣

表示価格は消費税を含みます。